中国城市科学研究系列报告

中国低碳生态城市发展报告
2022—2023

中国城市科学研究会　主编

中国城市出版社

图书在版编目（CIP）数据

中国低碳生态城市发展报告. 2022—2023 / 中国城市科学研究会主编. — 北京：中国城市出版社，2023.12

（中国城市科学研究系列报告）

ISBN 978-7-5074-3669-3

Ⅰ.①中⋯ Ⅱ.①中⋯ Ⅲ.①城市环境—生态环境建设—研究报告—中国—2022—2023 Ⅳ.①X321.2

中国国家版本馆 CIP 数据核字(2023)第 253907 号

本报告延续了历年报告的主体框架，即：最新进展、认识与思考、方法与技术、实践与探索，以及中国城市生态宜居发展指数（优地指数）报告，共五大部分。(1) 最新进展篇，主要阐述 2022～2023 年度国内外低碳生态城市发展情况。(2) 认识与思考篇，以新发展阶段的深度城镇化新特征为背景，系统梳理深度城镇化的拐点和策略，基于建筑、交通、废弃物处理和市政多个板块的路径探索，形成"双碳"战略方式方法，并通过思考的智慧城市设计让城市"聪明"起来。(3) 方法与技术篇，本篇以"双碳"为目标，系统性地介绍了城市更新行动、社区生活韧性构建城中村发展提升、城市碳中和路径方法、面向可再生能源消纳的建筑与电网互动技术、中国可再生能源发展、建筑领域能碳平台以及国际碳排放信用市场等。(4) 实践与探索篇，立足于城市的实践经验与探索创新，基于低碳、零碳、韧性案例对国家低碳试点建设进展与对策进行了阐述。(5) 自 2011 年城市生态宜居发展指数（UELDI，简称"优地指数"）开始评估以来，已连续评估 12 年。2022 年度的优地指数研究，更新了 287 个地级及以上城市生态宜居发展指数评估结果，结合第七次人口普查数据分析不同类型城市的人口动态和人口吸引力；同时，用优地指数对各类城市的碳排放现状特征及减排潜力进行评估。

本书是从事低碳生态城市规划、设计及管理人员的必备参考书。

* * *

责任编辑：高 悦 张 磊
责任校对：张 颖

中国城市科学研究系列报告
中国低碳生态城市发展报告2022—2023
中国城市科学研究会 主编
*
中国城市出版社出版、发行（北京海淀三里河路 9 号）
各地新华书店、建筑书店经销
北京红光制版公司制版
建工社（河北）印刷有限公司印刷
*
开本：787 毫米×1092 毫米 1/16 印张：17¾ 字数：357 千字
2023 年 12 月第一版 2023 年 12 月第一次印刷
定价：**70.00** 元
ISBN 978-7-5074-3669-3
（904681）

版权所有 翻印必究
如有内容及印装质量问题，请联系本社读者服务中心退换
电话：（010）58337283 QQ：2885381756
（地址：北京海淀三里河路 9 号中国建筑工业出版社 604 室 邮政编码：100037）

中国低碳生态城市发展报告组织框架

主 编 单 位：中国城市科学研究会

参 编 单 位：深圳市建筑科学研究院股份有限公司

学 术 顾 问：江 亿 方精云

编委会主任：仇保兴

副 主 任：何兴华 李 迅 沈清基 顾朝林 俞孔坚 吴志强
夏 青 叶 青

委 员：（按姓氏笔画排序）

王亚男 叶祖达 叶蒙宇 李 丹 杨 秀 何其亮
余 刚 沈 磊 陈文波 陈波平 陈晓鹏 侯 静
姜 洋 曹 颖 曾庆郁 颜文涛

编写组组长：叶 青

副 组 长：李 芬 周兰兰

成 员：彭 锐 赖玉珮 史敬华 白 洋 曹双全 吴昊宇
董 男 王 静 李雨桐 赵宇明 康 靖 郑剑娇
刘力铭 范钟琪 杨春志 宋芳晓 闫 坤 戴国雯
李 冰 贾 航 由 鑫 窦宗隽 边晋如 姜婧婧
张 玮 杜海龙 王 康 崔梦晓 张 琳 张 超
黄 刚 任 婕 赵筠蔚 杨 帆 卓可凡 夏昕鸣
李 欣 尹 瑞 姬朕宇 王秋英

目　录

第一篇　最新进展 ··· 1

1 《中国低碳生态城市发展报告 2022—2023》概览 ·································· 3
　　1.1　编制背景 ··· 3
　　1.2　框架结构 ··· 3
　　1.3　《报告 2022—2023》热点 ··· 3

2 2021—2023 年低碳生态城市国际动态 ·· 5
　　2.1　宏观动态：共商气候变化行动，共建地球生命共同体 ················· 5
　　2.2　政策动态：落实气候投资 ·· 10
　　2.3　实践动态：重新定义城市 ·· 18

3 2021—2023 年中国低碳生态城市发展 ·· 23
　　3.1　政策指引：稳步推进碳达峰碳中和行动 ································· 23
　　3.2　学术支持：推动绿色低碳发展 ·· 31
　　3.3　技术发展：加快绿色转型 ·· 37
　　3.4　实践探索：示范节能减排建设 ·· 41

4 实施挑战与发展趋势 ·· 46
　　4.1　实施挑战 ·· 46
　　4.2　发展趋势 ·· 47

第二篇　认识与思考 ··· 49

1 深度城镇化的城市发展趋势 ··· 51
　　1.1　新发展阶段的城镇化新特征 ··· 51
　　1.2　深度城镇化需要密切关注 12 个拐点 ····································· 51
　　1.3　深度城镇化的 12 个主要策略 ··· 52

2 "双碳"战略设计与路径规划 ·· 55
　　2.1　城市发展必须走绿色低碳道路 ·· 55
　　2.2　推进以城市碳中和为主体的五大良性变革 ····························· 56
　　2.3　城市碳中和的理想路线图 ·· 58
　　2.4　"双碳"战略设计要避免六大误区与五大对策 ······················· 66

3 实现碳中和目标的智慧城市设计 ... 69
3.1 辨识城建误区，需让城市"聪明"起来 ... 69
3.2 智慧城市设计之困与生成机制——兼论三种系统论 ... 71
3.3 城市信息系统的"生成"与"构成" ... 72
3.4 智慧城市公共品的构成应聚焦"四梁八柱" ... 74
3.5 智慧城市的三大机制 ... 75

第三篇 方法与技术 ... 77

1 "双碳"目标下的城市更新行动 ... 79
1.1 战略与背景 ... 79
1.2 现实与问题 ... 80
1.3 趋势与方向 ... 82
1.4 目标与体系 ... 84
1.5 路径与行动 ... 87

2 中国可再生能源发展现状及展望 ... 95
2.1 中国可再生能源从市场规模到制造能力领跑全球 ... 95
2.2 中国可再生能源产业快速发展的原因 ... 97
2.3 可再生能源产业发展面临的问题 ... 99
2.4 面向碳达峰碳中和目标的可再生能源发展建议 ... 101

3 面向大规模可再生能源消纳的建筑与电网互动技术发展现状与展望 ... 103
3.1 建筑与电网互动政策背景 ... 103
3.2 建筑与电网互动驱动力 ... 104
3.3 建筑与电网互动实践 ... 105
3.4 建筑柔性调节能力评价 ... 107
3.5 建筑与电网互动的问题与挑战 ... 109
3.6 建筑与电网互动的机遇与展望 ... 110

4 建筑能碳平台助力城乡建设领域碳达峰 ... 111
4.1 背景和意义 ... 111
4.2 建筑行业碳达峰的关键问题 ... 112
4.3 建筑能碳平台的关键技术 ... 113
4.4 平台应用场景 ... 117
4.5 平台用户对象 ... 119
4.6 结语 ... 120

5 社区生活韧性的认知框架与规划策略 ... 121
5.1 韧性城市与社区生活韧性研究 ... 121

	5.2 社区生活韧性的认知框架	123
	5.3 社区生活韧性的规划策略	128
	5.4 结语	131
6	基于核算模型的城市碳中和路径研究方法构建——以成都市为例	132
	6.1 文献综述	132
	6.2 城市碳中和路径研究方法构建	134
	6.3 成都市能源消费与碳排放现状分析	138
	6.4 成都市能源系统碳中和路径探究	141
	6.5 结论与展望	147
7	基于空间时效的城中村发展提升研究——以深圳国际低碳城片区为例	148
	7.1 深圳的城与村	148
	7.2 设计战略与研究介入	149
	7.3 四个城-村场景	153
	7.4 结语：从共创、共识到共享	158
8	国际自愿减排碳信用交易市场	159
	8.1 引言	159
	8.2 国际自愿减排碳信用市场	159
	8.3 国际自愿减排碳信用市场发展趋势	162
	8.4 绿色建筑进入自愿减排碳信用市场	167

第四篇 实践与探索 169

1	国家低碳试点城市建设进展与对策建议	172
	1.1 低碳试点城市总体进展	172
	1.2 具体任务落实情况	174
	1.3 下一步工作建议	177
2	低碳发展综合示范案例	179
	2.1 深圳市近零碳排放区试点建设进展	179
	2.2 嘉兴高铁新城规划碳排放评估及减碳路径实践	187
3	绿色繁荣社区（零碳韧性社区）：顶层设计与中国实践	203
	3.1 背景介绍	203
	3.2 两大支柱性目标	204
	3.3 十大模块	205
	3.4 建设路径与原则	215
4	零碳乡村实践与探索	217
	4.1 嘉兴市嘉善县：三生融合的竹小汇零碳聚落实践	217

  4.2 芮城县庄上村：采用"光储直柔"系统的零碳村 ……………………… 237

第五篇 中国城市生态宜居发展指数（优地指数）报告（2022—2023 年） ……………………………………………………………… 249
 1 研究进展与要点回顾 ………………………………………………… 251
  1.1 方法概要 …………………………………………………………… 251
  1.2 应用框架 …………………………………………………………… 253
 2 2021—2023 年城市评估 ……………………………………………… 255
  2.1 中国城市总体分布（2019—2023 年） ………………………… 255
  2.2 区域差异与协同 …………………………………………………… 259
  2.3 优地指数城市特征 ………………………………………………… 263
 3 总结 …………………………………………………………………… 276

第一篇 | 最新进展

第一篇总结了国内外低碳生态城市建设的新动态。从宏观形势上来看，各国都积极推进碳中和法案，理性客观地打造各具城市特色的零碳建设项目，对我国碳达峰碳中和工作的推进具有借鉴意义。从具体实践上来看，各国依据城市发展自身特点分别制定战略方法，采取出台更新绿色能源产业支持政策、能源转型政策等一系列具体措施，各国大型企业承诺零碳发展，不断探索和实践适合低碳绿色建设和发展的道路。

在第七十五届联合国大会期间，习近平主席开创性的声明（中国二氧化碳排放力争于2030年前达到峰值，并争取2060年前实现碳中和）向其他国家发出了一个明确的信号，即应对新冠疫情不应成为阻止采取更大力度行动来应对气候变化的理由。

自2020年9月"双碳"目标提出后，我国密集进行了一系列重大决策部署，各省市也陆续提出了发展目标。国家层面对碳达峰碳中和的实现路径进行了系列部署，从贯彻能源安全新战略、建立健全绿色低碳循环发展经济体系、优化产业结构、改善能源结构等方面进行指导。各省市积极部署落实，发布各类政策，开启碳排放环境影响评价试点等。从具体实践上来看，国家发布全球首颗主动激光雷达二氧化碳探测卫星、推行各类"零碳"或低碳试点建设、各机构承办各类学术会议，为"双碳"目标提供科技支撑。除此之外，国内大型企业陆续发布碳中和目标，推动整个产业链向更绿色的生产方式迈进。

"十四五"时期，碳达峰碳中和已纳入生态文明建设整体布局，下一阶段是推动当前政策与2035年的目标相衔接，并保证转型方向与2060年长远目标相一致。政府部门可以通过制定相关政策，促进形成生态环境保护治理体系，加快我国生态文明建设进度。同时，需要通过为城市把脉，明确低碳生态城市建设方向，不断缩小我国与欧美城市在城市可持续发展方面的差距。结合我国国情，重视城市自身的发展规律，不断推进中国低碳生态城市建设。

1 《中国低碳生态城市发展报告 2022—2023》概览

1.1 编制背景

在中国城市科学研究会的统筹和指导下，中国城市科学研究会生态城市研究专业委员会已经连续 13 年组织编写本系列报告，对我国低碳生态城市的理论、技术和实践现状进行年度总结与阐述。

1.2 框架结构

主体框架延续了历年《中国低碳生态城市发展报告》的主体框架，即最新进展、认识与思考、方法与技术、实践与探索，以及中国城市生态宜居发展指数（优地指数）报告，共五大部分。

1.3 《报告 2022—2023》热点

年度报告的主要意义在于总结经验与推广实践，注重以年度事件为抓手，通过数据的收集与分析，把握低碳生态城市建设的最新动态，为读者提供最前沿的信息与理念。同时，编制组关注各方对报告提出的中肯意见与建议，每年在既定内容的基础上，力图有新的视角和创新的观点。《中国低碳生态城市发展报告 2022—2023》（以下简称《报告 2022—2023》）的主要内容热点如下。

（1）最新进展

最新进展篇，主要阐述 2021—2023 年度国内外低碳生态城市发展情况，期望通过对新政策、技术、实践以及事件的总结，分析该领域 2021—2023 年度各行业获得的经验与教训，为进一步发展提供全面清晰的思路。

（2）认识与思考

认识与思考篇，系统梳理了深度城镇化的城市发展趋势、"双碳"战略设计与路径规划、实现碳中和目标的智慧城市设计等三个方面。深度城镇化的城市发展趋势，包含新发展阶段的城镇化新特征，深度城镇化需要密切关注的 12 个拐点及12个主要策略；在"双碳"战略设计与路径规划中提到了推进城市碳中和为主体的五大良性变革，以及城市碳中和的理想路线图；实现碳中和目标的智慧城市设计，通过城市信息系统的"生成"与"构成"，明确智慧城市公共品的构成应聚集"四梁八柱"以及智慧城市的三大机制等。

（3）方法与技术

方法与技术篇包括"双碳"目标下的城市更新，社区生活韧性的认知框架与规划思路，空间时效与低碳未来的联合图景；低碳、零碳与负碳技术，包括国际自愿减排碳信用交易市场，基于核算模型的城市碳中和路径研究方法构建，可再生能源现状及展望，面向大规模可再生能源消纳的建筑与电网互动技术发展现状与展望，建筑电碳平台助力城乡建设领域碳达峰等。

（4）实践与探索

"双碳"目标提出以来，各地加快推进低碳、近零碳、零碳排放的试点示范工作，从国家到地方、城市到乡村，均结合实际开展了丰富多样的绿色低碳发展实践。实践与探索篇，首先展示了国家低碳试点工作的总体进展与具体任务落实情况，重点介绍了深圳近零碳排放区试点工作，嘉兴高铁新城规划评估及减碳实施等区域性低碳发展综合示范。通过介绍绿色繁荣社区实践，与长三角生态一体化示范区竹小汇零碳实践、芮城庄上村光储直柔等零碳乡村实践，展示社区与乡村等迈向零碳和可持续发展的重要场景。

（5）中国城市生态宜居发展指数（优地指数）报告

自2011年城市生态宜居发展指数（UELDI，以下简称优地指数）开始评估以来，已连续评估12年。2023年研究组基于我国城市规划建设的发展动态和数据可得性，对评估指标体系进行了优化调整，并更新了2019—2023年全国近300个地级及以上城市的生态宜居建设评估，挖掘城市宜居发展趋势规律，以及不同类型城市的经济、社会、环境与资源等要素进行了比较。

2 2021—2023年低碳生态城市国际动态

2.1 宏观动态：共商气候变化行动，共建地球生命共同体

2.1.1 全球气候变化影响研究进展

（1）德国波茨坦气候变化研究所：气候危机已经令世界濒临5个"灾难性"临界点❶

气候临界点（Climate Tipping Points）的概念最早出现在2008年的一篇论文中，指的是地球气候走向全面崩溃前，可导致局部环境不可逆退化的气温升幅临界值或"门槛"，这个门槛一旦被跨越，就会出现失控效应，这时候即使气温回落到临界点以下也无济于事。气候变化像一串"多米诺骨牌"，倒了一块，不可逆转的连锁反应就此启动，无法暂停。触发临界点将给世界带来巨大影响，为维持地球上的宜居条件并使社会保持稳定，人们必须竭尽所能防止越过临界点。通过立即快速减少温室气体排放，人类可以减少跨越临界点的可能性。

① 2021年研究指出，大西洋经向翻转环流在20世纪可能已经失去稳定性

2021年丹麦哥本哈根大学和德国波茨坦气候影响研究所发表于《自然》的一项研究指出，大西洋经向翻转环流在20世纪可能已经失去稳定性，随着热量的流失，这个洋流系统随时面临着崩溃的危险，人类也面临着史无前例的危机。大西洋经向翻转环流将热带地区的暖水向北输送到海洋表面，将冷水向南输送到海洋底部，与欧洲相对温和的温度联系密切。研究表明，目前大西洋经向翻转环流处于1000多年来的最弱状态。大西洋经向翻转环流影响全球天气系统，它的潜在崩溃可能会产生严重的后果。首先受冲击最大的地区肯定是欧洲，由于北大西洋暖流没有动力将热量和暖湿气流从低纬度输送到高纬度，会导致欧洲的温度剧烈下降和降水减少，也就是说这很可能导致欧洲进入一个极其寒冷干燥的时代。其次，这股暖流会对整个北半球的气候产生巨大影响，提高亚洲西北地区的温度，同时允许湿润的气流深入到亚欧大陆当中。在此基础上，洋流的停滞将会

---

❶ 中国城市科学研究会生态专委会. 世界濒临多个灾难性气候临界点，青藏高原可能是处于激活状态的全新气候临界要素［EB/OL］. 2023［2023.3.16］. https://mp.weixin.qq.com/s/okPHAqufvif9psLbNTponA.

引起全球气候的连锁反应，印度、南美和西非的降水将受到严重的影响，欧洲的温度下降，极端天气增多。亚马孙雨林和南极冰盖也面临着多重威胁❶。

② 2022 年研究指出：多个"灾难性"气候临界点值得警惕❷

2022 年 9 月，德国波茨坦气候影响研究所在《科学》杂志上发表了一项关于气候临界点的研究，评估了 2008 年以来的 200 多项研究，这些研究涉及过往临界点、气候观测和建模，重新确定了 9 个对地球系统功能有重大影响的全球临界点，和 7 个对人类福祉有重大影响的区域临界点。

研究指出，目前全球平均气温已经比工业革命前高约 1.1℃，由此引发的气候危机已经令世界濒临 5 个"灾难性"临界点，它们随时可能被触发。这 5 个临界点分别是：格陵兰岛冰盖融化、北大西洋一条关键洋流崩溃、富含碳的永久冻土突然融化、拉布拉多海对流的崩溃以及热带珊瑚礁的大规模死亡。

该研究报告称，在气温升高 1.5℃（目前预计的最低升温幅度）的情况下，这 5 个临界点中的 4 个会从"有可能达到"变为"很有可能达到"，另有 5 个临界点变为"有可能达到"，包括北方大片森林发生变化和几乎所有高山冰川消失等。地球系统中的大量临界要素是相互联系的，这种关联将导致临界因素的气温阈值更容易达到，而目前的研究尚未考虑这一因素❸。

③ 2023 年研究指出：中国青藏高原或为新的气候临界要素❸

2023 年发表在国际期刊《自然·气候变化》上的一项研究表明，中国青藏高原可能是一个处于激活状态的全新气候临界要素，该研究由北京师范大学牵头，联合北京邮电大学、德国波茨坦气候影响研究所、以色列巴伊兰大学、瑞典哥德堡大学等多家机构共同完成。亚马孙雨林与其他的临界要素如青藏高原和南极西部冰盖等气候敏感区域呈现出显著的相关特性，亚马孙雨林地区和青藏高原之间的各种极端气候在气候变化下是同步的。研究指出，青藏高原的冰雪覆盖自 2008 年以来正失去稳定性，这预示着青藏高原可能是一个全新的临界要素，并且已经处于激活状态，应进一步开展青藏高原气候、生态和社会的系统性研究。

（2）欧洲气象组织：欧洲近 30 年气温升幅超全球平均水平两倍❹

2022 年 11 月 2 日，欧洲气象组织（WMO）与欧盟下属哥白尼气候变化服务

---

❶ 万物杂志. 最重要的洋流可能在 30 年内崩溃[EB/OL]. 2023 [2023.9.7]. https://new.qq.com/rain/a/20230907A00PZ600.

❷ David I. Armstrong McKay et al., Exceeding 1.5℃ global warming could trigger multiple climate tipping points. Science377, eabn7950 (2022). DOI: 10.1126/science.abn7950.

❸ Liu, T., Chen, D., Yang, L. et al. Teleconnections among tipping elements in the Earth system. Nat. Clim. Chang. 13, 67-74(2023). https://doi.org/10.1038/s41558-022-01558-4.

❹ 中国气象局. WMO 发布《欧洲气候状况》报告：欧洲近 30 年气温升幅超全球平均水平两倍[EB/OL]. 2022 [2022.11.11]. https://www.cma.gov.cn/2011xwzx/2011xqxw/2011xqxyw/202211/t20221111_5174584.html.

局共同发布《欧洲气候状况》报告，报告主要关注2021年欧洲地区气温上升、陆地和海洋热浪、极端天气、降水模式改变和冰雪消融等现象。报告指出在1991—2021年期间，欧洲地区气温显著升高，平均每十年气温上升0.5℃。1997—2021年，高山冰川的冰层厚度减少了30m。格陵兰岛冰盖正在融化，导致海平面加速上升。2021年，欧洲地区洪水、风暴等灾害导致数百人死亡，直接影响50多万人，造成超过500亿美元的经济损失。

气候变化从多方面对欧洲地区民众的健康造成影响，包括日益频繁的极端天气气候事件造成的死亡和疾病，人畜共患病以及通过食物、水和病媒传播的疾病增加，以及精神健康问题增加等。对欧洲来说，最致命的极端天气气候事件是热浪，尤其是在西欧和南欧，气候变化、城市化和人口老龄化等因素将进一步加剧人类面对高温时的脆弱性。此外，若论气候变化造成的影响，儿童从身体和心理上都比成年人更脆弱。

报告显示，气候变化、人类行为和其他潜在因素为欧洲地区更频繁、更强烈、更具破坏性的火灾创造条件，并产生严重的社会经济和生态后果。交通基础设施及运营也面临越来越多的气候变化和极端天气气候事件带来的风险，如热浪、暴雨和狂风等。

（3）世界卫生组织：发布《气候变化与健康特别报告》[1]

2021年10月11日，世界卫生组织（以下简称"世卫组织"）发布了《气候变化影响与健康特别报告》，阐述了全球卫生界对气候行动的立场。报告称，气候变化是人类健康面临的最大威胁，并强调前所未有的极端天气事件和其他气候变化事件正对人类生命和健康造成越来越大的损害，所有人的健康都受到气候变化影响，但最脆弱和处境最不利人群受到的冲击尤其严重。报告提出了保护人民和维持地球健康的10项重点行动，报告认为，需要在能源、交通、自然、食品系统和金融等各领域采取重大行动，保护人民健康。它明确指出，在增进公众健康方面，实施宏伟的气候行动有巨大的成本效益，各国必须作出应对气候变化的郑重承诺，在新冠肺炎疫情后实现有益健康的绿色复苏。

2.1.2 共商气候变化行动

（1）联合国气候变化大会：COP26达成《格拉斯哥气候公约》和COP27同

---

[1] WHO. 世卫组织就采取气候行动确保抗疫和持续复苏发出10项呼吁［EB/OL］2021［2021.10.11］ https://www.who.int/zh/news/item/11-10-2021-who-s-10-calls-for-climate-action-to-assure-sustained-recovery-from-covid-19.

意设立"损失与损害"基金[1]

2021年11月1日至12日,第二十六届联合国气候变化大会(COP26)在英国格拉斯哥举行。会议提出气候问题的主要症结,如逐步取消使用煤炭、取消化石燃料补贴和增加对低收入国家的财政支持等,削减煤炭的使用首次被纳入气候公约。通过了《格拉斯哥气候公约》(Glasgow Climate Pact),强调科学在应对气候变化政策制定中的重要性,提出"到2030年,全球二氧化碳排放量需要比2010年减少45%,并在21世纪中叶左右实现净零排放",各国需要"在这一关键十年加快行动"。在会议期间,发布了许多宣言,例如中国和美国共同发布的《中美关于在21世纪20年代强化气候行动的格拉斯哥联合宣言》,重申了将全球变暖限制在1.5℃的目标,明确提出控制和减少甲烷排放,并承诺在未来十年协同合作以实现碳中和及温室气体净零排放的长期战略。除此之外,与会各方就煤电淘汰、森林保护、甲烷排放、净零排放等方面达成共识并作出相应的承诺。截至COP26会议结束,全球已经有151个国家加入净零排放承诺行列,这些国家的GDP占全球的90%,排放量占全球的89%。

2022年11月6日至20日,第二十七届联合国气候变化大会(COP27)在埃及的沙姆沙伊赫召开。近200个国家同意设立一个新的"损失与损害"基金("Loss and Damage" Fund for Vulnerable Countries),旨在帮助脆弱国家应对气候灾难(图1-2-2)。

在COP27上启动了一项新的五年工作计划,以在发展中国家推广气候技术解决方案。COP27显著推进了缓解工作,会上通过27项决定,再次强调了赋予所有利益相关者参与气候行动的能力至关重要性,促使各国重申其将全球气温上升限制在较工业化前水平高1.5℃的承诺;特别是通过了《气候赋权行动五年行动计划》和《性别行动计划》的中期审查。这些成果将使所有缔约方能够共同努力,加强减少温室气体排放和适应气候变化行动,并增加了对发展中国家所需的资金、技术和能力建设的支持,以解决参与方面的不平衡问题,在各个层面推动更大、更具包容性的气候行动。

(2)欧盟委员会联合中心:各国最新承诺将使21世纪末全球温升降低到1.8℃[2]

2021年12月,欧盟委员会联合研究中心发布《2021年全球能源与气候展望:迈向气候中和》的报告,评估了更新的国家自主贡献和长期净零排放目标对

---

[1] UNFCCC. COP27 Reaches Breakthrough Agreement on New "Loss and Damage" Fund for Vulnerable Countries. [EB/OL]. 2022 [2022.11.20]. https://unfccc.int/news/cop27-reaches-breakthrough-agreement-on-new-loss-and-damage-fund-for-vulnerable-countries.

[2] The Joint Research Centre (JRC). Global Energy and Climate Outlook 2021: Advancing Towards Climate Neutrality.

温升水平的影响。报告指出，到 21 世纪末，当前政策情景下可能导致气温上升 3℃以上，但在国家自主贡献和长期气候战略路径（NDC-LTS）下，气温将上升约 1.8℃，排放将在 2023 年左右达到峰值，并于 21 世纪中叶趋于稳定。各国需要强有力的政策行动来实现其宣布的目标，电力部门的减排可以为实现中短期排放目标作出最大贡献，尤其是通过减少以煤为燃料的发电。

2.1.3 共建地球生命共同体

联合国：保护生物多样性全球行动❶。

2022 年 12 月 7 日至 20 日，联合国《生物多样性公约》第十五次缔约方大会（COP15）❷在加拿大蒙特利尔召开（图 1-2-1）。COP15 以"生态文明：共建地球生命共同体"为主题。会议推动达成了《昆明-蒙特利尔全球生物多样性框架》及配套政策措施。"框架"及相关决定被纳入遗传资源数字序列信息（DSI）的落地路径，决定设立"框架"基金，描绘了 2050 年"人与自然和谐共生"的愿景，

图 1-2-1　联合国生物多样性大会

---

❶ TNC. 展望 2023 年：保护生物多样性 TNC 行动在全球［EB/OL］. 2023［2023.2.16］. https://mp.weixin.qq.com/s/C7QEVBemwz0wA7j6NFC0pQ.

❷ 新华社：联合国生物多样性大会主要成果盘点［EB/OL］. 2022.［2022.12.21］. https://www.mee.gov.cn/xxgk/hjyw/202212/t20221221_1008456.shtml.

将指引国际社会共同努力让生物多样性走上恢复之路并惠益全人类和子孙后代❶。

《昆明-蒙特利尔全球生物多样性框架》(Kunming-Montreal Global Biodiversity Framework)，明确了关键十年自然保护路线图，达成了保护世界上 30% 的陆地、海洋和内陆水域的共识。

要保护生物多样性，必须：承认原住居民和当地社区的领导作用；推进保护自然与应对气候变化协同治理；开发活动应避免造成保护地的分割和隔离；塑造重视自然的经济体系；以恢复自然的方式从事食物生产；保护地球上的栖息地多样性；创新自然保护长效资金机制。

为继续推进保护工作，打造人与自然和谐共生的未来，大自然保护协会(TNC)与合作伙伴正在以下 10 个地方展开合作，包括：印度尼西亚鸟首海景区(资助和选拔原住居民领导者)、亚马孙河流域(自然优先的经济)、加蓬(正确的林业发展之路)、美国西弗吉尼亚州的阿巴拉契亚山脉中部(开发太阳能)、德国柏林(大自然是城市应对气候变化的最佳盟友)、肯尼亚帕特岛(红树林、母亲与小额贷款)、巴巴多斯(主权债务再融资实现海洋共赢)、阿根廷大查科(回馈自然的食物体系)、美国与加拿大翡翠缘森林(大力投资于原住民领袖)、蒙古国草原(永久保护世界上最大的草原)。

2.2 政策动态：落实气候投资

2.2.1 欧盟：碳交易、企业可持续发展、自然恢复法制度

(1) 达成"碳边境调节机制(CBAM)"，碳交易体系将改革❷

2022 年 12 月，欧洲议会与欧盟各国政府就碳边界调整机制(CBAM，又称碳关税)达成协议，该机制将与碳排放交易系统中的免费配额取消时间表同步。因此，CBAM 将于 2026 年启动，并至 2034 年分阶段实施。根据这一机制，欧盟将对从碳排放限制相对宽松的国家和地区进口的水泥、铝、化肥、钢铁等产品征税。

同月，欧洲议会和欧盟各国政府同意改革碳排放交易体系，以进一步减少工业排放。改革明确，2030 年欧洲碳排放交易系统覆盖行业的合计排放量较 2005 年计划减少 62%。为了实现这一目标，整个欧盟配额量将在 2024 年一次性减少 9000 万 t 当量的二氧化碳，2026 年一次性削减 2700 万 t 当量二氧化碳。同时，

---

❶ 生态环境部.《生物多样性公约》第十五次缔约方大会第二阶段会议取得圆满成功 [EB/OL]. 2022 [2022.12.21] https://www.mee.gov.cn/xxgk/hjyw/202212/t20221221_1008311.shtml.

❷ https://m.yangtse.com/wap/news/2618115.html

2024—2027年每年削减4.3%，2028—2030年每年削减4.4%。另外，改革提出逐步取消对公司的免费配额，到2034年彻底取消。具体来看，到2026年免费配额将取消2.5%，2027年取消5%，2028年取消10%，2029年取消22.5%，2030年取消48.5%，2031年取消61%，2032年取消73.5%，2033年取消86%，2034年取消100%。

（2）欧盟CSRD即将落地，将推动中国ESG与碳管理发展❶

2022年11月28日，欧洲理事会通过了《企业可持续发展报告指令》（Corporate Sustainability Reporting Directive，以下简称CSRD）。CSRD将可持续发展报告提升到与财务报告相同高度，旨在推动企业可持续发展信息披露质量的提高，提供更为可靠、相关和可比较的环境、社会和治理信息，为管理部门、各相关方以及绿色经济发展提供更为真实、准确、全面的信息依据。同时，CSRD报告的要求包括披露碳排放和管理相关信息，由于这些信息具有全球的区域、行业和机构规模普适性，以及是目前在全球投资组合管理中最为关注的信息，CSRD也将成为推动企业碳管理的重要助推力量。

（3）通过关于自然恢复法的提议，支撑沿海生态系统的气候适应解决方案❷

为了紧急保护和恢复包括沿海生态系统在内的自然栖息地，欧洲委员会（EC）于2022年6月通过了一项关于自然恢复法的提议。EC的目标是通过法律约束力的目标和义务，以补充现有的国内法律，在2030年前恢复欧盟至少20%的陆地和海域，并在2050年前恢复所有需要恢复的生态系统。成员国还将被要求制定符合当地情况的国家恢复规划。除了这项提议外，欧盟的"地平线"计划还将研究和开发资金支持欧盟2030年的生物多样性战略。

为满足涵盖气候适应、生物多样性恢复和人类福祉的综合海岸带管理方法的需求，以生态系统或自然为基础的解决方案（NbS）涵盖了一系列与自然过程相适应的举措，以创造具有弹性的生态系统（图1-2-2）。这些举措不仅有助于降低沿海生态系统和社区面临的气候风险，例如沿海洪水、风暴潮和海岸侵蚀，同时也通过提供生态系统服务和增强资源管理能力，提高了集体和个人对气候变化的适应能力。

为了支持NbS在适应方面的普及，全球适应中心（GCA）加入了被《欧盟自然恢复法》资助的大规模沿海生态系统恢复项目（REST-COAST）贡献团队。REST-COAST项目由38个国际合作伙伴组成的团队实施。该项目的目的是证明大规模的沿海生态系统修复，可以在多大程度上作为一个低碳的适应性恢复

---

❶ https://mp.weixin.qq.com/s/44-q5iOsPRbW-5U8qfdBnA
❷ 全球适应中心.支撑沿海生态系统的气候适应解决方案[EB/OL].2023[2023.2.21].https://mp.weixin.qq.com/s/ka21Nj-2KcBDOQvwtTJrVw.

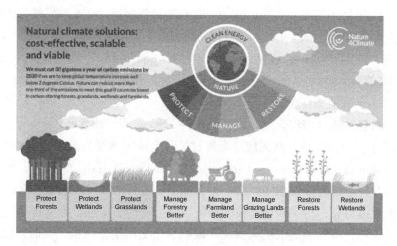

图 1-2-2 基于自然解决方案（Nbs）概念

来源：Climate Advisers 官网

方案。

2.2.2 美国：通过史上最大气候法案❶

（1）通过史上最大气候法案

2022 年 8 月 12 日，美国众议院以 220 票赞成、207 票反对通过了《降低通货膨胀法案》。该法案内容涵盖医疗、气候和税改等多个方面，预计将带来 7400 亿美元（约合 5 万亿元人民币）的财政收入，以及 4330 亿美元（约合 2.9 万亿元人民币）的支出。其中有 3690 亿美元（约合 2.5 万亿元人民币）支出计划用于遏制气候变化和促进清洁能源使用，由此成为美国有史以来最大的一笔气候投资。上述气候投资计划主要分为五个部分，包括降低消费者能源成本、投资清洁能源生产、减少碳排放、推动社区环境公平以及发展气候智慧型农林业等，目标是到 2030 年使碳排放量减少 40%，甚至可能达到减排 50% 的目标。计划包含了清洁能源领域内的多项税收抵免项目，涉及太阳能、风力发电、电动汽车等多个产业。

（2）纽约市成为美国最大的禁止在新建筑中使用天然气的城市❷

建筑排放占纽约市温室气体排放的 70%，解决建筑排放对纽约市实现其气候目标至关重要。加利福尼亚州伯克利市在 2019 年成为美国第一个禁止在新建筑中使用天然气的城市。2021 年 12 月，纽约市议会通过了一项法案，禁止在新建筑中燃烧化石燃料，从而有效地逐步淘汰使用天然气做饭和取暖的做法。该禁

---

❶ https://baijiahao.baidu.com/s?id=1740565176469161137&wfr=spider&for=pc
❷ https://mp.weixin.qq.com/s/zV4CF-GULRblIZELvK_frg

令将从 2024 年开始应用于 7 层以下的建筑，2027 年将应用于更高层的建筑。这项措施将大大减少气候变化的污染排放：根据清洁能源智囊团 RMI 最近的一项研究，到 2040 年，它将减少 210 万 t 二氧化碳排放，其影响相当于在一年内减少 45 万辆汽车上路。

2.2.3 英国：资助支持绿色技术开发

（1）BEIS 连续启动资助项目资助支持绿色技术开发

2021 年 12 月，英国商业、能源和工业战略部（BEIS）连续启动资助项目，共计投入 1.31 亿英镑支持开发绿色技术，助力英国实现 2050 年净零排放目标。主要涉及：①投入 1.16 亿英镑支持开发绿色供热、发电及碳捕集等绿色创新技术，主要包括"直接空气碳捕集和去除温室气体计划"投入 6400 万英镑支持开发直接空气碳捕集（DAC）、结合碳捕集与封存的生物能源（BECCS）等技术，"能源企业家基金"第 8 阶段投入 3000 万英镑支持 58 家中小企业开发能效、发电、供热和储能等领域创新技术，"净零创新组合项目"投入 2280 万英镑支持氢能供热的技能培训及标准制定相关活动；②投入 1500 万英镑支持 8 个绿色航空燃料项目，将生物质、废物、捕集的二氧化碳等转化为可持续航空燃料。英国政府此前资助了英国航空航天技术研究所（ATI）的 FlyZero 项目，已经提出以液氢为动力的中型飞机概念，展示了液氢动力飞机的巨大潜力，英国政府希望通过开发绿色航空燃料助力这一概念向应用发展❶。

2023 年 2 月 7 日，英国政府宣布，政府和工业界将联合出资 1.13 亿英镑（1.355 亿美元）支持氢燃料等技术，英国各地的项目都将获得支持，包括开发液氢燃烧喷气发动机基础部件项目等。随着全球航空业的绿色转型，未来几十年，英国航空工业有巨大的机会来确保清洁、绿色的就业和增长。英国交通部（DfT）将发起征询，就英国机场运营如何在 2040 年实现零排放目标征求航空部门的意见，帮助收集有关机场如何在 2040 年实现零排放的办法。除了开发绿色转型的飞机外，让航空行业在地面上更加环保也至关重要。通过航空航天技术研究所（ATI）计划，英国政府表示将与工业界共同支持新的零碳技术，以开辟零碳飞行的未来。

（2）伦敦：市长承诺 2030 年碳中和，最大限度发展可再生能源

2019 年英国的《气候变化法案》正式承诺英国将到 2050 年实现碳中和，创

---

❶ Department for Business, Energy & Industrial Strategy. Government-backed Liquid Hydrogen Plane Paves Way for Zero Emission Flight; Government Invests over £116 Million to Drive forward Green Innovation in The UK.

造零碳排放社会❶。2018年，伦敦市长发布了《伦敦环境战略》，其中提出了"减缓气候变化"和"适应气候变化"两个方面的目标和举措。减缓气候变化的行动路径是打造零碳城市，伦敦提出要在2050年实现零碳城市的目标。2021年3月正式发布的《大伦敦规划2021》提出了"良好增长"（Good Growth）的发展愿景，目标之一是提高能源使用效率，支持低碳循环经济，使伦敦2050年成为零碳城市。

2020年伦敦市长承诺到2030年在整个大伦敦设定碳中和目标，并在市长2021年的选举中得到重申，2022年1月伦敦市长发布了一份2030年净零排放报告，概述了减少空气污染、应对气候紧急情况和减少首都拥堵所需的大胆行动，以创建一个更绿色、更健康的城市，适应未来❷。该报告还指出，为实现气候变化目标，到21世纪末，伦敦的汽车交通量必须减少至少27%❸。伦敦自行车运动协会表示，为了在2050年达到净零排放，即便在2035年能够保证所有汽车都是低排放的，也仍需再减少60%的汽车行驶里程。作为绿色出行的先驱，伦敦市长为这座城市设立了交通战略目标——到2041年，伦敦80%的出行方式是步行、骑自行车或使用公共交通❹。目前已经采取措施包括：收取拥堵费、设置超低排放区（Ultra Low Emission Zone，ULEZ）以及计划在2035年前禁止所有新的汽油和柴油汽车上路等。

（3）利物浦：英国首个对大型活动进行碳排放限制的城市❺

2024年开始，利物浦将仅向同意减少50%排放量的音乐节和节庆活动发放许可证。同时，使用一定比例的可再生能源作为活动供电，以及减少前往活动现场的私家车数量也包括在获得许可证的要求之内。

尽管英国75%的地方当局已正式宣布进入气候紧急状态，要求所有的大型庆典和活动必须从地方当局取得举办许可证，但利物浦是第一个承诺采取这些减排措施的城市，并将在未来五年内逐步提高举办活动的环保要求。曼彻斯特大学廷德尔气候变化研究中心（Tyndall Centre for Climate Change Research）发表的研究成果表明，节庆活动的举办方可以通过减少活动现场70%的停车位来大幅减少排放。同时，通过提倡游客选择火车、长途汽车等公共交通或者骑行等绿色出行方式，节庆活动的总排放量可以实现减半。

---

❶ 立鼎产业研究网.英国碳中和发展目标、相关政策汇总及碳排放权交易市场介绍[EB/OL]. 2021[2022.8.12]. http://www.leadingir.com/trend/view/5430.html.

❷ 凤凰欧洲.伦敦变招了[EB/OL]. 2022[2022.8.12]. https://mp.weixin.qq.com/s/c6myGf19tdIiQAPew_hihQ.

❸ https://mp.weixin.qq.com/s/c6myGf19tdIiQAPew_hihQ（凤凰欧洲.伦敦变招了[EB/OL]. 2022[2022.8.12]. https://mp.weixin.qq.com/s/c6myGf19tdIiQAPew_hihQ.）

❹ 迈向绿色 | 伦敦的可持续发展之路：交通篇.

❺ https://baijiahao.baidu.com/s?id=1759087030841464119&wfr=spider&for=pc

像利物浦这样全球标志性的音乐城市开始为应对气候变化作出努力，意义重大。只有让减排和环保的行动尽可能覆盖更多的社会活动，全球变暖趋势才有望维持在安全的水平。

2.2.4　法国：取消国内短途飞机航班以降低碳排放[1]

2019年，全球航空业排放了9亿t二氧化碳（占总排放量的2.5%），2020年的运输量减少了一半。2021年10月，绿色和平组织指出欧盟1/3最繁忙的航班均拥有不到6h的火车替代方案，取消这些航班将减少350万t二氧化碳排放。

为助力到2030年将碳排放量减少40%，使其降至1990年的水平，2022年4月，法国政府已禁止在有2.5h或更短时间的火车或公共汽车替代方案的情况下进行短途飞行。2021年法国首次实施该禁令时，受到限制的航线有8条。欧盟后来明确禁止的航线必须可以由铁路路线运送相同数量的乘客，从而将禁令范围缩小到3条航线。但随着铁路系统的改善和网络扩展，被禁止的航线可能会增加。

禁止这些航班的主张由气候变化活动家和支持减少碳排放的政治人物率先提出。2021年，法国通过该禁令，随后遭到航空公司、机场及相关组织的强烈反对。在欧盟和法国航空业内部持续争斗之后，欧盟作出支持这项禁令的决定。

2.2.5　日本：东京优先发展可再生能源，推动氢能应用

2019年12月，东京都政府正式发布面向碳中和的白皮书——《东京零排放战略》（Zero Emission Tokoy Strategy），明确到2050年实现碳中和的愿景目标，提出亟需对整个社会系统进行变革和转型，以真正迈向零排放的目标。2020年3月东京都政府更新的《东京零排放战略》报告，明确东京碳中和的发展愿景为建立资源循环利用、环境舒适友好、对气候变化造成的灾害具有抵御能力的城市，到2050年实现东京零碳排放。根据这一愿景，东京设定了2030年"碳减半"的阶段性目标，即2030碳减排在2000年的水平上减少50%（相较于上一版报告中提到的30%目标力度更强），并将可再生能源的电力利用率提升到50%左右（图1-2-3）[2]。

---

[1]　法国已禁止国内短途航班　以2.5h内铁路通勤替代（ynet.cn）。
[2]　东京．东京零排放战略（Zero Emission Tokoy Strategy）(Policy Planning Section, General Affairs Division, Bureau of Environment, etal. Zero Emission Tokoy Strategy [R]. Tokoy：Tokoy metropolitan government，2020.）

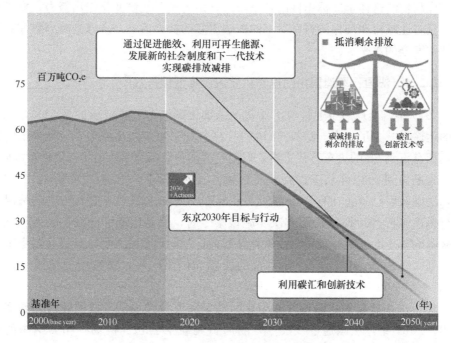

图 1-2-3 东京都 2050 年碳减排路线图

2021年10月,日本政府正式发布第六版能源基本计划,首次提出"最优先"发展可再生能源,并将2030年可再生能源发电所占比例的目标,从此前的22%~24%提高到36%~38%;2030年天然气发电占比降至20%,煤炭发电占比则从2020年的27.6%降至19%。东京都在2021年1月《东京零排放战略:2020更新报告》中提出将可再生能源的电力利用率提升到50%左右。《东京零排放战略》中关于能源主要包含"将主要能源变为可再生能源""推动氢能的应用"两个政策。文件中列出了11项到2030年的目标与行动计划。

2.2.6 韩国:首尔发布气候变化应对综合计划[1]

2020年7月,首尔宣布计划2050年实现碳零排放。具体措施包括最终禁止内燃机汽车的使用,以及限制大型建筑的温室气体排放。2022年初《首尔气候行动综合计划》(Comprehensive Plan for Climate Action)发布[2],该计划在综合考量首尔作为大城市,具有建筑密度高、车流量大等特性后,制定了一系列加紧

---

[1] 碳排放交易网. 韩国首尔市长:到2050年首尔要实现碳零排放[EB/OL]. 2020[2022.8.12]. http://www.tanpaifang.com/jienenjianpai/2020/0709/72287.html.

[2] 首尔气候行动综合计划(Comprehensive Plan for Climate Action)-2022年初(Comprehensive Plan for Climate Action[R]. Seoul,2022.)

节能减排的政策，涉及建筑、交通、绿地/水/土壤、气候灾害、市民参与五大领域，共有10项核心课题、143个具体项目，计划到2050年减少3500万t碳排放，实现碳中和。为了实现气候行动综合计划，首尔将在2022年起的五年间投入10万亿韩元预算，并将减排重点放在占据温室气体排放量88%的建筑和交通领域上❶。

按照2020年提出的计划，首尔将仅允许电动汽车和氢能汽车登记，从2035年开始禁止其他类型车辆在"绿色交通区"行驶，到2050年将适用范围扩大至首尔各区。按照2022年的《首尔市气候变化应对综合计划》，首尔将安装"插座式"充电器等各种充电站，加快电动汽车取代内燃机汽车的进程，到2026年，充电站数量将增加到22万个，打造"生活圈5分钟充电网络"，将为多达40万辆电动汽车提供电源，约有10%的上路汽车为电动汽车。❷此外，首尔的"每周无驾驶日"计划允许公众自愿参加，每周选择一天（周一至周五 7:00—22:00）作为非驾驶日。公共组织和私营公司为参与者提供激励措施，例如汽油折扣、拥堵费50%折扣、公共停车费折扣和免费洗车等❸。

2.2.7 加勒比地区：首次启动全球预警系统计划❹

2021年，加勒比地区经历了21个被命名的热带气旋，其中包括7个飓风，是有记录以来损失最为严重的第四个飓风季节。联合国秘书长古特雷斯于2022年11月在埃及举行的第二十七届联合国气候变化大会上宣布了全民预警行动计划。该计划要求在2023—2027年期间初步投入31亿美元作为新专项投资，投资方向将涵盖灾害风险知识、观测与预报、备灾与应对、预警传播等。世界气象组织和联合国减少灾害风险办公室是该计划实施的共同领导机构。

全民预警行动计划提供了一个契机，以加强围绕多灾种预警系统投资的合作，确保加勒比地区人民的安全。有19个国家和地区参加了加勒比灾害应急管理机构，但只有30%的国家和地区建立了多灾种预警系统的路线图。

---

❶ 中国国际贸易促进委员会. 首尔市公布气候问题未来五年对策 普及低碳建筑和电动车[EB/OL]. 2022[2022.8.12]. https://www.ccpit.org/korea/a/20220120/20220120gg33.html.

❷ 首尔市公布气候问题未来五年对策 普及低碳建筑和电动车[EB/OL]. 2022 [2022.8.12]. https://www.ccpit.org/korea/a/20220120/20220120gg33.html.

❸ 驾驶行为的改变与交通部门碳减排：首尔和东京的经验[EB/OL]. 2019 [2022.8.12]. https://reei.blog.caixin.com/archives/197836.

❹ UN. Caribbean sees first regional launch of global plan on early warning systems [EB/OL]. 2023 [2023.2.7]. https://news.un.org/en/story/2023/02/1133247.

2.3 实践动态：重新定义城市

2.3.1 法国巴黎："15 分钟城市"

法国巴黎市提出"15 分钟城市"计划，作为改善首都圈空气污染状况、提高城市宜居性的重大举措之一，该计划包含对交通、可持续发展等多领域进行公共投资以及启动一系列改善社区治理的新项目。

在 2020 年巴黎启动第一轮疫情封控措施时，开始创建"15 分钟城市"。

（1）扩建临时自行车专用道和街道封闭区域，为人们保持社交距离提供更多空间。目前，巴黎市共拥有超过 1000km（621 英里）的骑行线路，包括独立的自行车专用道、涂色步道和改造后可供骑行的公交车道等（图 1-2-4）。

（2）将教育机构转化为当地的社区中心，打造更为健康的社区。在下班及周末时间开放校园和托儿所，为当地居民提供用于休闲娱乐的公共空间。

（3）推出"学校步道"计划，鼓励学生们采取安全的慢行方式到校。

图 1-2-4　巴黎市骑行基础设施建设

(图片来源：WRI)

（4）出台了一系列政策，将城市决策权下放给各行政区划的区长。

（5）巴黎市各个辖区的居民都有机会参与社区层面的规划，如绿化美化、街道家具和微出行（Micro-mobility）改造等。

（6）计划在 2021—2026 年间向骑行基础设施和便民装置追加投资 2.5 亿欧元（约 18.3 亿元人民币）。

2.3.2 哥伦比亚巴兰基亚市：借助改造公园实现居民参与[1]

哥伦比亚巴兰基亚市于2011年启动了一项旨在改造城市最贫困社区中60个公园的项目——"Todos al Parque"，该项目的核心是让居民共同参与到公园的设计中，并优先考虑儿童、妇女、残疾人和老年人等弱势群体的需求，旨在推动绿色空间在社会和地区上更公平地分布。

项目从东南部服务最差的地区开始，目前已经推广到全市所有的188个社区，93%的巴兰基亚家庭在离家8分钟步行范围内都能到达绿色的公共空间。因此，该项目获得2021—2022年度世界资源研究所（WRL）罗斯可持续城市奖。

项目实施过程中，首先由建筑师和社区领导人讨论需求和公园设计理念；随后，公共代表与该公园所在社区成员会面，社区成员提出公园设计建议，例如，将足球场的表面从沙地改为合成草坪，增加幼儿游乐场的面积，并开辟一个专门的区域来举办儿童节目等；最后，组织者在公园施工前举行签字仪式，确定居民批准最终设计版本（图1-2-5）。

图1-2-5 公园改造项目

目前，项目受益范围逐渐扩大到整个巴兰基亚，创造了近150万平方米的绿地。培养无家可归者、小贩和居民对自己城市公共空间的归属感和自豪感，在公园恢复的社区，税收制度遵守率提高。公园100m范围内的盗窃案数目也下降。新冠疫情期间，这些公园成为临时的食品市场、核酸检测和接种疫苗地点，公园

---

[1] 世界资源研究所. 罗斯可持续城市奖揭晓 | 哥伦比亚巴兰基亚市：借助改造公园实现城市振兴. [EB/OL].

内还开展户外健身课程等活动，吸引居民参与，促进公共健康。

2.3.3 冰岛：除碳工厂 Orca❶

2021年，冰岛启动了除碳工厂（Carbon Removal Factory）Orca（图1-2-6），该工厂可以从空气中每年捕获4000t二氧化碳，并将其变成石头安全地储藏在地下。Orca只排放不到其捕获量10%的二氧化碳，其建造成本在1000万～1500万美元之间，包括建设、场地开发和存储等。

Orca由8个强大而紧凑的集装箱式的大型收集器组成。首先，空气捕捉装置通过风扇从周围空气中"吸入"二氧化碳，化学过滤器将其提取出来。然后，利用地热发电厂提供的能量对捕获到的二氧化碳进行加热，使其从过滤器中释放并浓缩后提取出来。最后，浓缩后的二氧化碳与水混合，被注入地下1000m深处的玄武岩中进行矿化，在两年内"变成石头"储存起来，之后也可以用来制造燃料、化学品、建筑材料和其他产品。

建立更多更大的工厂来捕获空气中的碳，推动成本下降，并实现规模经济。到2030年末，每吨碳的成本将从600～800美元降低至100～150美元。

图1-2-6 冰岛除碳工厂 Orca

2.3.4 储能系统加速电力脱碳

（1）美国：部署铁基液流电池长时储能系统，加速电力脱碳❷

---

❶ 2023 [2023.2.10]. https://mp.weixin.qq.com/s/37NpFZyOPsUJbu6vpyRhJA.

❷ https://mp.weixin.qq.com/s/ExEI1mA-_JtWdWbzKCTkDw

美国一家制定和部署铁基液流电池储能解决方案的公司，与美国第六大社区所有的非营利电力服务供应商达成合作，为该电力服务供应商提供高达 200MW/2000GWh 的环境安全和可持续的长时间储能解决方案，以支持其提出的 2030 年零碳计划，该计划旨在减少火力发电，最大限度地利用当地太阳能发电，提高社区的供电弹性。

该铁基液流电池技术提供了高性价比的长时间储能方案，为需要 4～12h 灵活能量存储的应用提供了理想的选择，包括公共设施层级的可再生能源安装、远程太阳能＋存储微电网、电网负载转移和峰值削除以及其他辅助电网服务。该技术安全性高，使用寿命长达 25 年，并且无容量衰减（图 1-2-7）。

图 1-2-7　ESS 公司铁基液流电池制造集装箱

（2）爱沙尼亚：将储能技术公司 Skeleton 与西门子合建全球最大超级电容器工厂❶

爱沙尼亚一储能技术公司将投资 2.2 亿欧元在德国莱比锡开发、规划和运营一家生产超级容器的全自动化、数字化制造工厂。其中，1 亿欧元将投资于莱比锡地区的制造设备，1.2 亿欧元用于扩大规模和研发。

该超级电容电池新工厂计划于 2024 年投产，年产量可达 1200 万个，其中 800 万个是用于乘用车的小型电池，400 万个是用于重型运输的大型电池。其超级电容器拥有业界最高的功率密度，在移动、电网稳定和重型应用等领域存在的巨大发展潜力。超级电容器是大幅减少发电、交通和工业等行业排放的关键因素。

（3）日本：将在原液化天然气设施安装钠硫电池储能装置❷

---

❶　https：//mp.weixin.qq.com/s/ExEI1mA-_JtWdWbzKCTkDw
❷　https：//mp.weixin.qq.com/s/ExEI1mA-_JtWdWbzKCTkDw

日本已有较为成熟的可产业化的钠硫电池储能系统产品。一个大型钠硫（NaS）电池储能系统将安装在日本的一个原液化天然气终端设施中。电池的设计寿命为 15 年，相当于 4500 次循环，或大约每年 300 次循环。适用于长时间的应用，能够在全输出下放电 6h，或在以全输出的 1/3 放电 18h。该类储能系统可将电池连接到电网，在非高峰和可再生能源发电充足的时候储存电能，在用电高峰和供应短缺的时候放电，以帮助电网削峰填谷、调峰调频。

该燃气终端设施上安装的电池储能系统，将协助调整供应和需求，并计划利用系统中存储的能源在"各种电力市场"进行交易。目前储能系统项目正在建设，项目计划于 2025 年完成。此外，该技术被选中用于蒙古的第一个大型太阳能＋储能项目。

3 2021—2023年中国低碳生态城市发展

3.1 政策指引：稳步推进碳达峰碳中和行动

3.1.1 国家层面

(1) 碳达峰碳中和"1+N"政策体系已构建❶

2021年，《中共中央、国务院关于完整准确全面贯彻新发展理念做好碳达峰碳中和工作的意见》《2030年前碳达峰行动方案》相继发布，为实现"双碳"目标作出顶层设计，明确了碳达峰碳中和工作的时间表、路线图、施工图。此后，能源、工业、城乡建设、交通运输、农业农村等重点领域实施方案，煤炭、石油天然气、钢铁、有色金属、石化化工、建材等重点行业实施方案，科技支撑、财政支持、统计核算、人才培养等支撑保障方案，以及31个省市区碳达峰实施方案均已制定。总体上看，系列文件已构建起目标明确、分工合理、措施有力、衔接有序的碳达峰碳中和"1+N"政策体系，形成各方面共同推进的良好格局，为实现"双碳"目标提供源源不断的工作动能。

(2) 全国自然灾害综合风险普查❷❸

2020年，我国启动了首次全国自然灾害综合风险普查。2020年5月31日国务院办公厅印发《关于开展第一次全国自然灾害综合风险普查的通知》。历时3年，2023年2月15日，调查工作成果发布。此次普查工作全面获取了全国地震灾害、地质灾害、气象灾害、水旱灾害、海洋灾害、森林草原火灾6大类23种灾害致灾要素数据，包括全国灾害风险要素数据数十亿条，近6亿栋城乡房屋建筑的数据以及80多万处市政设施的数据。首次在全国范围内实现了所有城乡住宅、非住宅房屋的单栋调查。对1978年以来，所有市县一级每年发生的灾害损失情况，作了摸底式的调查。复原了1978年以来，每年灾害损失的空间格局和动态变化。第一次摸清了全国森林可燃物载量。对后续我国森林草原火灾的防治

---

❶ 人民日报. 碳达峰碳中和"1+N"政策体系已构建"双碳"工作取得良好开局[EB/OL]. 2022[2022-09-23] https://www.gov.cn/xinwen/2022/09/23/content_5711246.htm.

❷ https://mp.weixin.qq.com/s/w0vbyMRzb2xyiGTDvqf7Ew

❸ https://mp.weixin.qq.com/s/JRnoUNJyVK9BXnA5HOPjKA

能够提供有力的数据支撑。

今后,将建好自然灾害风险要素数据库,保障数据安全;科学开展全国风险评估,对全国风险进行分级,进行自然灾害风险的分级分类管理;推动风险普查常态化,通过常态化的机制不断更新数据。用好普查数据,大力发展数字化应用场景,提升房屋全生命周期安全管理水平。

(3)流域生态保护和高质量发展驶入快车道

党的二十大报告指出,统筹水资源、水环境、水生态治理,推动重要江河湖库生态保护治理。

长江是中华民族的母亲河,也是中华民族发展的重要支撑,在长江流域开展水生态考核试点,引导地方加快补齐水生态保护短板,对推动长江经济带高质量发展、建设美丽中国具有重要意义。2023年6月生态环境部办公厅、国家发展改革委办公厅、水利部办公厅、农业农村部办公厅联合印发了《长江流域水生态考核指标评分细则(试行)》。长江流域水生态考核范围为青海、四川、西藏、云南、重庆、湖北、湖南、江西、安徽、江苏、上海,以及甘肃、陕西、河南、贵州、广西、浙江等17省(自治区、直辖市),涉及长江干流、主要支流、重点湖泊和水库等50个水体。

2022年10月30日,十三届全国人大常委会第三十七次会议通过了《黄河保护法》。该法自2023年4月1日起施行。2023年7月,国家发展改革委、中共中央宣传部、文化和旅游部、国家文物局等部门联合印发《黄河国家文化公园建设保护规划》(以下简称《规划》),《规划》范围包括黄河流经的青海、四川、甘肃、宁夏、内蒙古、陕西、山西、河南、山东9个省(区),以黄河干支流流经的县级行政区为核心区,各地可根据实际情况和黄河故道发展历史延伸至联系紧密区域。《规划》提出构建黄河国家文化公园"一廊引领、七区联动、八带支撑"总体空间布局,分类建设管控保护、主题展示、文旅融合、传统利用等4类重点功能区;提出全面推进强化文化遗产保护传承、深化黄河文化研究发掘、提升环境配套服务设施、促进黄河文化旅游融合、加强数字黄河智慧展现五大重点任务实施。

3.1.2 相关部委

(1)国家发展改革委:发布"碳达峰十大行动"进展报告❶

国务院印发的《2030年前碳达峰行动方案》提出,将碳达峰贯穿于经济社会发展全过程和各方面,重点实施"碳达峰十大行动":一是能源绿色低碳转型行动;二是节能降碳增效行动;三是工业领域碳达峰行动;四是城乡建设碳达峰

---

❶ 环球网 https://m.huanqiu.com/article/45KzzJ57rNQ

行动；五是交通运输绿色低碳行动；六是循环经济助力降碳行动；七是绿色低碳科技创新行动；八是碳汇能力巩固提升行动；九是绿色低碳全民行动；十是各地区梯次有序碳达峰行动。

2023年2月，国家发展改革委总结了能源绿色低碳转型行动、节能降碳增效行动、工业领域碳达峰行动、循环经济、绿色低碳全民行动、各地区认真谋划周密部署积极稳妥推进碳达峰碳中和工作、国资央企努力在碳达峰行动中发挥示范引领作用七个方面的"碳达峰十大行动"进展。

（2）生态环境部：全国碳排放权交易市场启动上线交易两周年❶

2023年1月，为系统总结全国碳排放权交易市场第一个履约周期建设运行经验，促进社会各界更好地了解全国碳排放权交易市场建设情况，生态环境部组织编制了《全国碳排放权交易市场第一个履约周期报告》。

经过第一个履约周期建设运行，全国碳排放权交易市场运行框架基本建立，初步打通了各关键环节间的堵点、难点，价格发现机制作用初步显现，企业减排意识和能力水平得到有效提高，通过专项监督帮扶等措施有效提升了碳排放数据质量，实现了预期建设目标，全国碳排放权交易市场建设运行对促进全社会低成本减排发挥了积极作用。

2023年7月16日，全国碳排放权交易市场正式启动上线交易满两周年。全国碳排放权交易市场运行整体平稳有序，减排成效逐步显现，目前已经进入第二个履约周期。

全国碳排放权交易市场第一个履约周期共吸纳发电行业重点排放单位2162家，年覆盖二氧化碳排放量约45亿t，按履约量计履约完成率为99.5%。截至2023年7月14日，碳排放配额累计成交量为2.399亿t，累计成交额为110.3亿元人民币。

随着碳市场运行的逐步成熟，企业参与活跃度明显提升，促进企业温室气体减排和加快绿色低碳转型的作用初步显现。现阶段，全国各省市均有重点排放单位参与交易，累计参与交易的企业数量超过重点排放单位总数的一半以上，近7成的重点排放单位多次参与交易。据统计，2022年全国单位发电量二氧化碳排放约541g/kWh，比上年降低3.0%；全国单位火电发电量二氧化碳排放约824g/kWh，比上年降低0.5%。

（3）生态环境部：碳监测评估试点取得阶段性成果❷

2021年9月生态环境部发布《碳监测评估试点工作方案》，聚焦重点行业、

---

❶ https://mp.weixin.qq.com/s/n77ph4gdo0zEWN-VlWv57g
❷ 生态环境部：碳监测评估试点取得阶段性成果. [EB/OL]. 2023 [2023-01-17]. http://www.eco.gov.cn/index.php/news_info/61467.html.

城市和区域开展碳监测评估试点，探索推动建立碳监测评估技术方法体系，发挥示范效应。

2023年1月17日，生态环境部表示碳监测评估试点是一项全新的工作，通过抓工作机制、试点推进、数据质量，基本打通了碳监测业务链条。行业层面，积极开展监测和核算数据比对，已分析709组自然月自动监测小时数据，完成64万个场站泄漏监测。城市层面，从无到有建设温室气体监测网络，已建成26个高精度、90个中精度监测站点。区域层面，实施部分国家空气背景站高塔采样系统升级改造，开展全国及重点区域温室气体立体遥感监测。印发十余项碳监测技术指南或规程，覆盖点位布设等关键技术环节，确保碳监测数据规范可比。

试点一年多来，已取得阶段性成果。一是初步证实CO_2在线监测具有较好应用前景。试点监测表明，火电和垃圾焚烧行业CO_2在线监测法与核算法结果整体可比，成本也相当，有的还能减轻企业负担。二是初步建立CH_4泄漏检测的技术方法。通过开展"卫星+无人机+走航"综合监测，油气田开采行业初步建立了CH_4泄漏识别技术方法，可应用于生产环节检测。煤炭开采行业利用现有井工安全监控系统，开发了CH_4排放协同监测技术。三是初步了解温室气体时空分布规律。利用卫星遥感监测数据，对全球主要城市/地区温室气体浓度时空变化进行分析研究，初步了解了全球CO_2和CH_4浓度及其时空分布状况。下一步，将重点深化碳监测评估试点、深化试点成果凝练、深化监测支撑体系建设。

（4）气象局：建成我国首个国家温室气体观测网[1]

2021年12月，中国气象局发布我国第一份国家温室气体观测网名录，这标志着经过近40年建设，我国首个温室气体观测网基本建成。温室气体观测网的建成将提升我国气候变化监测评估能力，持续为碳达峰碳中和行动提供数据支撑。温室气体观测网名录包含60个覆盖全国主要气候关键区并以高精度观测为主的站点，由国家大气本底站、国家气候观象台和国家及省级应用气象观测站（温室气体）等组成。其观测要素涵盖《京都议定书》中规定的二氧化碳、甲烷、氧化亚氮、氢氟碳化物、全氟化碳、六氟化硫和三氟化氮7类温室气体。

（5）13部门：全面推进城市一刻钟便民生活圈建设三年行动计划（2023—2025）

商务部等13部门联合印发《全面推进城市一刻钟便民生活圈建设三年行动计划（2023—2025）》，提出到2025年，在全国有条件的地级以上城市全面推开，推动多种类型的一刻钟便民生活圈建设，形成一批布局合理、业态齐全、功能完

---

[1] 科技日报. 历时近40年国内首个温室气体观测网建成 [EB/OL]. 2021 [2021.12.22]. https://www.cma.gov.cn/2011xwzx/2011xmtjj/202112/t20211229_4335867.html.

善、服务优质，智慧高效、快捷便利，规范有序、商居和谐的便民生活圈❶。

（6）住房和城乡建设部：推进城市更新行动——打开城市高质量发展新空间❷

在 2023 年全国住房和城乡建设工作会议上，住房和城乡建设部提出 2023 年将以实施城市更新行动为抓手，着力打造宜居、韧性、智慧城市，聚焦居民所思所想所盼所急，持续在解决突出民生难题、创造高品质生活上下更大力气花更大工夫。

城市体检是城市更新的重要前提，在推进城市更新的过程中，城市体检发现的问题，就是城市更新的重点；城市体检的结果，就是城市规划、设计、建设、管理的依据。2023 年，全国将在设区的城市全面开展城市体检，找出小区在养老、托育、停车、充电、活动场地等方面存在的问题，有针对性地实施更新改造。开展完整社区试点，以体检成果为基础，补齐设施和服务短板，打造一批完整社区样板。

（7）住房和城乡建设部：开展城市公园绿地开放共享试点工作❸

2023 年 2 月 6 日，为贯彻落实党的二十大精神，完整、准确、全面贯彻新发展理念，拓展公园绿地开放共享新空间，满足人民群众亲近自然、休闲游憩、运动健身等新需求新期待，决定开展城市公园绿地开放共享试点工作。要求各省级住房和城乡建设（园林绿化）主管部门要组织本地区有关城市开展公园绿地开放共享试点工作，试点时间为 1 年。

3.1.3 地方层面

（1）各省市区碳达峰实施方案陆续发布

2021 年 10 月，国务院发布《2030 年前碳达峰行动方案》，要求省、自治区和直辖市政府"按照国家总体部署，结合本地区资源环境禀赋、产业布局、发展阶段等，坚持全国一盘棋，不抢跑，科学制定本地区碳达峰行动方案"。北京、天津、山东、上海等 20 多个省市区发布碳达峰实施方案❹，明确"十四五"及

---

❶ 商务部.商务部等 13 部门办公厅（室）关于印发《全面推进城市一刻钟便民生活圈建设三年行动计划（2023—2025）》的通知 [EB/OL]. 2023 [2023.7.12]. https：//mp.weixin.qq.com/s/XHQXoKhfw-fq5ekhh7Xi0kw.

❷ 中国建设报.推进城市更新行动——打开城市高质量发展新空间 [EB/OL]. 2023. [2023.2.14]. https：//mp.weixin.qq.com/s/u3sg4wi-a8GrShFvTylzrw.

❸ 住房和城乡建设部.住房和城乡建设部办公厅关于开展城市公园绿地开放共享试点工作的通知 [EB/OL]. 2023 [2023.2.6] https：//www.mohurd.gov.cn/gongkai/zhengce/zhengcefilelib/202302/20230206_770204.html.

❹ https：//mp.weixin.qq.com/s/6dnFZ0LNTTfooVcZRqnfIw

"十五五"期间的减碳目标。如《北京市碳达峰实施方案》❶提出，到2025年，可再生能源消费比重达到14.4%以上，单位地区生产总值能耗比2020年下降14%，到2030年，可再生能源消费比重达到25%左右。同时为确保2030年前实现碳达峰，各省聚焦重点区域、行业、主体，提出碳达峰行动。如上海市"十大行动"包含能源绿色低碳转型行动、节能降碳增效行动、工业领域碳达峰行动、城乡建设领域碳达峰行动、交通领域绿色低碳行动、循环经济助力降碳行动、绿色低碳科技创新行动、碳汇能力巩固提升行动、绿色低碳全民行动和绿色低碳区域行动。2022年7月，《上海市人民政府关于印发〈上海市碳达峰实施方案〉的通知》发布，明确了上海市"碳达峰十大行动"，要求各区科学制订本区碳达峰实施方案。黄浦区、浦东新区、长宁区、杨浦区、崇明区等各区为贯彻落实市政府工作部署，明确碳达峰重点任务，制定了碳达峰实施方案。明确重点领域碳中和路径举措、碳中和特色示范等，以碳中和战略引领推动各地区低碳建设实现新突破。

（2）各地发布减污降碳协同增效实施方案❷

2022年6月，为深入贯彻落实党中央、国务院关于碳达峰碳中和决策部署，落实新发展阶段生态文明建设有关要求，协同推进减污降碳，实现一体谋划、一体部署、一体推进、一体考核，各地制定《减污降碳协同增效实施方案》。

上海、天津、福建、陕西等地正式印发了《减污降碳协同增效实施方案》（以下简称《方案》），包括具体目标和任务措施等内容。

如上海市坚持"绿水青山就是金山银山"理念，走生态优先、绿色发展之路。坚持突出协同增效、强化源头防控、优化技术路径等工作原则；力争在2025年前，全市基本形成减污降碳的工作格局，从而促进2030年全市达成有关减污降碳的工作目标。针对强化大气污染防治与碳减排协同增效、推动水环境和土壤污染治理与碳减排协同增效、推动农业和生态领域减污降碳协同增效、开展"无废城市"建设推动减污降碳协同增效、利用生态环境源头防控推动减污降碳协同增效、开展试点示范、强化支撑保障、加强组织实施八个方面提出关于减污降碳协同增效的重点举措。

以天津市为例，天津针对减污降碳协同增效的主要目标是力争2025年前，初步建立减污降碳协同管理机制，并打造一批绿色低碳示范引领样板。力争在2030年，做到完善减污降碳协同的管理体系，并提高水、土壤、固体废物等污染防治的水平，建立起清洁低碳安全的能源体系，从而形成绿色生产生活方式。

此外，山西省农业农村厅和省发展改革委于2023年7月联合印发《农业农

---

❶ http://www.beijing.gov.cn/zhengce/zfwj/zfwj2016/szfwj/202210/t20221014_2836026.html
❷ https://mp.weixin.qq.com/s/PYM8vRi7By76Reb_soU6pg

村减排固碳实施方案》，以保障粮食安全和重要农产品有效供给为前提，以全面推进乡村振兴、加快农业农村现代化为引领，以农业农村绿色低碳发展为关键，重点实施农业农村减排固碳十大行动，全面推进农业农村减排固碳工作，为实现碳达峰碳中和作出贡献。十大行动包括：畜禽低碳减排行动、农机绿色节能行动、化肥减量增效行动、农田碳汇提升行动、秸秆综合利用行动、渔业减排增汇行动、可再生能源替代行动、零碳村镇建设行动、科技创新支撑行动、监测体系建设行动。

（3）上海："十四五"期间开展首批100个"双碳"试点创建[1]

2022年12月27日，上海市发展改革委印发《上海市推进重点区域、园区等开展碳达峰碳中和试点示范建设的实施方案》。其中指出，"十四五"期间，开展首批100个市级试点创建，根据试点成效，择优推荐申报相关国家级示范试点创建项目。此外，该方案还强调，发展可再生能源和新型储能。实施组织"光伏+"专项工程，加快近海风电开发，推进深远海风电示范试点，因地制宜布局陆上风电和地热能项目。鼓励大容量风电、光伏建筑一体化、农光互补等技术创新和项目落地。开发利用农作物秸秆、园林废弃物等生物质能。因地制宜发展低成本、大容量、高安全和长寿命的新型储能技术。

（4）香港：发布《香港气候行动蓝图2050》，推出自愿性国际碳市场

2021年10月8日《香港气候行动蓝图2050》发布，蓝图具体制订了多个目标，包括2035年或之前不再使用煤进行日常发电，将可再生能源在发电燃料组合中的比例增至7.5%～10%，往后提升至15%；在2050年或之前，商业楼宇用电量较2015年减少三到四成，以及住宅楼宇用电量减少两到三成；在2035年或之前能达到以上目标的一半等。政府致力于在2050年前实现碳中和，落实"净零发电""节能绿建""绿色运输"和"全民减废"四大策略，并定下新中期目标，力争在2035年前实现碳排放总量较2005年的水平减半（图1-3-1）。

2022年10月28日，香港交易所推出了Core Climate国际碳市场平台，它是一个容易进入的、一站式的自愿性国际碳市场，包括交易和结算功能。该平台上的碳信用是透明的，均来自国际认证的碳减排项目，并根据国际标准发行，如VERRA[2]下的核证碳标准。参与者可以在该平台上购买、出售、结算、储存和注销自愿碳信用。

Core Climate致力连接资本与中国香港、中国内地、亚洲以至全球的气候相关产品和机遇。Core Climate是香港交易所作为市场运营商所采取的最新措施，从而发展一个可持续和绿色投资产品的生态系统，帮助公司进行低碳转型的融资

---

[1] https://baijiahao.baidu.com/s?id=1753605014284010667&wfr=spider&for=pc
[2] VERRA于2007年创立，是目前世界上最大的碳信用认证机构．官方网站：https://verra.org．

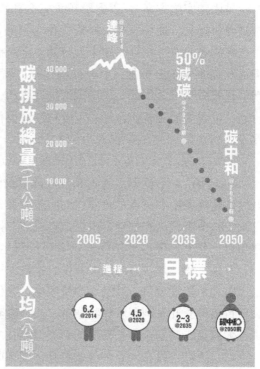

图 1-3-1 香港碳中和路线图

(图片来源:《香港气候行动蓝图 2050》)

(图 1-3-2)。此外,香港交易所作为监管机构,倡导并制定 ESG(Environmental, Social and Governance)❶ 披露和治理的标准,将 ESG 实践和报告完全融入日常商业运作中❷。

(5)北京:出台水生态区域补偿政策,有水河长度、流动性等纳入考核指标❸

2023 年 1 月 1 日,《北京市水生态区域补偿暂行办法》(以下简称《办法》)实施。这是北京市正式出台的第一个市级层面水生态区域补偿文件。《办法》通过实施水流、水环境、水生态三类指标考核,建立起水质与水量、资源与生态环境、地表与地下、流域与区域有机统筹的水生态区域补偿制度,有利于推动解决

---

❶ ESG 即环境(Environmental)、社会(Social)和治理(Governance)单词首字母的缩写。ESG 指标分别从环境、社会以及公司治理角度,来衡量企业发展的可持续性。

❷ 香港联交所:扩大碳市场在加速净零转型中的作用[EB/OL]. 2023 [2023.1.11]. http://test.ideacarbon.org/news_free/58794/.

❸ 生态环境部. 北京出台水生态区域补偿政策 有水河长度、流动性等纳入考核指标 [EB/OL]. 2023 [2023.2.9]. https://www.mee.gov.cn/ywdt/dfnews/202302/t20230209_1015869.shtml.

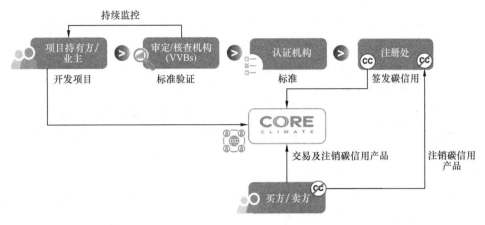

图 1-3-2 香港交易所 Core Climate 碳信用生命周期
(图片图源：香港交易所)

北京当前治水工作中的河流水量不足、流动性阻断、溢流污染以及河道生境生物单一等突出问题，进一步完善北京市水生态环境政策体系。

3.2 学术支持：推动绿色低碳发展

3.2.1 学术研讨会、论坛

(1) 北京：国际零碳城市大会，剖析城乡建设零碳新路径

2023 年 6 月 28 至 6 月 30 日，"ACT 2023（首届）国际零碳城市大会暨零碳建筑博览会"在北京国际会议中心展开。大会以"零碳建筑领航，城市绿色更新"为主题，锚定建筑领域，聚合学术及科研之顶级力量以推动高水平、绿色、节能、低碳的中国城乡建设发展。

(2) 上海：国际碳中和博览会，走向碳中和之路

2023 年 6 月 11 日，首届上海国际碳中和技术、产品与成果博览会在国家会展中心（上海）正式开幕。作为国内首个以碳中和为主题的博览会，碳博会以"走向碳中和之路"为主题，展览规模达 10 万 m^2，以展示碳中和知识、推广碳中和科技为主，搭建全产业链各类主体对接、合作、交流的公共平台。碳博会邀请到来自 15 个国家和地区的近 600 家知名企业参展，参展企业从央企到中央金融企业，从地方国资到外资 500 强等，涵盖能源转型、节能增效、循环经济、实践探索、低碳服务、低碳交通六大板块。首次推出基于碳排放全生命周期主要环节，覆盖低碳能源生产供应、能源消费低碳转型、能源运行系统优化、碳排放管理配套支撑以及碳排放吸收循环处置的技术图谱，展示低碳技术和产品 1081 个。

(3) 深圳：数字能源展，呼吁长时储能

2023年6月29日至7月2日，2023国际数字能源展在深圳举办，作为全球首个数字能源专题展会，展会以"数字驱动 能创未来"为主题，全方位、多场景集中展示全球数字能源领域前沿技术和应用示范成果，超过100个国家和地区，407家国际数字能源知名企业，近2000名能源学者、智库专家及全球能源企业领袖参加，现场观展专业观众超过6.8万人次。数字能源是数字技术和能源产业的深度融合，是支撑新型能源体系建设的有效方式。展会围绕新型电力系统、电化学储能产业、能源产业与数字技术融合发展、数字能源投融资等领域展开深度研讨，展会期间共发布99项能源数字化成果，还发布了"电力充储放一张网"1.0版本、虚拟电厂管理平台2.0升级版，发表了《2023深圳数字能源白皮书》《数字电网技术装备白皮书》等，成立了储能标准化委员会、新型储能产业基金等。展会为国内外数字能源领域新产品、新技术、新业态、新服务的发布提供"首展""首发""首秀"平台，引领数字能源领域前沿技术发展和应用示范。

(4) 2022碳达峰碳中和论坛暨深圳国际低碳城论坛

2022年12月，2022碳达峰碳中和论坛暨深圳国际低碳城论坛召开。来自国内外绿色低碳领域的知名专家学者、研究机构、头部企业、国际组织代表齐聚深圳，共商绿色复苏对策，共享绿色转型成功实践，推动先进技术开发及转化落地。

论坛期间举办的节能低碳产业博览会聚集了绿色低碳领域头部企业，集中展示超级快充、V2G、动力电池、氢能利用等先进绿色低碳技术、产品或应用场景。论坛重视产业驱动，举行多场国际绿色低碳技术项目路演与交易洽谈会，推动技术应用落地。2022年12月8日，作为论坛重要配套活动的国际绿色低碳技术项目路演与交易洽谈会举行，主办方从征集的100多个国内外项目中精选出10项绿色低碳技术，进行了重点推介、路演，并举行了多个项目签约仪式，在低碳技术与投融资、市场应用端之间搭建合作的桥梁。

3.2.2 研究成果

(1) 中国应对气候变化系列皮书发布

中国政府和科技界合力推进碳达峰碳中和，气候变化白皮书、蓝皮书和绿皮书相继发布。

2021年10月，国务院新闻办公室发布《中国应对气候变化的政策与行动》白皮书。《白皮书》显示，近年来，中国将应对气候变化摆在国家治理更加突出的位置，不断提高碳排放强度削减幅度，不断强化自主贡献目标，以最大努力提高应对气候变化力度，推动经济社会发展全面绿色转型。同时，中国还积极参与引领全球气候治理。

2022年8月3日,中国气象局发布《中国气候变化蓝皮书(2022)》,提供中国、亚洲和全球气候变化的最新监测信息。《中国气候变化蓝皮书(2022)》显示:全球变暖趋势仍在持续,2021年中国地表平均气温、沿海海平面、多年冻土活动层厚度等多项气候变化指标打破观测纪录。

2022年12月21日,第14部气候变化绿皮书——《应对气候变化报告(2022):落实"双碳"目标的政策和实践》发布。《绿皮书》表明,全球气候变化形势日趋严峻,给人类社会可持续发展带来巨大挑战。我国坚定推动绿色低碳发展,围绕"双碳"在目标积极构建"1+N"政策体系,以实际行动为国际碳中和进程作出重要贡献。

(2)《中国城市"双碳"指数2021—2022研究报告》

2023年7月27日,《中国城市"双碳"指数2021—2022研究报告》(以下简称《报告》)发布,从气候雄心、低碳状态、排放趋势三个维度,对全国110个城市"双碳"进展态势进行了系统评价(图1-3-3)。

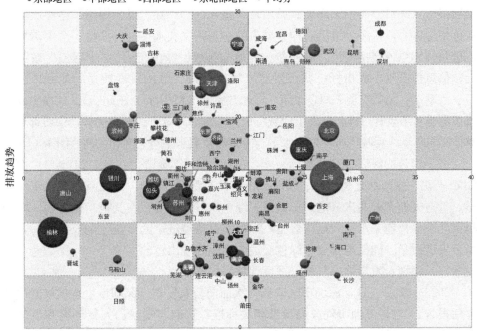

图1-3-3 城市"双碳"指数评价"全国一盘棋"分区域排放量示意图
(图片来源:《中国城市"双碳"指数2021—2022研究报告》)

《报告》评价结果显示,深圳名列榜首,成都和青岛进入前三,北京、宁波、武汉、厦门、昆明、上海和广州进入前十。与上一年度城市"双碳"指数评价结果对比，110个城市指数总得分有所提升，显示在国家"双碳"政策体系的引导下，城市"双碳"行动取得了新进展；但42个城市得分持平或下降，凸显在全球复杂多变的形势下，实现"双碳"目标不能一蹴而就，必须持续付出艰苦努力。

参评城市在"双碳"行动中取得了四个方面的突出进展：分布式光伏加速发展，成为东中部能源转型的新亮点；新能源汽车的渗透率大幅提高，提前达到"十四五"目标；110个参评城市的减排趋势优于全国平均水平；部分城市的碳排放与经济增长开始呈现脱钩趋势。

需要关注的是，城市低碳发展也面临四个方面的挑战：城市的降碳和减污工作尚待更好地协同；重点城市碳达峰目标和"双碳"行动路径有待进一步明确；多重目标下碳排放控制难度加大，碳排放占比偏高的工业大市表现不尽人意；能源统计信息披露不足，碳排放数据披露制度有待统一。

(3)《中国净零碳城市发展报告》❶

为评估中国重点城市的低碳发展水平，及其在不同维度表现出来的减碳潜力，2021年及2022年，21世纪经济研究院碳中和课题组发布《中国净零碳城市发展报告（2021）》《中国净零碳城市发展报告（2022）》。报告构建了净零碳城市评价指标体系，从多个维度对样本城市的净零碳发展水平进行评价。净零碳城市评价指标体系，包括城市发展质量、能源与排放、绿色交通、"十四五"政策目标、信息披露等一级指标；城市发展、城市人口、绿色发展质量、能耗、用电量、机动车、公共交通、绿色政策、能源政策等二级指标（图1-3-4）。从净零碳城市指数排名结果看，排名呈现出地域特征，东部沿海城市占绝对优势，中西部城市整体排名靠后，反映出城市发达水平与净零碳发展水平有一定相关性（图1-3-5）。

居于榜首的深圳有9项指标领先，包括2020年城镇化率、2020年单位面积GDP产出、城市绿化覆盖率、新能源汽车保有量/机动车、百人新能源汽车保有量、每万人拥有公共汽（电）车数量、绿色出行比例等。在其他指标方面，深圳也都几乎保持前三水平。可以看出，深圳在保持经济、人口快速增长的同时，在绿色发展质量、能耗与排放、绿色交通方面也表现出色。

(4) 深圳：发布生态气候舒适度评估报告❷

2023年2月3日，深圳市气象局首次面向公众发布《深圳市生态气候舒适度评估报告》。它是深圳市气象局参考相关标准，选取与气候、大气环境和生态相关的26个重要指标，并利用气候和生态资料数据（2011—2021年）以及大气环

---

❶ 中国环境报. 中国净零碳城市发展报告出炉［EB/OL］. 2022［2022.6.10］. https：//www.cenews.com.cn/news.html? aid=982940.

❷ 深圳生态环境. 深圳首次面向公众发布生态气候舒适度评估报告［EB/OL］. 2023［2023.2.6］. https：//mp.weixin.qq.com/s/vijE6sYy8dZoMIQYe9Sbog.

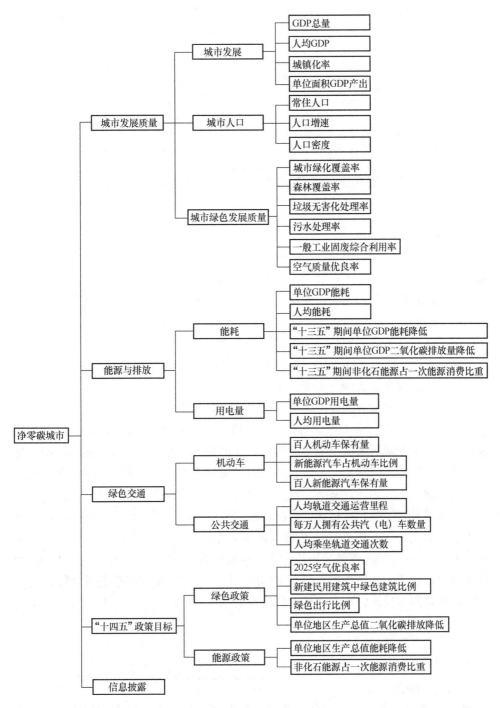

图 1-3-4 净零碳城市评价指标体系

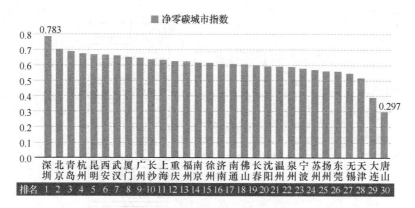

图 1-3-5　净零碳城市指数排名
数据来源：《中国净零碳城市发展报告（2022）》

境资料数据（2014—2021 年），得出一份深圳市生态气候舒适度评价。报告显示，从深圳全市整体上看，评价指标优良率达 76％，空气质量优良年均日数为 346 天，优良率高达 95％。空气质量为"优"的天数占比从 2014 年的 43％ 提高到 2020 年的 60％ 左右，显著增加，且无重污染天气出现。

报告还详细地将深圳各区生态气候舒适度、大气环境、植被生态质量特征作了排名。评估结果显示，深圳各区（新区）生态气候舒适度排名前三的是大鹏、盐田、南山；排名靠后的是光明、龙华和龙岗❶。

（5）浙江：发布全国首份区域减污降碳协同增效指数❷

2022 年，浙江省发布全国首创的减污降碳"双指数"，即减污降碳协同增效区域指数和企业减污降碳协同增效指数，并率先上线浙江省减污降碳协同增效场景应用。年度减污降碳协同指数在浙江省"减污降碳在线"平台发布，并实现按季更新，纳入污染防治攻坚战和美丽杭州考核，各设区市生态环境局可通过"浙政钉"登录平台了解各指标详细情况。浙江省生态环境厅在全国首创减污降碳协同指数，并实现按季更新，将其纳入污染防治攻坚战和美丽杭州考核。结果显示，浙江省 2022 年度省级减污降碳协同指数较 2021 年上升，达到 90.92。11 个设区市中，杭州市、衢州市、嘉兴市列前三位。未来，浙江省生态环境厅将与各设区市作好跟踪反馈，更好地推动各地开展减污降碳协同工作，并将进一步优化

---

❶ 深圳市气象局（台）.《深圳市气候公报（2022 年）》和《深圳市生态气候舒适度评估报告》专家解读访谈［EB/OL］. 2023［2023.2.3］. http：//weather.sz.gov.cn/szsqxjwzgkml/szsqxjwzgkml/zxft/content/post_10409386.html.

❷ 中国环境报. 浙江首创减污降碳"双指数"实现对减污降碳进展和效果的量化评估［EB/OL］. 2022［2022.6.22］. https：//www.mee.gov.cn/ywdt/dfnews/202206/t20220622_986282.shtml?eqid=fa8854d300237c1800000006648d65a3.

指数，结合实际迭代升级指数指标体系和计算方法。

3.3 技术发展：加快绿色转型

3.3.1 我国首个海岛"绿氢"示范工程投运，探索"零碳"供能❶

2022年7月，我国首个海岛"绿氢"示范工程——国家电网浙江台州大陈岛氢能综合利用示范工程正式投运。氢能释放能量的过程中不产生碳排放，在全球能源转型中扮演着越来越重要的角色。然而作为二次能源，由于制氢技术不同，氢能的生产过程目前并不是百分之百"零碳"。所谓"绿氢"，是利用可再生能源分解水得到的氢气，从源头上实现了二氧化碳零排放。该工程利用海岛丰富的风电，通过质子交换膜技术电解水制氢，构建了"制氢-储氢-燃料电池"热电联供系统，有效促进了海岛清洁能源消纳与电网潮流优化，实现大陈岛清洁能源100%消纳与全过程"零碳"供能。

工程应用了制氢/发电一体化变换装置等装备，实现了国内首次氢综合利用能量管理和安全控制技术突破，提高了新型电力系统对新能源的适应性与安全性，综合能效超过72%，达到国际领先水平，是新型电力系统的一次有力探索和实践。投运后，预计每年可消纳岛上富余风电36.5万kWh，产出氢气73000标方，这些氢气可发电约10万kWh，减少二氧化碳排放73t。这相当于一个"大型充电宝"，能够在用电高峰和紧急检修情况下满足大陈岛用电需求（图1-3-6）。

图1-3-6 大陈岛氢能综合利用示范工程全景

---

❶ 中国新闻网. 国内首个海岛"绿氢"示范工程投运 探索"零碳"供能［EB/OL］. 2022［2022.7.8］. https://baijiahao.baidu.com/s?id=1737780738061686798&wfr=spider&for=pc.

3.3.2 我国充电基础设施高速增长，技术与标准体系逐步成熟[1]

2022年，我国充电基础设施高速增长，年增长数量达到260万台左右，累计数量约520万台。其中，公共充电基础设施增长约65万台，累计数量达到180万台左右；私人充电基础设施增长超过190万台，累计数量超过340万台。当前，我国已建成世界上数量最多、分布最广的充电基础设施网络。同时，充换电运营市场取得较快发展。各类充电桩运营企业达3000余家。电动汽车充电量持续保持较快增长，2022年充电量超过400亿kWh，同比增长达到85%以上。

技术与标准体系逐步成熟。国家能源局组建能源行业电动汽车充电设施标准化技术委员会，建立了具有中国自主知识产权的充电基础设施标准体系，累计发布国家标准31项、行业标准26项。政府监测服务平台体系加快建设。已建设省级充电设施监测服务（监管）平台29个，为各地开展行业管理、补贴发放、规划制定提供支撑，国家能源局正有序推进国家级平台的规划建设。未来，有关部门将持续优化充电网络规划布局，提升充电行业发展质量和建设运营标准，服务新能源汽车产业发展。

3.3.3 储能技术发展

（1）我国首台完全自主知识产权飞轮储能装置在青岛地铁投入使用[2]

2022年4月，两台1MW飞轮储能装置在青岛地铁3号线万年泉路站完成安装调试，并顺利并网应用，这是我国轨道交通行业首台具有完全自主知识产权的兆瓦级飞轮储能装置（图1-3-7）。

城市轨道交通车站间距短，列车频繁启动、制动，在运营过程中是"用电大户"。列车在制动过程中会产生数量可观的能量，具有回收利用价值。据统计，轨道交通列车制动产生的能量可达到牵引系统耗能的20%~40%，若被充分利用，将显著降低轨道交通运营能耗。两台飞轮储能装置投用后，预计年节电约50万kWh，30年寿命周期可节电约1500万kWh，节省电费约1065万元。全面推广应用后，线网每年可节电5000万kWh，年减少二氧化碳排放约5万t。同时，其拥有的网压波动抑制功能可显著提高轨道交通牵引供电系统稳定性，改善供电系统电能质量。

---

[1] 中国建设报. 我国充电基础设施数量约520万台 仅2022年就增长260万台左右［EB/OL］. 2023［2023.2.17］. https：//mp.weixin.qq.com/s/sMu-tudvjGC-O_zA5B2iCQ.

[2] 青岛地铁. 飞轮储能项目：让青岛城市轨道交通驶入绿色快车道［EB/OL］. 2022［2022.4.25］. http：//www.qd-metro.com/planning/view.php?id=5565.

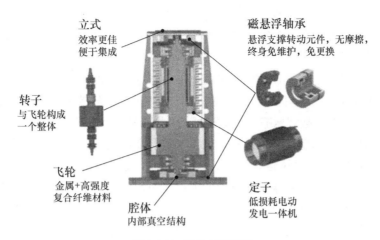

图 1-3-7　飞轮储能装置

（2）全球最大全钒液流电池储能调峰电站在大连并网发电❶

2022 年 6 月，全球功率最大、容量最大的液流电池储能调峰电站在辽宁大连并网发电。该项目是国家能源局批准建设的首个国家级大型化学储能示范项目，总投资约 38 亿元，采用国内自主研发、具有自主知识产权的全钒液流电池储能技术（图 1-3-8）。项目总建设规模为 200MW/800MWh。本次并网的是该电站的一期工程，规模为 100MW/400MWh。

图 1-3-8　钒液流电池储能电站

该储能电站采用的全钒液流电池储能技术，利用不同价态的钒离子作为活性物质，基于正负极电解液中钒离子发生的氧化或还原反应，实现电能和化学能的

---

❶ 新华网. 大容量储能的全钒液流电池［EB/OL］. 2022［2022.11.19］. http：//www.xinhuanet.com/science/2022-11/19/c_1310678127.htm.

相互转换，进而实现电能的大规模储存和释放。液流电池组优化了关键材料、高性能电堆和大规模储能系统集成等问题，减少了密封材料的使用，使电堆总成本降低40%。

(3) 世界首个非补燃压缩空气储能电站在江苏常州投产❶

2022年5月，由清华大学作为主要技术研发方的世界首个非补燃压缩空气储能电站——江苏金坛盐穴压缩空气储能国家试验示范项目正式投产（图1-3-9）。这标志着我国首个压缩空气储能国家示范项目按照商业电站标准完成建设，成功完成连续满负荷储能-发电试运行后正式投运，成为我国新型储能技术发展的里程碑。压缩空气储能是近年来快速发展的大规模新型储能技术。盐穴压缩空气储能是利用水溶采盐后形成的巨大腔穴，在电网低谷时将空气压缩到盐穴中，用电高峰时再释放压缩空气发电，从而实现削峰填谷，提升电网调节能力，是构建新型电力系统、实现碳达峰碳中和目标的关键技术。

图1-3-9 江苏金坛盐穴压缩空气储能国家试验示范项目

项目投运后将继续优化运行方式，围绕压缩空气储能技术试验、标准创建、工程及商业运营示范三大目标，持续打造新型储能行业标杆。同时项目团队将加快推进金坛二期压缩空气储能项目，为构建以新能源为主的新型电力系统不断提供储能新方案。

(4) "长时电网储能电池"技术❷

长时电网储能电池(Long-lasting Grid Battery)是《麻省理工科技评论》(MIT Technology Review)2022年"全球十大突破性技术"之一。它是水系铁基电池，基

---

❶ 清华大学. 金坛盐穴压缩空气储能国家试验示范项目在江苏常州投产[EB/OL]. 2022 [2022.6.7]. https://www.tsinghua.edu.cn/info/1175/95164.htm.

❷ 中国科学基金. 长时电网储能电池技术解读[EB/OL]. 2022 [2022.7.6]. https://mp.weixin.qq.com/s/DGWsdFO_ThOXB2I27NuUtg.

于廉价和储量丰富的铁元素构筑而成,具有高安全性和环境友好等特征。

可再生能源带来的波动式电力需用一种廉价且长时(数小时甚至数天)的储能电池保存,以备日后使用。在目前的储能电池技术水平下,锂离子电池储能时长以2h居多,部分已经提升至3～4h,但要达到6h及以上的储能时长则会面临成本与产品安全等方面的诸多挑战。因此,低成本、长时储能电池的发展将成为电力系统转型的关键。新型的铁基电池有望胜任这一任务,但铁基电池也存在一些技术挑战。如果铁基电池能以足够低的成本被广泛安装使用,便可以为更多人提供来自可再生能源的电能。

我国的长时电网储能技术以全钒液流电池为主,可支撑起百兆瓦级储能项目的设计与开发。此外,全钒液流电池系统的单瓦时成本已经可以控制在2～3元的水平,具备了商业化应用的条件。整体而言,我国液流电池的产业研究和技术工艺处于国际领先水平。然而,全钒液流电池的能量密度低且钒的价格高昂,因此需要开发更具价格和能量密度优势的新型长时电网储能技术。

3.4 实践探索:示范节能减排建设

3.4.1 绿色低碳发展实践探索

(1)北京:城市副中心启动建设"国家绿色发展示范区"[1]

2023年,北京市政府工作报告中提出"大力推进国家绿色发展示范区建设","推动北京绿色交易所升级为国家级平台",城市副中心坚持以"30·60""双碳"目标引领经济发展向绿色低碳转型,加快建设绿色金融和可持续金融中心,北京绿色交易所作为首都发展绿色金融的主要载体,正式启动打造国家级绿色交易所,是助力建设国家绿色发展示范区,推动副中心高质量发展的重要举措。并且通州区政府与各机构签署ESG领域合作协议,气候投融资领域合作协议等。未来,北京城市副中心将持续以低碳持续为鲜明导向,支持绿色交易所建设成面向全球的国家级绿色交易所,全面推进国家绿色发展示范区建设。

(2)中国零碳村镇促进项目启动[2]

2023年1月13日,农业农村部与联合国开发计划署承担的全球环境基金(GEF)——中国零碳村镇促进项目在北京正式启动。

以农业农村部为国内实施机构的中国零碳村镇促进项目,旨在加快中国农村

---

[1] 新华网.服务绿色低碳发展,国家级绿色交易所安家运河畔[EB/OL].2023[2023.2.8].http://www.bj.xinhuanet.com/2023-02/08/c_1129346232.htm.

[2] 农业农村部农业生态与资源保护总站.中国零碳村镇促进项目启动会在京召开[EB/OL].2023[2023.1.18].http://www.reea.agri.cn/stgjhz/202301/t20230118_7930117.htm.

零碳转型与绿色发展，引领中国乡村振兴战略"生态宜居"建设，促进中国国家自主减排目标实现，为实现全球气候变化减缓贡献中国力量。项目将以村镇为单元，通过开发农村可再生资源，充分结合节能、储能等先进清洁替代技术优化方案，创新智慧能源科学调度和综合管理模式，在做好农村建筑和生活用能节能的基础上，实现可再生能源对传统化石能源的全面替代，探索建立农村社区"零碳"示范模式。

(3) 博鳌亚洲论坛：永久会址建设零碳示范区

2022年，住房和城乡建设部与海南省决定在博鳌亚洲论坛（BFA）[1] 永久会址的所在地——东屿岛共同创建"零碳示范区"。《博鳌零碳示范区项目实施方案》提出八大类19个项目，重点提出东屿岛生态岸线改造与修复项目、岛内林地生态修复与功能提升项目、远洋大道景观提升与功能完善项目、博鳌亚洲论坛会议中心及酒店改造项目、东屿岛大酒店改造项目、新闻中心改造项目等，围绕城市建成区实施碳中和改造。2023年3月，16个子项目竣工，首期建设已验收通过，其余项目将于博鳌亚洲论坛2024年年会前完成，并全面实现零碳运行。

(4) 武汉："电力碳银行"助推碳普惠

湖北省生态环境厅正推动"电力碳银行"项目，将相应电量转换为碳积分，目前，该项目已累计注册用户1万多人，让电额度达到25000kWh以上，直接节碳24t。

2023年1月，武汉市东湖风景区分局与国家电网湖北省电力有限公司联手，为东湖新城社区引入"电力碳银行"项目。该项目以"省电呗"小程序为主要载体，居民注册使用"省电呗"，在用电高峰时段调整用电安排主动让电，就能获得积分，积分可兑换电费福利。以东湖新城社区为例，每进行一次让电行动，每户居民可平均让电0.5kWh，合计节碳0.8t。

3.4.2 生态宜居城市实践探索

(1) 上海：徐汇高架下"彩虹城"[2]

三汇路和中山西路围合的三角地块，是由南向北进入徐家汇城市中央活动区的必经之路，也是周边市民生活休闲的日常打卡地。"彩虹城"就建于此，融"汇生态、汇活力、汇科普、汇关怀、汇友好"之意，起名"乐汇小游园"，近日正式对外开放（图1-3-10）。

改造在最大程度保留目前绿色本底的基础上，借助空间的再划分，整合了

---

[1] 博鳌亚洲论坛（BFA）是一个总部设在中国的国际组织，由29个成员国共同发起，自2001年起每年定期在海南博鳌举行年会。

[2] 上观. 走过徐汇高架下，"兔"然闯进"彩虹城" [EB/OL]. 2023 [2023.2.4]. http://sthjt.zj.gov.cn/art/2023/3/24/art_1229588287_2471661.html.

图 1-3-10　上海彩虹城

3100m² 的集中活动空间，赋予场地不同的设计特性，激发了地块的潜在活力，除了探求儿童友好外，更通过多种方式促进践行环境友好。区绿化管理中心绿地管理科相关工作人员介绍，乐汇小游园在改造过程中秉持"绿色＋，运动＋，儿童友好＋"的设计理念，同时充分体现"绿色发展、循环发展"的原则，实践海绵城市的理念。在绿地改造前，原有混凝土硬地面积占 60%，经过海绵化改造，全部改为透水沥青、透水砖和透水混凝土等透水材料。此外，还对高架雨水进行收集、纳管、再利用，设计中引入旱溪、雨水花园、固碳能力强的植物等强化绿地生态功能，更好地践行人民城市理念。

（2）深圳西涌社区：我国首个国际暗夜社区[1]

国际暗夜社区是国际暗夜协会针对暗夜环境保护设定的一个暗夜区域称

---

[1] 新华社. 深圳打造中国首个国际暗夜社区，让民众在城市里看到星星 [EB/OL]. 2023 [2023.4.11]. https://baijiahao.baidu.com/s?id=1762888970942469547&wfr=spider&for=pc1.

号，在保证安全、生活和生产前提下，对区域的照明进行科学改造升级，尽可能减少过剩照明，在城市发展过程中融入星空自然理念，保护夜晚不受光污染影响。

西涌社区位于深圳市大鹏新区东南端，占地面积约 10.9km²，拥有 8 个自然村落，森林覆盖率达 90%，动植物资源丰富，深圳市天文台就坐落于此。深圳于 2021 年 8 月在西涌社区启动暗夜社区创建工作，对社区照明进行改造升级，制定了相应的照明管理办法以及暗夜社区光环境标准，还组织开展了多场暗夜保护宣传活动，让市民、天文爱好者在城市一隅也能欣赏星空。

3.4.3 绿色低碳发展机制探索

（1）浙江：印发全国首个省域促进应对气候变化投融资的实施意见[1]

为贯彻执行生态环境部、国家发展改革委等部门印发的《关于促进应对气候变化投融资的指导意见》，2023 年 2 月，浙江省生态环境厅、浙江省发展改革委、浙江省财政厅等有关部门联合印发了《浙江省促进应对气候变化投融资的实施意见》（以下简称《实施意见》），这是全国首个省域促进应对气候变化投融资（以下简称气候投融资）的实施意见。

《实施意见》从指导思想、发展目标、支持范围三个方面明确了气候投融资对减缓和适应气候变化发挥支撑作用的总体要求，围绕减缓气候变化和适应气候变化两个支持范围，提出加大气候投融资重点领域支持力度、积极创新气候金融产品和服务模式、持续提升气候投融资项目执行效能、引导民间投资与外部资金进入气候投融资领域、建立完善气候投融资推进政策机制五个方面 15 条重点举措。此外，《实施意见》还从落实工作职责、注重风险防控、加强宣传引导、加强人才保障等几方面，针对性地提出了保障措施，确保气候投融资在支撑减缓和适应气候变化上发挥实效。

（2）广州南沙新区：应对气候变化资产管理助推金融高质量发展[2]

2023 年 2 月 4 日，粤港澳大湾区（广州南沙）跨境理财和资管中心启动仪式暨高峰对话成功举办，前述落地 6 个气候投融资领域的资产管理战略合作项目。南沙新区金融局分别与各大银行广州分支机构、中国经济信息社等在气候投融资领域达成合作，共同推动气候投融资领域的资产管理创新，以南沙新区为桥梁引导境外资本投向国内气候友好领域。签约仪式上，各银行机构香港、

---

[1] 浙江省生态环境厅. 浙江省生态环境厅等八部门关于印发《浙江省促进应对气候变化投融资的实施意见》的通知［EB/OL］. 2023［2023.3.24］. http://sthjt.zj.gov.cn/art/2023/3/24/art_1229588287_2471661.html.

[2] 广州市生态环境局. 南沙新区以应对气候变化资产管理助推金融高质量发展［EB/OL］. 2023［2023.2.10］. http://sthjj.gz.gov.cn/gkmlpt/content/8/8798/post_8798146.html#644.

澳门、迪拜、新加坡、德国等境外分行均表示愿意积极参与南沙新区气候投融资试点建设，助力将南沙新区打造成为气候投融资规则衔接机制对接高地，擦亮气候投融资改革创新属性、开放属性，塑造南沙新区气候投融资国际竞争合作新优势。

4 实施挑战与发展趋势

4.1 实施挑战

中国碳达峰碳中和工作是自上而下的顶层设计与自下而上开展行动的结合。"1+N"政策体系中强调坚持"全国统筹"的原则，提出应坚持"全国一盘棋……根据各地实际分类施策，鼓励主动作为，率先达峰"，并提出要上下联动制定地方达峰方案，要求各省、自治区、直辖市制定本地区碳达峰行动方案，提出碳达峰时间表、路线图、施工图。因此，如何研究分析碳中和目标下自身的发展战略，确定因地制宜的发展路径，支撑相关政策的制定，是当前各个城市面临的迫切挑战。

城市是实现国家碳达峰碳中和目标的关键责任主体，城市碳中和路径研究为其碳中和政策制定提供了有力支撑。现有低碳发展路径研究多存在单一行业视角、定性分析、面向中短期碳达峰开展或对于单一路径探讨等局限。缺少定量探究一座城市碳中和路径的研究方法和研究成果。通过对于低碳生态城市国际动态以及中国低碳生态城市发展进行相关的整理分析，发现城市碳中和路径研究应当体现"经济社会综合性、实现路径多样化、长时间尺度阶段性"三个特点。

一是经济社会综合性，碳中和无法依靠单一行业或政策实现，应充分发挥各部门的协同作用；二是实现路径多样化，碳中和目标可以通过多种不同的路径实现，具体表现在需求控制力度有多大、终端电气化率高低、技术进步水平有多大、是否使用高比例可再生能源、是否保留部分化石能源并配置CCUS技术等；三是长时间尺度阶段性，由于实现碳中和的时间跨度较长，过程中存在更多的不确定性，所以碳中和不仅仅是碳达峰时间上的延续，而是对于城市产业调整、能源转型、技术进步、经济社会变革等方面提出了更高的要求，在进行路径构建时需强调"分阶段"的概念，分阶段设置发展目标，同时注意政策的连续性。

城市"双碳"发展路径的制定应首先充分考虑研究城市的发展特点、趋势和规划，结合现有的对于定位相似城市及中国的相关研究，对城市未来发展的社会经济宏观指标进行预测；其次，结合现状分析，对于该城市碳排放关键影响因素进行进一步探究；第三，可对路径选择的多重标准展开讨论，除考虑不同路径能源消费与碳排放量之间的差异之外，进一步开展成本、经济发展、社会公平、环境影响、人群健康等多维度评估,为综合制定城市低碳发展战略提供更全面的定量化决策支撑。

4.2 发展趋势

中国低碳生态城市的进展与全球科技演进相伴,城市的演进不断孕育着能够改变人们生活与生产方式的新技术与工具,当前,人工智能(AI)正是这一发展变化的代表。人工智能(AI)快速蓬勃发展,其在各个领域的应用逐渐扩展,尤为引人瞩目的是今年推出的 ChatGPT 4.0,其影响力已渗透到各行各业,如今"AI+"已经成为普遍现象。城市作为人类生活和生产活动的中心,是社会经济活动的枢纽,同时也是能源消耗和碳排放的主要源头,城市中的工厂、园区、建筑和交通路网等组成部分可以借助人工智能在节能减碳方面发挥重要作用,将低碳和人工智能置于焦点,这标志着在低碳城市建设、能源利用方式、生态保护方面出现了崭新趋势。

进入 2023 年以来,AIGC(内容生成式人工智能)领域涌现出一系列重要成果,标志着人工智能正迅猛发展。当前,以 ChatGPT 为代表的人工智能技术借助智能算法和大数据分析,具备在全球范围内收集、分析和处理海量数据的能力。这些大型 AI 模型的应用领域远远超越了对话聊天的范畴,它们甚至具备推理、理解和抽象思维的潜能。此外,AI 可协助城市规划者分析和评估不同规划方案的可持续性,用于智能交通规划和优化,促进提高城市规划中的社区参与和透明度。未来,人工智能还将广泛应用于数据治理与隐私保护、人工智能与物联网融合、人工智能与人类互动,以及智慧城市的全球共享与合作等方面,呈现出广阔的发展前景。在低碳生态建设领域,融入 AI 技术将进一步推动这些领域的发展。在建筑设计方面,AI 技术能够显著提高建筑效能,缩短设计周期和降低成本。AI 技术可以协助建筑师确定最佳的建筑形态,优化结构和材料的选择,进一步提升能源效率等。而建筑信息模型(BIM)成为适应数字化管理的有力工具,展现出其在建筑行业中的重要价值。未来,BIM 与人工智能的融合将持续推动建筑行业全生命周期产业链的发展。AI 技术在城市交通、能源系统、城市设计、智慧环境感知、用地规划、社区建设以及公众参与等领域进行应用,将城市规划建设与 AI 智能相融合,有望优化交通基础设施、改善城市生活和社区环境,从而引领城市承担现代化发展的使命。在低碳领域,借助 AI 技术能够更加高效地调度电力资源,为"双碳"行业提供创新的能源储存和管理解决方案,推动"双碳"产业朝着智能化方向迈进。在智慧城市建设的进程中,电气化将继续向前迈进,成为未来的主要发展方向。与此同时,人工智能技术与储能技术的融合也呈现出明显的趋势。人工智能具备为能源生产、储存、输送和消费等全链条提供支持的能力，从而有助于优化能源管理和提升效率。此外，人工智能还能推动低排放技术的应用，包括分散式可再生能源等。以"光储直柔"模式为典型代表，通过挖掘和充分利用建筑的柔性资源，可以有效地减少建筑工业的碳排放，从而促进我国能源利用格局的转变，有助于实现"双碳"目标，提高建筑的电气化水平。数字技术与能源技术的结合将催生化石能源向清洁能源的转型，推动清洁能源的规模化应用，并驱动能源服务向智能化迈进。这种融合将促进能源技术朝着绿色低碳和智能化的方向发展，从而加速能源结构向低碳转型。

第二篇 认识与思考

以低碳发展为特征的新增长路径已成为世界经济发展的重要方向。"十四五"时期,我国生态文明建设进入以降碳为重点战略方向、推动减污降碳协同增效、实现生态环境质量改善由量变到质变的关键时期,推进绿色低碳发展,促进经济社会发展全面绿色转型势在必行。城市是人为温室气体排放的主角,占到全部人为温室气体排放的75%,在国家的碳中和进程中,城市碳中和将起到决定性作用。对任何一个国家而言,城市既是具有自主能动性的重要主体,也是科技创新的主要平台,城市实际上是任何一个现代国家人才、财富、物质资源、文化精神资源的载体。

本篇以新发展阶段的深度城镇化新特征为背景,在碳达峰和碳中和使命中,围绕着绿色低碳道路、"双碳"战略理想路线、智慧城市设计,系统点明了深度城镇化的拐点和策略,梳理了以城市碳中和为主体的良性改革、理想路线图、六大误区、五大对策,厘清了智慧城市的生成机制、有机组合、四梁八柱等。结合典型案例,基于建筑、交通、废弃物与市政三个板块的路径探索,形成"双碳"战略中城市各主体发挥自我能动性的方式方法。重新思考让城市"聪明"起来的智慧城市设计,明确"构成"的系统与"生成"的系统间存在着本质区别，利用第三代系统论充分发挥市场和社会主体的三大新机制，建设"从下而上""生成"自适应的智慧城市。本篇还预判了城市建设在碳减排方面的误区与深度城镇化的12个拐点，把2020—2060年之间的碳达峰和碳中和分成三个阶段，提出有针对性的碳中和策略和路径。

实施"双碳"战略是一项系统工程，具有紧迫性、复杂性和艰巨性，作为一个发展中国家，中国尽管在实现碳中和目标上面临着比发达国家更大的压力和挑战，但依然向世界展现了坚定不移的减排决心和大国担当。碳中和愿景下，中国城市绿色发展策略需要城市主动地加入到"双碳"战略中，"自上而下"的减碳模式与以城市为主体的"自下而上"的减碳模式互补协同，"十四五"的到来与碳达峰碳中和目标的提出，使城市低碳转型进入全面加速时代。

1 深度城镇化的城市发展趋势

1.1 新发展阶段的城镇化新特征[1]

从发展速度来看,我国城镇化进入快速发展中后期。2021年末常住人口城镇化率达64.72%,农业转移人口市民化加快推进,城市群和都市圈承载能力得到增强,城市建设品质逐渐提高,城乡融合发展迈出新步伐。

从发展质量来看,城市规模结构不合理状况有所改善,中心城市建设有序推进,中小城市数量稳步增加,"19+2"的城市群格局基本建立;城市产业就业支撑能力、创新能力、综合承载能力不断增强,城市治理水平逐步提升。

从人口特征来看,随着产业结构优化升级、深度老龄化、生育意愿持续下降等问题的加剧,我国人口增长、劳动年龄人口规模均缓慢缩减,城乡间人口转移总量逐步趋于稳定甚至出现下降。

从空间格局来看,区域经济发展动力极化现象日益突出,人口经济要素进一步向中心城市、都市圈、城市群集聚。发展动力极化现象越来越突出。

1.2 深度城镇化需要密切关注12个拐点

我国有广阔的农村,人均耕作面积较小,是一种适度规模农业经济,我国城镇化峰值拐点就会比以美国为首的移民国家要来得早得多。中国汽车市场销售量近几年持续下降,包括燃油车使用规模降低等情况,双重拐点很明显已到来。2025—2030年,我国将进入深度老年化,60岁以上人口将占整个人口总量的15%以上,劳动力人口红利将快速消失。经统计,中国人均居住面积为41.76m^2,"这意味着我们开始进入一个不缺房子的时代,再加上人口出生率逐年下降,这种情况下住房空置率已达15%,有的省份达到25%甚至30%,高于国际5%的空置率标准"。我国人均煤、石油、天然气储量仅为全球平均的60%、7.7%、7.1%;全国农业用水占61%,工业用水占24%,城市居民用水占13%。

---

[1] 2022年9月25日,国创智库特邀专家、国际欧亚科学院院士、住房和城乡建设部原副部长、中国城市科学研究会理事长仇保兴针对我国城市的可持续发展战略作出深刻解读。

2020 年,全国地级及以上城市空气质量优良天数比率达 87%;全国地表水水质优良断面比例提高到 83.4%。政府工作报告中指出小城镇"环境污染、管理不善、人居环境退化、就业不足"等问题普遍存在。据近几次人口普查资料分析,10 年间,我国小城镇居住人口减少了 10 个百分点。

因此,在中国深度城镇化的进程中,需要密切关注以下 12 个拐点:
(1) 城镇化已进入拐点;
(2) 机动化"双拐点"已来临;
(3) 城市人口深度老龄化拐点到来;
(4) 住房需求拐点正在形成;
(5) 碳排放拐点来临可期;
(6) 传统能源和水资源需求拐点明显;
(7) 污染库兹曲线拐点已经形成;
(8) 四线城市和小城镇人口流失拐点来临;
(9) 人口向城镇群集聚的拐点日益明显;
(10) 住房回归居住功能的拐点正在形成;
(11) 重视景观与文化遗产——从"有住所"转向"好住所"的拐点开始呈现;
(12) 从扩大城市主体量转向提升城市安全。

1.3 深度城镇化的 12 个主要策略

整体来看,城市已经是经济增长发动机,集聚了 80% 以上的 GDP、95% 以上的科创成果、85% 的税收,它是财富聚集器,又是文化的容器。城市建得好,城市的财富就隐藏在空间结构中,城市就能真正保值增值;深度城镇化是我们前 40 年所累积的城市化问题的解药,城市的问题还是要交给城市自己来解决,需要遵循以下 12 个主要策略。

(1) 迎接"双创"浪潮,助推科技兴国。目前,我国科技转化能力仍较差,研发转化率不到发达国家一半。因此,要发展科技,把科技人员的积极性充分调动起来,以更高效率转化科研成果,促进国民经济发展。

(2) 稳妥进行农村土地改革试点,防止助推郊区化。我国已经到了"机动化拐点"高峰,一个家庭拥有一辆车就意味着人口在城市和郊区之间移动是非常快速、方便且低成本的。这种情况下,如果放开农村土地管理,可能出现大面积郊区化和过度郊区化现象,因此中央对此严格控制,城市居民不能到农村建房子,农民的农房不能卖给城里人,主要目的是在郊区化快速推进情况下保护耕地。

(3) 以"韧性城市"规划整合城市空间资源,提高城市防灾能力。"十四五"

规划纲要提出，要顺应城市发展新理念新趋势，"建设宜居、创新、智慧、绿色、人文、韧性城市"，首次将"韧性城市"的概念纳入国家战略规划之中，明确提出建设韧性城市。这预示为了提升城市整体应对突发危机的能力，韧性城市建设将会成为我国城市可持续发展的核心要素之一。

（4）推行"城市交通需求侧管理"，促进绿色交通发展。我国城市属于人口高密度城市，人均占地面积不超过$100m^2$，与美国人均五六百平方米的现状相差很大，导致我们城市空间用于交通的土地只有12%，这是一个非常有限的空间。所以，要进行合理的停车费管理，超大规模城市的中心要逐步开始收拥堵费，逐步减少城市拥堵，使城市碳排放下降、交通越来越畅通，这就是需求侧管理的要点。

（5）变革保障房建设体制、降低房地产泡沫风险。我国超大规模城市存在住房难、住不起房、买不起房的问题，主要是由于住房品种太单一，应该建立多主体、多品种供房机制，比如共有产权房、合作社住房、先租后售的房子等，满足多种形式的住房需求。同时，出台遏止房地产投资的一些工具，比如消费税、空置税、周转税、物业税等。

（6）全面保护城镇历史街区、修复城市文脉。城市文脉就是城市的一部文明史，是形成和积淀城市性格的文化基因。它决定着城市的价值品质，诠释着城市的特色。近年来，在城市发展和规划过程中，尊重传统文化、保护文化遗产越来越得到党和国家的关心和重视。

（7）推行"美丽宜居乡村"建设，保护和修复农村传统村落。农村的发展模式不同于城市，是一种稳定结构的模式，它的一切都来源于土地。基于此，首先，应该以城、镇、村空间人口合理密度指标来替代"建设用地增减挂钩"。其次，撤销合并村庄要经省级人民政府批准，除城市近郊、沙漠、草原之外，禁止合并村庄。此外，结合乡村资源发展乡村旅游，推动绿色农业现代化。

（8）强化城镇群协同发展管治，促进高密度城镇化地区可持续发展。城市要找到自己合理的定位，发挥自己的功能，与中心城市产生互补才能协同发展。首先，要科学预测城市群内各城镇中长期人口规模变动趋势和群服务功能；其次，建立管理机构，确定良好的城市群规划，解决单个城市规划解决不了的问题，包括"资源共享、环境共保、基础设施共建、支柱产业共树"等；最后，还要推动包括"绿道"在内的群内多样化交通设施建设。

（9）对既有建筑进行"加固、节能、适老"改造，加快绿色建筑推广。在此过程中，应调动各方参与改造的积极性，发挥五千多亿住房公共维修基金的作用，各级政府对旧房改造成绿色建筑的项目按平方米分等级进行奖励。

（10）以特色生态小城镇为抓手，分批进行人居环境提升改造。目前，小城镇需要解决的主要问题包括教育、就业、医疗和婚姻。要推行深度城镇化，就要着手解决上述问题，修复小城镇建筑风貌、传承历史文化；分区域公开招标，由大企业承包小城镇道路整修、绿化、供水、污水、排水、垃圾和供气等基础设施建设与维护等。

（11）启动新能源革命，助推"30·60"战略。"能源革命"意味着，我国能源必须有质的变革、革命性的创新和转型。这是在总结国内外发展经验的基础上提出的，是我国高质量发展和可持续发展的内在需求，其目标是建成我国清洁、低碳、安全、高效的能源体系。

（12）以5G普及为突破口，全面推进智慧城市建设。近年来，移动互联网、大数据、云计算、物联网等数字信息技术得到迅猛发展，全球经济社会正在形成新的发展图景，数字经济作为新生业态正在成为经济社会发展的新动力，世界各国和企业纷纷开启数字化转型。

2 "双碳"战略设计与路径规划

2.1 城市发展必须走绿色低碳道路[1]

城市发展必须走绿色低碳的道路。实现碳中和的阻力主要来自于工业文明思路的锁定，需要多方面的创新，政府自上而下主导的减碳可与行业自下而上主导的减碳形成互补。对于政府来说，应该把重心放在能够抓住的抓手上，比如重点在建筑的节能改造，又或者交通、市政设施方面的降碳等。过去市政污水、垃圾处置，都是按照大工业的模式，把污水垃圾集中起来送到很远的地方，追求规模大，集中度高，处理效能高，但这种工业化的模式使得污水、垃圾处理的能源效率很低，温室气体排放量大。而在生态文明背景下，遵循低碳绿色发展的原则，应该要求污水或者垃圾能够就近就地循环资源化处理。

城市的可持续发展跟"双碳"是紧密结合的。城市是人为温室气体的一个主要来源，我们中国有一句古话叫"解铃还须系铃人"，即谁产生问题谁负责解决，因而城市发展必须走绿色低碳的道路。

城市的新发展动力来自于碳中和战略的实施，可分为建筑、交通、废弃物处理（市政）、工业、农业农村五大模块。从全生命周期来讲，从建材生产、建设、运输、建成，再到运营维护，我国建筑行业在整个过程中约占了全社会40%~50%的碳排放。第二个板块是城市的交通。得益于我国城市紧凑型的发展路径，城市交通产生的碳排放占比在中国约为20%，而发达国家则占了30%左右，但交通的减排难度较大，城市越现代化，通勤所消耗的能源就会越多。第三个板块是城市废弃物处理和市政，包括污水、垃圾处理。这些都需要消耗比较多的能源和排放相应的碳，这部分大概占了全社会碳排放的10%以上。第四个板块是城市的工业。当前我国城市的工业能耗在我国占比较大，工业领域的碳排放大约占全社会的40%。最后一个板块是城市的乡村。这部分来自乡村和自然的碳汇是可以利用的，比如说把城市内的枯枝落叶等废弃物合理利用，它便会作为一种可

---

[1] 在2022中国绿色低碳创新大会上，围绕城市发展与"双碳"间的关系、我国城市实现"双碳"目标的重难点以及城市市政设施降碳等内容，国际欧亚科学院院士、国务院原参事、中国城市科学研究会理事长仇保兴接受了《新华网》的访谈。

再生能源。

　　智慧城市则是通过多用信息和数据来产生附加价值，作为市民来讲，如果我们通过智慧城市建设，实现了"多用信息少跑腿"，比如一网通办，利用网络来监督市政府和各个市场主体的减碳行为。通过智慧城市能够做到碳排放可以计量、可以追溯、可以公示，那么碳减排就可以进行公平的交易。这个交易是建立在碳排放的数据智慧化的基础上，把每一个建筑、每一个生产公寓，分解为数字化的跟碳排放计量相结合的"计碳单元"。如此，只要产生碳排放，就都可以找到碳源。同时，如果利用人为或者新技术减少了碳排放，减少的部分都可以进行碳交易，这种利用数字技术或者智慧城市而产生的一种新的碳排放的监督，以及激励交易、碳汇交易的新机制，可以极大地促进社会财富产生模式的转型，如此一来就能使绿色低碳与经济发展结合在一起。

2.2　推进以城市碳中和为主体的五大良性变革❶

　　当前，全国各地都在制定各自城市、地区以及行业的碳中和路线图。城市规划建设是实施降碳战略的主要载体，以城市为主体实施碳达峰碳中和战略具有以下四点优势。

　　第一，城市减碳发展是应对气候变化的"牛鼻子"。城市本身就是人为温室气体排放的主角，经联合国组织全球专家调查证实，由城市排出的人为二氧化碳气体和其他温室气体占总的人为温室气体排放的75%。实现"双碳"目标的关键就在于城市。

　　第二，中国的城市管理体系利于统筹布局"能源供给（碳源）""能源消费（碳源）"和"碳吸收（碳汇）"。我国城市与西方国家城市有明显的区别，西方城市所管辖的区域一般仅为城市建成区，而我国的城市管辖范围囊括了各种空间管理单元，包括城镇、农村和原野。例如，我国某城市的建成区为100 km^2，但是它的管辖范围有可能是1万～2万 km^2，在这个管辖范围内，可以因地制宜部署碳汇、可再生能源以及能源消费和生产。

　　第三，城市间的GDP竞争可转向增长与减碳双轨竞争。改革开放40年来，我国能够取得繁荣发展的重要原因是城市之间的GDP竞争，竞争的过程本身就是一个学习的过程。"十四五"时期，城市之间的竞争方式由原来只关注GDP增长转向GDP增长与减碳的双轨竞争。我国长三角地区的城市已经开始了什么时候碳达峰、什么时候碳中和的友谊竞赛。在这个竞赛的过程中，不同城市之间又

---

　　❶　国际欧亚科学院院士、住房和城乡建设部原副部长、中国城市科学研究会理事长仇保兴在宏观经济论坛暨创新峰会的演讲。

相互学习，会形成很强的创新动力。

第四，以城市为主体谋划碳中和，制定实施方案和实施路线图，形成从下而上"生成"的碳中和体系与从上而下"构成"的行业碳中和体系互补协同，这样互补的结果是一种高度韧性的体系，具有很强的抗干扰性，此外，这个体系需要与国际对接。2014年国际上已经制定了城市温室气体核算标准，但是这个国际标准是世界资源研究所（WRI）、城市气候领袖群（C40）等组织负责制定的。受到当时技术的限制，这个国际核算标准存在诸多问题，例如固定碳源分类比较杂乱、供给侧与消费侧不分、企业的责任与市民的行为减碳未区分等，无法适应产能与消费能在建筑中间的组合。

走绿色低碳的发展道路是中国城镇化的必然选择，一个合格的碳中和路线图应该具备五大特征，即安全韧性、成本趋降性、灰绿系统兼容性、进口替代性和市场主体动员性。第一是安全韧性，"没有安全一切为零"，城市减碳过程中间所采用的技术必须是安全韧性的，路线图所采用的技术必须是安全、韧性、经得起一定风浪的。第二，该路线图采用的技术是可复制、可推广的，要有成本趋降性。技术的可靠性是越高越好，而不是可靠性逐步打折，或者可靠性会退化。第三是灰色系统与绿色系统的兼容性。如由纯粹煤发电逐渐向掺加氨、甲醇或其他清洁能源的过渡，过程中煤的占比越来越低，逐步实现灰色系统向绿色系统的转换。第四是进口替代性，中国是最大的石油进口国，也是全世界最大的天然气进口国，"双碳"战略需要把能源过度依赖进口的问题解决。第五是市场主体动员性。以城市作为"双碳"主体，可带动市民和企业等社会、市场主体主动减碳。

城市作为碳中和体系可以分为工业、碳汇与农业农村、建筑、交通、市政5个板块。在这5个板块中，可以想象有一些城市已经没有工业了，比如说北京，工业都迁移了，有一些旅游城市，比如丽江也没有工业，主要是旅游业。有一些城市在沙漠地带，像乌鲁木齐基本上就没有什么森林，所以碳汇量就很少。但是所有的城市都有建筑，都有建筑能耗，都有建筑的能源供应，都有交通能耗，也就是交通的碳排放，也都有市政和废弃物的处理。所以说即使城市有千差万别，但是有共性的3个板块就是建筑、交通、市政，在这三部分的能耗减碳方面是完全可以开展相互学习和竞争的。

要把建筑、交通、市政这三方面的碳排放降下来，很重要的是依靠更多的技术创新和社会治理系统，比如法律、宣传、政策等，把行政手段和技术创新进行有机的组合。如果说采取碳交易、碳税、车辆减排是精确减碳的话，碳价格机制或许会带来更多的收益和更小的不确定性。需要强调的是，"海洋碳汇"的潜力是巨大的，例如海洋里面有珊瑚、贝类，它们能够把二氧化碳转化成碳酸钙，这个封存过程不消耗任何碳，这种封存叫自然封存，如果这种自然封存能够代替工业文明式的封存，那么效益是非常高的。碳中和技术还在不断创新，新的治理手段也在酝酿中,这些手段和技术决定着财富的分配和城市发展的潜力。

将 2020—2060 年之间的达峰和碳中和分成三个阶段,即城市碳中和分"三步走"。第一步,从现在到 2025 年,是起步阶段。在这一阶段,通过采用一系列新技术,实现部分城市人均碳达峰。第二步,2025—2030 年,是关键期。在这一阶段实现电力系统的碳中和和绝大部分城市碳达峰,然后将再生能源比例提高到 25% 以上,就可以实现关键期的胜利。第三步,2030—2040 年,是决胜期。在这一阶段,交通和产业碳中和是重点。这一目标实现后,对剩下部分难度较大的工业碳中和集中攻坚,这样的话,2060 年在全国实现碳中和的目标是完全可以达到的。

每个阶段采取不同的策略、不同的技术,我们可以从下而上来形成以城市碳中和为主体的良性变革。第一,"双碳"战略实际上是需要双创来推动的,因为 70% 以上的减碳要使用技术,鼓励企业创新,而且这个过程中也会涌现无数的大企业、新企业、高效益企业。第二,中国实现碳中和要增加投资,投资将会超过 150 万亿元,这就意味着我们拥有了第二次的财富分配机会,这些新的财富绝大多数要在城市和新创的企业之间进行分配,因为财富是创造出来的,投资也是企业来投的,这是财富第二次创造和分配非常好的机会。第三,实现这样的碳中和是有阻力的,阻力来自于工业文明思路的锁定,因为传统的工业文明是需要大规模、集中、中心控制,但是碳中和需要小型化、分布式,跟前面是完全不一样的,就地循环,多级循环,这就需要用思路的创新、技术的创新、体制的创新来满足这样的需要。第四,城市的减碳是从下而上的,有众多的企业家参与,无数的创新行为产生,比如说通过顶层设计实现互补,这种互补融合越强,整体的能源安全就越好。第五,减碳是城市新的发展动力,大部分将会来自于碳中和战略的实施和碳中和战略实施过程中技术创新和经济体制的创新,这两方面的创新为城市带来了新的财富和新的发展机会。

2.3 城市碳中和的理想路线图[1]

过去 40 年我国顺利实现了全球最大规模的城镇化,但在发展过程中也出现了资源消耗高、能源消耗高、污染排放及碳排放高等一系列问题。实施"双碳"战略是一项系统工程,具有紧迫性、复杂性和艰巨性,"自上而下"的减碳模式与以城市为主体的"自下而上"的减碳模式互补协同,将会使整个能源供应体系有足够的韧性。正如前文所述,实施城市为主体的"双碳"战略可以分成五个板块。第一个板块是建筑,因为所有的城市都是由建筑组成的;第二个板块

---

[1] 仇保兴. 城市减碳三大领域的路径规划 [J]. 城市规划学刊,2022,271 (5):37-44.

是交通，包括城市内部和城市外部交通；第三个板块是废弃物处理和市政；第四个板块是工业；第五个板块是碳汇与农业农村。在这5个板块中，工业、碳汇与农业农村在许多城市中情况不一样，例如大西北戈壁滩上的城市没有农业农村板块，而在消费发达的地区，如旅游业发达的城市也可能没有发达的工业。但是所有的城市都有建筑、交通、废弃物处理和市政，这3个板块是具有共性的，各个城市之间可以参照对比进而开展人均的碳排放公平竞争。通过在城市交通、城市建筑、城市废弃物处理和市政3个领域的路径探索，形成公平的人均碳排放竞争，有助于城市内各主体发挥自我能动性，主动地加入到"双碳"战略中。

2.3.1 交通

交通是人类历史上一个巨大的变革，城市交通不同燃料的选择对碳排放强度影响显著。首先看氢能源，来源于煤或天然气的氢气被称为灰氢，用灰氢来做燃料，无论是汽车还是机械，排出的二氧化碳气体实际上明显高于直接使用汽油、柴油。来源于可再生能源的氢气称为绿氢，而来自化石能源的氢气所产生的碳排放量是它的30倍左右。因此，从图2-2-1可以看出，无论是氢还是生物、柴油、乙醇、甲醇，燃料的"出身"不同，其中的碳含量相差悬殊，产生的碳排放量不同。因此，选择可再生能源或从废弃物中提炼出来的燃料作为城市汽车的能源，将大大降低城市碳排放量。

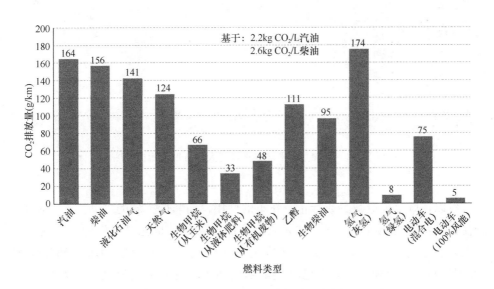

图 2-2-1　使用不同燃料的乘坐车的温室气体排放量比较图
(来源：德国 DENA)

如图 2-2-2 所示，城市内部所有交通工具可以根据三大参数进行排位。第一个是碳排放量，即图 2-2-2 中上方的气球，该气球越大污染排放量越高。第二个是 $PM_{2.5}$ 的排放，$PM_{2.5}$ 也可以用图中黑色气球表示，所以这个黑色气球既代表碳排放量又代表 $PM_{2.5}$ 的排放。第三个是图下方的脚印，代表这个交通工具的人均占地面积，脚印越小占地面积越小。由此可以看出，步行、自行车，包括三种公交（巴士、地铁、火车），人均占地面积较小，且碳排放和 $PM_{2.5}$ 排放较小。电动汽车占地面积虽然较大，但是如果使用了绿电，那么排放量基本为零。第四位的摩托车不仅碳排放量较大，其 $PM_{2.5}$ 的排放远高于电动汽车，是一种高排放的交通工具。

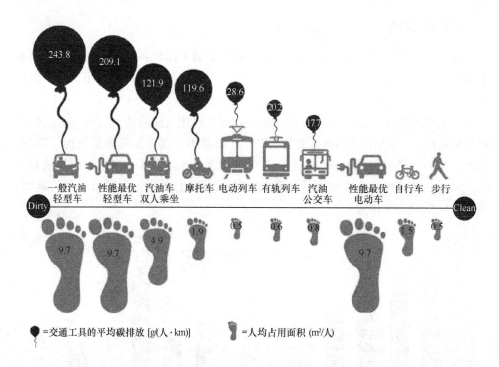

图 2-2-2　各种交通平均碳排放与人均占地面积比较图
(来源：网络)

所以，城市中应减少或禁止摩托车的使用，而非低排放的电动汽车。同时，即使电动汽车的能源来自煤发电，它排出的二氧化碳也比燃烧汽油、柴油要少 20%，且电动车的 $PM_{2.5}$ 排放量基本为零，所以大力发展电动车有利于实现"双碳"战略。目前，国际上已经认识到电动车将逐步取代燃油车（表 2-2-1），例如挪威，2025 年将禁止销售内燃机车、燃油车，其他国家基本在 2035 年以前停止销售燃油车。我们国家也正在制定相应方案，预计更早实现电动车的全面替代。

各国燃油车禁售时间表及新能源汽车发展目标　　　　表 2-2-1

国家或地区	禁售年份	禁售说明	发展目标	目标文件
中国			到 2025 年新能源汽车新车销量占比达到 25%	《新能源汽车发展规划（2021—2035 年）》征求意见稿
日本	2050	新一代汽车振兴中心:"2050 新一代汽车计划",实现"零排放"	到 2030 年,电动力（EV+PHEV）占比 20%~30%	《汽车产业战略 2014》
美国			加州:2025 年 150 万辆,15% 市场份额;2030 年 430 万辆	
欧盟	2035		到 2030 年,EV+PHEV 车型占比达到 35%	2019 年 4 月欧盟议会发布的 2019/631 号文件
德国			2030 年在注册至少 700 万辆电动汽车	《2030 气候规划》
英国	2040	2017 年英国政府 Air Quality Plan for Nitrogen Dioxide（NO_2）in UK	2030 年,电动乘用车销量占比达到 50%~70%	The Road to Zero
法国	2040	2017 年 Plan Climate: 1Planet, 1Paln		
荷兰	2030	Coalition Agreement 2017: Truse in the Future		
葡萄牙	2040	2018 年葡萄牙政府关于交通脱碳声明		
挪威	2025	National Transport Plan 2018—2019		

来源：IEA，各政府官网。

2.3.2 建筑

城市建筑的碳排放有两个重要指标。一是建筑全生命周期碳排放量。我国建筑全生命周期碳排放量约占全社会排放量的一半。国际能源署出台的《2020 年全球建筑和建造业状况报告》显示，2019 年住宅建筑、非住宅（公共）建筑运营和建筑建造业占了整个碳排放总量的 38% 左右。但是经过长期的研究，我国建筑全生命周期碳排放量占碳排放总量的48%以上（图2-2-3）。相比之下，我国城市建筑的碳排放高于国际水平的10%，这是因为世界其他国家的建筑大部分由木材建成，木材是碳中性的建筑材料，但是我国85%以上的建筑由钢筋水泥建成，钢筋水泥建成的建筑在全生命周期中，建材所占的碳排放量达到60%以上。所以，我国建筑全生命周期碳排放量巨大与使用的建材密切相关，如果能够实现建筑减排，这将对整个社会的减排产生50%左右的贡献。二是不同类型建筑运行相关的二氧化碳排放状况（图2-2-4）。城市建筑尤其是公共建筑，包括学校、医院、办公楼、商场等，虽然建筑总量占比不大（只有134亿 m²），但是每平方米所排放的二氧化碳量却是高的，每年排出的二氧化碳达到48kg/m²。如果参照日本的水平，这些建筑能够减少一半的碳排放量，可以节约出3亿t二氧化碳。另外，我国北方建筑的供暖每年排放二氧化碳36kg/m²，远高于国际水平。如果参考发展中国家波兰，该国所有建筑的供热由按照平方米计价转变为用多少热付多少钱，这项变革减少了1/3的二氧化碳排放。所以，我国北方供暖如果学习波兰模式，可以节约出大约2.5亿t二氧化碳。此外，城镇住宅和农村住宅一样，现在都面临着生活水平提高而空调使用量增加的问题。

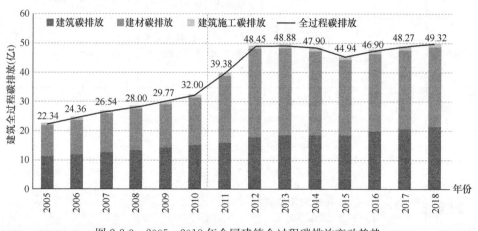

图2-2-3　2005—2018年全国建筑全过程碳排放变动趋势

绿色建筑有一个非常重要的特征，就是"气候适应性"（图2-2-5），即建筑的能源系统和围护结构能够随着气候季节性的变化而自行调节，使建筑的用能模式发生适应性变化。例如夏天可以利用空调系统把部分的热量储存在地底下，使土壤成为一个热储存器，到冬天的时候又把这些热量取出来用于取暖，这样能够实现冬天取暖和夏天制冷在地下的平衡。这样的一座建筑，就是一座气候适应性建筑，而不是一个恒温、恒湿、全封闭的建筑。它就像鸟儿换羽毛一样，可以季节性地把窗子打开，使空气更净、能效更高。

建筑发展的另一个阶段就是正能建筑，也就是在建筑的顶部和表皮利用太阳

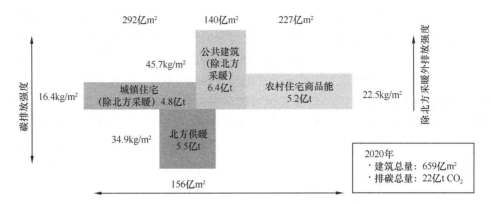

图 2-2-4　建筑运行相关二氧化碳排放状况（2020 年）
[资料来源：中国建筑节能年度发展研究报告 2022（公共建筑专题）]

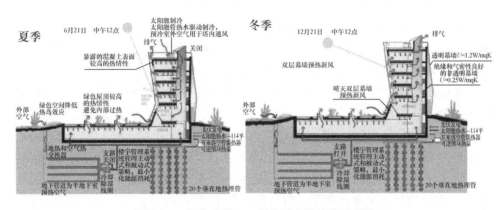

图 2-2-5　绿色建筑——气候适应性建筑示意图

能光伏板转化电能，使这个建筑产生的电能高于它消耗的电能。德国正能建筑位于弗莱堡，弗莱堡的纬度相当于我国的哈尔滨，弗莱堡建筑都能实现正能，可想而知我国各地实际上都可以建成正能建筑。正能建筑有多种形式，例如在建筑屋顶和表皮装太阳能光伏板和屋顶装风力发电装置，与建筑的结构进行匹配，将建筑顶部结构设置为朝阳面斜坡，根据实验测得这一结构变化可额外获得 30% 的太阳能，而且这个结构如果产生风压，风速也会提高 50%。由于风能发电量与风速的 3 次方成正比，在设计建筑结构时，只需作一些适当的变化就可以将风能的发电量提升 1 倍以上。

现代能源的储存模式将从传统的集中式、大型化、中心控制转向分布式、小型化与建筑紧密结合。按我国在 2030 年实现碳达峰的计划，新型电力系统可再生能源的应用比率要达到总能源的 30% 以上，到 2060 年碳中和，可再生能源的发电比例将超过 80%。可再生能源在电网中的比例不断提升的过程中，需要大量应用风能、太阳能等这些波动性很大的可再生能源，因此需要大量的储能设备来进行均衡。但如果通过建筑结构的变革,使建筑与分布式的储能装置相结合,不仅能解决建筑自身能源储存的问题,更能为构建一个安全的城市电网作出巨大贡献,且这在技术上也都是成熟可实施的。又例如太阳能光伏可与柔性直流技术更好地匹配,从而使建筑太阳能光伏发电的效率和可靠性进一步得到提升。

从目前的趋势来看,2030年我国可能会有1亿辆电动车,目前每辆电动车的储电能力平均是60~70kWh,这就意味着有60亿~70亿kWh电能可瞬间储存在电动车内,这样巨量的储电能力若能与可再生能源合理调配就能使电网得到稳定运行。例如通过利用社区的分布式能源微电网以及电动车储能组成"微能源系统",在电网处于用电峰谷的时候,使所有社区停放的电动汽车进行自动低价充电;当电网处于用电峰顶时,可以将电动车所储存的电力按峰谷差价出售给电网一部分。这既能对电网用能进行调节,又能为电动车主带来利润。如果外部突发停电,社区也可以借助各家各户的电动车电能作为临时能源供应。如此一来,这样的居民小区实际上就是一个发电单位,也是一个韧性很强的虚拟电厂。更重要的是,比起传统的抽水和大型电池蓄能,这种分布式的社区微电网在储能成本、韧性安全保障能力方面都有显著的优势。

在建筑发展的高级阶段,还可以实现在建筑的顶部或建筑内部进行鱼菜共生体系建设,可大大提高综合碳汇。荷兰的一个研究所在旧建筑顶部添加了一个"玻璃顶",在这个"玻璃顶"里每年可以生产出20t鱼和40t菜,而实际上它可以生产出100t菜,其中60t是菜帮子、菜叶子、菜根子等,用作鱼的饲料,鱼的排泄物又成为菜的肥料,形成了一个高效循环系统,其单位面积产量达到我国农田的50倍。这里面主要运用了计算机控制和LED灯两个技术,通过LED灯进行紫外线照射,使植物的光合作用进一步提高,平常种在大田里的蔬菜可能在一天日光照射的时候成长7~8h,但是用了LED灯辅助照明的植物可以24h生长,大大缩短了生长周期。所以,如果在社区推广这类系统,能够实现社区蛋白质、蔬菜的自我供应,从而明显增强城市的韧性。

2.3.3 废弃物与市政

当前,值得注意的是城市要按照生态系统自组织的原理来重建失去的环节,也就是对废弃物的降解再利用。现代城市为什么和自然严重对立?简言之,在自然界中,生产、消费、降解三个环节是平衡的。自然生态作为一种恒久存在的自组织系统源自这三者之间的均衡,本质上是一种生生不息的循环系统。

城市有非常强大的生产者和消费者,但是缺乏降解者,需要消耗大量能源来进行人工降解,而传统的人工能源降解会产生大量碳排放。所以,城市应该向大自然学习,进行微循环、材料循环、水循环、垃圾循环等,更重要的是要建"城市矿山"。城市矿山是指将重要的原材料以建筑和构筑物等形式在城市中有序贮存。经过工业革命 300 年的掠夺式开采，全球 80% 以上可工业化利用的矿产资源，已从地下转移到地上，并以"垃圾"的形态堆积在我们周围，总量高达数千亿吨，并还在以每年 100 亿 t 的数量增加。只要采取有效的设计、建造、回收模式，工业文明时期累积起来的各种金属材料正成为一座座永不枯竭的"城市矿山"。

北欧一些国家在金属储存方面设置了一条警戒线，该警戒线是以第二次世界大战武器使用的钢材量为标准建立的，当金属以城市矿山形式储存的量到达这一条线时即说明该国的钢材储备达到了国防安全，可以不依赖进口。对国家而言需要有一定的钢铁储备，而钢铁和其他金属材料的储备都可以以"城市矿山"的方式进行。比如，不锈钢或耐候钢建材建造的建筑，其建材在 60 年甚至 100 年以后，由于其自身特性，受腐蚀的程度很小，可以有效回收利用，从而大幅度减少钢铁行业碳排放并增强国民经济体系的韧性。

在市政方面，可以采用分散式的污水处理厂，例如集装箱式污水处理厂。一个集装箱每天可以处理 50t 污水，规模大的可以处理 300t，而且是就近收集污水，就地处理，就地循环利用，大大降低了碳排放，节省了许多管道投资。这种污水处理设施第一步的处理效果为 1 级 B，这类尾水不脱磷除氮直接作为绿化用水，还可以省去化肥。如将这类尾水再脱磷除氮处理后能达到 1 级 A，再通过第二个集装箱式反渗透处理后出来的水就可达纯净水标准，这类水可以直接接入自来水管网，并且水质比远距离调水更好，碳排放更少，这样不仅实现了水的内部循环，而且也增强了城市的供水系统韧性。

第二个节水的办法是户内"中水回用"。户内中水集成系统通过这个模块可以将洗脸盆、洗衣机、淋浴产生的废水自动收集储存在一个装置内自动进行过滤消毒，消毒后就成为抽水马桶、拖布池的用水。这套系统可以杜绝部分居民担心由于不放心其他楼层居民的健康状况，而不愿意使用中水的顾虑，因为这类户内中水回用设施用的是自己一家人的废水。有人曾作过简单的计算，如京津冀及周边几千万户居民都用上这套建议的"户内中水"，每年约可节约南水北调对北京的实际供水量（每年约 6.5 亿 t）。前者的碳排放显然要比一千多公里调水要低得多。

高级别的海绵城市与低级别的海绵城市工程产生的减碳效益完全是不一样的，城市网络每一个节点采用不同的技术和措施，由此产生的节水、节能和减碳的效益也都有差别，有时越是开发强度高的"大挖大建"项目，其综合节能降碳效益反而越不好。

低碳城市设计建设是否成功，有时取决于细节上是否科学合理。笔者在著名生态城市瑞典马尔默生态城考察时，观察到马路旁边的细节，一般的降雨可以由街道地砖缝隙下排吸收，稍微大点的雨量可以流经路旁的小型湿地园由植被土壤吸收下渗，大雨时则借助该湿地园植物的下渗净化作用，使污染物较高的初期污水进入河流前被小型湿地净化，这就避免了像我国很多城市的黑臭河道治理，每到下大雨的时候，前期的治理工作就都白做了，原因就是受到雨洪引发的初期地表水中大量的化学需氧量（Chemical Oxygen Demand，COD）干扰而重新变成黑臭河道。马尔默市街道边这个利用小型湿地园下渗的细节，使其雨洪中杂质得到缓冲吸收，降低了对自然水系的干扰。这种投资很少、见效很快、景观宜人、可灵活安排的小项目很值得在我国推广。

合理布局城市绿地会产生间接而且巨大的综合减碳作用。80%以上的城市内部绿化是通过减缓热岛效应而产生间接的减碳效果。例如，行道树木和小型园林中的乔木能够通过水蒸发和遮阳效应达到明显的环境降温效果。在具体设计中，首先，城市设计中需要网格化设计和布局绿地系统；其次，根据地方气候特点，需要结合社区空间结构见缝插针地多种植遮阳效果好而占地小的高大乔木；再次，社区微改造中的微园林设计要采用花草灌乔多层合理搭配的布局；最后，城市设计中可建议采用立体园林建筑等富含立体绿化的建筑新模式。只要利用好这些阳台菜园，就能起到四大综合减碳效果：一是减少热岛效应，使夏天的空调使用量有效减少，可以节省30%~55%的能源消耗；二是相较于一般建筑，立体园林建筑可使社区绿化率达到150%；三是可充分利用多余的中水和雨水在阳台园地实现水循环利用；四是对厨余垃圾进行简易处理后，这些原本需集中运输处理的厨余垃圾可作为花草菜的肥料实现就地处理利用。

2.4 "双碳"战略设计要避免六大误区与五大对策[1]

当前"双碳"战略设计需要避免以下六大误区。

第一个误区，妄图通过购买绿电、国家核证自愿减排量（CCER）来代替减碳。现在很多地方都把购买绿电或者碳中和证书作为自己单位或者一个工业区减碳的主要方法，但这不能代替减碳。原因很简单，低碳是一种长期生活和生产方式的转变，购买绿电或者CCER这种方式其实等于是把减碳的任务外包了，这种外包本质上并不是你自己进行减碳行为，而是靠其他机构替你进行减碳，倘若大家都这样做，那么全国的减碳任务谁来完成呢？所以不论是对一个城市、工业园区还是企业，购买绿电或者CCER的方式只能是作为一种小额的补充，或者临时的保底，而不能作为减碳的主要手段。

第二个误区，生物质能源减碳能力被夸大。许多地方在一些专家的推动下，

---

[1] 2022年12月28日，国际欧亚科学院院士、住房和城乡建设部原副部长、中国城市科学研究会理事长仇保兴在2023网易经济学家年会上发言。

计划大量种植生物质能源，但是却忽略了生物质生长对水和农地资源的限制。比如近期备受关注推广的"超级芦竹"，它是经组培繁育出的一种新型高产能源作物。部分专家通过计算认为这种超级芦竹有很强的碳汇能力，是森林的15～20倍。但是任何一种植物，只要产生干物质，也就是碳氢化物的干物质，就需要大量的水分，植物通过光合作用形成1kg的干物质，往往需要500～1000L的水。所以，能满足"超级芦竹"生长的自然环境极少，就目前看只有江南的一小片是可以靠大量的降雨来满足每亩地上万吨水的需求的，这些地方恰恰是产粮的最主要的地区，这些地方要是都变成了芦竹的生产基地，那么粮食就需要大量进口。这是不合算的，也是不安全的。如果通过远距离调水则要靠消耗大量能源来提升水位，而且那么多的旱涝保收田拿出来种这种超级生物，粮食安全怎么办？这些问题都需要妥善考虑好。

第三个误区，林木碳汇提升占比过大。这个方面学术界其实是有责任的，国际知名的学术杂志发表的一篇关于多国科学家研究成果的论文表示，2010—2016年中国陆地生态系统年均吸收约11.1亿t碳，吸收了同时期人为碳排放的45%，成果表明，此前中国陆地生态系统碳汇能力被严重低估。我国也有严格的模型测算，然后反映到中央的文件上，中共中央、国务院2021年9月份发布了一个文件《中共中央、国务院关于完整准确全面贯彻新发展理念做好碳达峰碳中和工作的意见》，对"双碳"战略的实施作出权威性解释，这个文件上讲我国通过改善和提升生态体系能够减碳的量很少，目前这个文件能够反映的碳汇也就是森林的蓄积量，文件上面说得很清楚，2025—2030年的五年期间，我国每年增加的森林蓄积量的目标是减碳2.5亿t。也就是说我们通过努力，通过森林蓄积量增加来每年减碳2.5亿t。这与我国每年100多亿t的碳排放相比只是个零头。

第四个误区，过分依赖碳封存（CCUS）。实际上CCUS从商业价值的角度来讲，从全生命周期的固碳能力来讲，还是不完善的。有研究测算，如果不包括运输和封存的成本，美国捕获二氧化碳的成本约为15～57美金/t，而中国当前的低浓度的二氧化碳的捕获成本高达300～900元人民币/t，显然这个成本是很高的。

第五个误区，在"双碳"设计中未区分灰氢与绿氢。当前各地都在上氢能源项目，认为氢能源是一个减碳的法宝或者是主力军，但是目前对氢能源的使用限制极大。氢气如果来自于煤化工，则被称为灰氢，如果用灰氢代替传统的能源，或者是用这种煤化工工艺生产的氢气作为燃料推动燃料车的发展，那么从全生命周期来看，这种灰氢被消耗排放出的二氧化碳比直接烧柴油汽油还要高出20%以上。但如果氢气是绿氢，比如通过风力发电或者是太阳能发电等可再生能源技术转化生产的氢，那么这种绿氢的碳排放则是灰氢的1/50。所以我们可以看到，虽然是同一种能源，但如果来源不同，其全生命周期内产生的碳排放量将相差巨大。

第六个误区，过于推崇大而集中式化学储能。因为"双碳"战略的实施必须伴随着大量的可再生资源，可再生资源主要是太阳能和风能，但太阳能的效能在冬季和夏季相差5倍，白天黑夜甚至相差上百倍，风能也一样，风能可控性比太阳能更低，因此，在可再生能源利用的过程中就需要大量的储能。按照传统工业经济模式，储能的电站往往是越大越好，但能源的不可控因素太大，电站越大、越集中，就意味着危险越集中，所以要采取新的模式解决储能问题。这种新模式又必须与全国电力系统储能设施的需求进行匹配，这是一个难题，需要艰巨的、细致的、科学的研究工作。储能的路线是很多的，但如果既要考虑安全问题，又要考虑大面积的储能，则必须走出一条社区能源系统的建设模式，也就是可以通过社区内大量的电动车进行储能调峰。最关键的，可能还是需要体制和机制的创新。我国是世界上拥有最多现成水库的国家，其中有20%的水库是可以直接改装成为储能调峰电站的，这就需要水利部门、电网公司进行协调，在体制上作出改变和努力。

对此，提出五点应对之策。第一，"双碳"路线图的制定和实施，需要跨学科的团队持续创新研究，没有捷径可走；第二，"双碳"必须要靠双创来引领，没有全民的创造精神，很难实现"双碳"任务，90%以上"双碳"的科技和政策工具，都在未来创造的过程中；第三，"双碳"需要对固有的知识进行更新，将固有的利益关系打破，同时要突破传统的思路，特别是对传统的工业文明、大而集中、流水线、中心控制这样一些传统工业思想的突破；第四，"双碳"战略需要更多主体的参加，取决于企业家精神的弘扬，因为只有企业家能够把各种各样的资源有效地组织起来进行颠覆性的创新，而且承担过程中所有的风险；第五，让每一个城市成为竞争的主体，"双碳"是相互竞争中间互帮互学，这样才能够总体上把地方的"双碳"战略和国家的"双碳"战略有机结合在一起，形成统一的而且系统化的战略。

3 实现碳中和目标的智慧城市设计

3.1 辨识城建误区，需让城市"聪明"起来[1]

根据联合国的研究结果显示，城市在人为温室气体排放中占比达75%，因此，应以城市作为实施"双碳"战略的主体。在对城市"双碳"路线进行制定时，可将错综复杂的城市系统分解成5个模块，即碳汇与农业农村、建筑、交通、废弃物处理与市政（包括水、燃气）以及工业。在这五个模块中，由于各个城市的资源禀赋和产业优势的不同，在排除工业模块后，可对城市间差异性不大的碳汇与农业农村、建筑、交通、废弃物处理与市政四个模块开展人均碳排放的竞争，唯有如此，才能公平地推动各个城市开展"碳减排"竞争。

但在现有的城市建设过程中，对实施"双碳"仍存在不少误区。例如城市低密度、蔓延式地扩张。以美国为例，由于美国在城市建设过程中进行蔓延式的扩张，造成了美国城市每平方公里约2000人的低密度。如此一来，就使得公共交通、自行车等没有效率和便利性，市民必须开私家车出行，以至于美国式家庭一个三口之家需要有三辆车，而相较于中国一个家庭一辆车的模式，美国在交通层面产生的碳排放要高出中国好几倍。

在南方地区或长江流域推行按建筑平方米计价的"集中供热"，以及"三联供"或"四联供"系统供能也是一个误区。按建筑平方米计价的"集中供热"和"三联供""四联供"等供能方式都是属于"工业文明"的惯性思维，这种过于强调大型化、集中式、中心控制的思路在"双碳"目标下，显然是不合理的。如果一个大楼10万 m^2，即使只有几个人在也需要把这套系统开启，这样的方式显然会产生更高的能耗。

再如玻璃幕墙建筑，其实并不适合在所有城市建设。以上海为例，玻璃幕墙具有很高的光导热性，所以在夏天这样的建筑需要消耗一般建筑3倍的空调制冷量才能维持舒适的温度环境。但如果在哈尔滨建造玻璃幕墙建筑，这时建筑就是节能的，因为冬天依靠玻璃幕墙良好的光导热性就不需要消耗太高能源来供暖。

---

[1] 国际欧亚科学院院士、住房和城乡建设部原副部长、中国城市科学研究会理事长仇保兴在2021联想创新科技大会智慧城市分论坛作主旨演讲。

城市实现碳中和，有一个观点是要进行碳汇，但很多人对碳汇存在一个认识误区，认为多种树（进行碳汇）就行了，实际上不论是森林还是草原，能够进行碳汇的量都很有限，植物从生到死的全过程，对碳而言是"零排放零吸收"的一个过程。不同的树种在不同生长环境下，所产生的碳汇效果也不同。比如用材林和景观林的碳汇效果是不一样的，景观林碳封存可达上百年，而用材林其实也就一二十年。

更重要的是，在中国90%的土地上种树需要考虑浇水问题，如果浇的水太多，这是不合算的。因为植物只能利用浇水量的0.5%～1%进行合成，将其转化为碳水化合物，另外99%的水量都会蒸发。因此，如果是在年降雨量少于500mm的地方种树，不仅不是减碳行为，反而是高碳行为，在这种降雨量少，需要靠远距离调水来浇灌树的地区，这样种的树是无法帮助实现减碳的。

对于交通工具所消耗能源的认识误区也非常大。例如人们常常习惯性认为氢燃料是绿色能源，只要多用氢燃料就是减碳的方式，但现在85%的氢气都来自于天然气转化，如果用这种通过天然气转化的灰氢做燃料，不如直接用汽油，因为在天然气转化为氢气的过程中还需要大量耗能。再如电动汽车，如果用的是煤电，这实际上与柴油车、汽油车所产生的碳排放差不多。此外，燃油摩托车排放量其实也非常大，其$PM_{2.5}$的排放比一般小汽车都大，所以要禁摩，但不是禁电动自行车，很多城市都在禁电动自行车。

由于城市之间存在很大差异，碳排放也千差万别。城市碳中和的最大难点在于"工业文明思路"的锁定，以及如何摒弃旧工业文明时养成的思维。工业文明至今已有300年的历史，在中国也有长达40年的历史。工业文明的巅峰是20世纪50年代，超大规模的流水线，超强的中心控制，超高的资本投入，三个"超"意味着巨大的规模效应，但这种规模效应对实现碳中和目标而言并不是好现象。碳中和目标的实现，需要分布式和具有韧性的设施和系统。如果还是用旧工业文明的思维，那就是走了一个错误的路线。

实现城市的碳中和目标，可以通过智慧城市的信息技术对碳排放过程中的数据进行管理、监测，可以用这些"智慧"的技术，实现"多用信息少用能源"，还可以通过信息对碳足迹的过程回溯，智慧城市在这个方面的作用非常大。"双碳"目标下，智慧城市的建设有3个方向值得注意。

首先是"以信息代替能源"，将使得城市中的温室气体排放过程能够做到"可测量、可报告、可核实"，当信息用得越多其价值就会越高，这与能源不一样，能源是用完了就变成废品。

其次，信息系统的协调性需要被重视。比如每一栋建筑，每一个居民楼，有一个表可以告诉你，你今天用了多少能源，用了多少吨水，如果在整个社区中你的碳减排量最低，那么在"公示"的效果下，每个人都会进行改变。这就像我们用的电脑，如果一打开提示垃圾很多，电脑开机速度是监测范围内电脑中最慢的，那么你肯定会第一时间进行清理杀毒。这就是信息的力量。

需要强调的是，城市内的"社区微电网"的建立尤为重要。将风能、太阳能光伏与建筑进行一体化设计，同时利用电梯的下降势能和城市生物质发电，利用社区的分布式能源微电网以及电动车储能组成微能源系统。借助这个微能源系统，可以有效调节电网波动，例如在峰谷的时候，对电动车进行充电；当峰顶时，可以将电动车所储电能反馈给电网一部分，对电网用能进行调节。如果外部突发停电，社区也可以借助各家各户的电动车电能作为临时能源供应。

类似地，还有很多智慧城市的特长可以在"双碳"中发挥出来，智慧城市建设中不能妄自认为依靠一个"大而全"的系统方案就可以解决城市内的所有问题，而是需要集合公众的智慧、依靠城市内各主体"自下而上"的创新才能更容易实现，城市的"智慧"绝不是"一次性交钥匙"，永远只有进行时。

3.2 智慧城市设计之困与生成机制
——兼论三种系统论[1]

党的二十大报告提出打造宜居、韧性、智慧城市。智慧城市建设是一项复杂的系统工程。对于采用何种系统论作为智慧城市设计方法学，目前学术界与工程界仍存在争议。智慧城市应采用何种系统论作为设计方法学？

第一代系统论是"老三论"——控制论、信息论和一般系统论。控制论是运用信息、反馈等概念，通过黑箱系统辨识与功能模拟仿真等方法，研究系统的状态、功能和行为，调节和控制系统使其稳定地、最优地达到目标。信息论则是以通信系统的模型为对象，以概率论和数理统计为工具，从量的方面描述信息的传输和提取等问题。而系统论是指运用完整性、集中性、等级结构等概念，研究适用于一切综合系统或子系统的模式、原则、规律，并力图对其结构和功能进行数学描述。控制论、信息论、一般系统论都采用模型的办法来简化甚至忽略构成系统的基本元素。第一代系统论描述的"系统"是典型的"构成"系统，虽然结构日趋复杂、元素也日新月异，但元素间的差异性小、趋于均衡，缺乏自适应能力。

第一代系统论面临不能解释不确定性的问题，于是第二代系统论应运而生。第二代系统论由耗散结构、突变论、超循环、协同学等组成。第二代系统论描述了复杂系统的不可预知性。较之第一代系统论，第二代系统论认为：系统的元素可以是分子、原子，也可以是有机体；主体元素的特征是动态，而非静态，元素

---

[1] 仇保兴. 智慧城市设计之困与生成机制——兼论三种系统论[J]. 国家治理，2022 (24)：38-41.

间存在着差异性，各子系统、各主体的性质不同，相互作用，但主体缺乏对外部世界的自主观察和对环境的适应性；这些系统可以用概率统计方法进行描述。

在第一代和第二代系统论中，系统的主体被人为地高度简化，人为地消除了真实主体普遍具有的能动性以及与环境、与他人之间相互的作用性，这些简化不符合主体有自主发挥的积极性和能动性的实际情况。为研究"复杂性科学"，第三代系统——复杂适应系统（CAS）应运而生。

CAS把构成系统的元素从类同于原子、没有生命、没有差异等假设中解放出来，从第二代系统论中的主体有一定差异性但没有主动性中解放出来，承认系统主体能自动适应新环境、能与其他主体互动并构成环境等作用，并把其称为适应性主体。适应性主体具有主动性及感受环境的能力，能适应性调整等特征。

适应性主体与第一代、第二代系统的简化主体区别在于：第一，主体间差异性很大；第二，相互构成"环境"，主体间能相互作用；第三，存在无处不在的"反馈"；第四，系统的状况与演化是无数主体相互作用"生成"的结果，具有不确定性；第五，系统的过程属于受限生成，而非无限生成。

第一代、第二代系统论都只是"构成"的方法论，只有第三代系统论涉及了"生成"，并将"构成"和"生成"有机结合，使人们第一次在系统方法论方面有了突破。基于第三代系统论，智慧城市的设计和建设应是"生成"和"构成"的有机结合。

3.3 城市信息系统的"生成"与"构成"❶

当前，我国智慧城市建设面临的困境主要有两个方面。一方面，片面依赖"构成"——顶层整体设计。"构成"的城市有空中的壮观，但却存在"千城一面"等缺陷。相比之下，"生成"的城市往往更有积淀、更有美的感受。但人们往往忽视了数据和系统的许多细节是"生成"的，许多新技术及其应用场景更是"生成"的事实。另一方面，混淆了手段与目标的区别。智慧城市与传统城市一样，都是为了让人的生活更美好。因此，设计与建设也必须要符合"解决城市病、符合民众需求"这一出发点，但人们往往容易混淆手段与目标的区别。淡化城市治理和民众需求，仅从虚构的顶层设计入手建构智慧城市注定是失败的。

偏好"构成"而忽视"生成"，已成为当前较普遍存在的一种现象，究其原

---

❶ 国际欧亚科学院院士、住房和城乡建设部原副部长、中国城市科学研究会理事长仇保兴在2021中国地理信息产业大会作《城市信息系统的"生成"与"构成"》特邀报告。

因主要有两个方面。一是秩序偏好。有人错误地认为"从上而下"设计好于"从下而上"生成，这种片面思维否定了人类与生物自身演变的历史逻辑。二是排斥不确定性。人们很容易将复杂性和不确定性看成风险继而排斥，甚至是害怕。然而，随着科技的不断深化，不确定性也随之增长。智慧城市建设正是集大数据、云计算等新技术之大成来寻求"不确定海洋"中的"确定性小岛"。

城市有"生成"的，也有"构成"的。多数历史老城是"生成"的，虽然交通不太方便、预防城市灾害能力不足，但社区特色非常鲜明，产生了强大的民众归属感；"构成"的城市，防灾能力强，但布局过分理性，往往面临景观单调、"千城一面"的难题。如果我们设计建设一个城市，片面地依赖"构成"，否定了"生成"，那么城市与历史文脉、新技术、应用场景及未来的不确定性都难以相容。以智慧城市为例，如果我们混淆了城市建设的手段与目标，淡化了城市治理和民众需求，仅从虚构的顶层设计入手建构这样的智慧城市注定是失败的，将成为"白智慧、空智慧、假智慧"。

所以，每一个智慧城市都应是"生成"与"构成"的有机结合。

新冠肺炎疫情对智慧城市是一场"大考"，也是一次压力测试，在这个过程中，大部分城市大脑都得了"痴呆症"，我们看到了部分构成设施的失败，如城市领导驾驶舱、大数据分析效果不佳。同时，那些"生成"的设施却发挥了巨大的作用，比如诞生于基层的网格化管理得到了极大提升和改良，不见面办事和"健康码"等都发挥了巨大作用。由此可见，兼具主体能动性、主体异质性、主体主动性的第三代系统论，是今后互联网应用和智慧城市设计的主要方法论。尤其在智慧城市公共品的构成方面，应该聚焦"四梁八柱"，"四梁"是指四个核心公共品——网格管理、政府网站、城市安全、公共资源。

网格管理信息化，能把城市系统化复杂为简单、化动态为相对静态，感知、运算、执行和反馈构成一个个闭环，这些闭环越多越精密，城市的管理就越精细。这共生于原来的社区管理，它能匹配民众需求，而且适应技术迭代。此外，城市安全在网络时代尤其重要，网络四通八达，也会造成许多漏洞；网络一旦瘫痪，所有的城市的"智慧"设施就都瘫痪了。在政府网站上，所有的事情都可以网上办、掌上办，建立起信用体系，把政府办事效率提高，不见面就可以把大多数事情办成。在公共资源的管理上，我们要减碳，通过数字技术使城市每一公斤的碳排放都做到可检测、可公示、可回溯检查，如果能够做到"三可"，城市各环节产生的碳都是可以计量的、可以交易的。对各种不可再生的公共资源，也要做到数字化治理，对所有城市部件和事件都做到定位、传感、精细化管理。

3.4　智慧城市公共品的构成应聚焦"四梁八柱"[1]

"城市政府最重要的职能是为民众提供足量的、优质的'公共品',从而提高城市的经济效益和人居环境"。"公共品"是指"将商品的效用扩展于他人的成本为零,无法排除他人参与共享"。智慧城市公共品的构成应聚焦"四梁八柱"。

主梁之一:精细化网格化管理系统。精细化、信息化的网格把复杂的现代城市化繁为简,网格化管理把"格"中的每个单元的民众活动和公共品等标准化,再通过感知、运算、执行、反馈等程序构成一个"感知—执行—反馈"的闭环管理单元。通过精细化、信息化和标准化的管理,无数个闭环就构成了现代城市的高效化、精细化管理模式的基础。

主梁之二:"一网通办""放管服"等政府网络服务系统。我国政府开始分级改进和考核各级政府的网上服务能力,即如何通过地方政府网站进行迅速反馈落实企业和民众的需求。政府内部职能数字化集成程度越高,市民一个窗口能办理的事情就越多,而且有利于"从下而上"涌现出大量的新模式,例如并联审批、告知承诺、联合审图、联合验收、多评合一等基层治理创新经验。

主梁之三:城市公共安全监管系统。对于城市公共安全的监管,我们可以围绕以下几个重点领域展开:公共卫生、防疫;针对"易发性"灾害的脆弱点,事先对其进行检测排查;对涉恐分子,可以对其进行轨迹分析,自适应式补救防护漏洞;韧性分布式基础设施,可以进行自诊疗系统;对城市中高温高压易爆装置,可以事先装上传感器,借助云计算服务进行智能分析,一旦到了警戒线,系统就能自动报警;除此之外,还可以对食品药品进行安全溯源监管等。涉及城市安全的诸多领域都是市场机制难以自发完善的,因此,以上内容对于企业来说是做不了的或做起来不合算的领域,需要政府设立专门信息系统进行主导性对应。

主梁之四:公共资源管理信息系统。现代城市公共品最宝贵的资源就是稀缺的空间资源以及空间资源所产生的数据。除了传统的公共资源以外,在数字时代,产生了大量公共数据,对于这些公共数据,我们可以采取"一库共享,分布存取"的治理模式,为整个城市提供优质的公共品,这也是现代新型城市建设需要不断深入探讨的一项非常重要的工作内容。

智慧城市核心公共品的构成,除了要有"四梁"之外,还需要"八柱",即"智慧水务、智慧交通、智慧能源、智慧公共医疗、智慧社保、智慧公共教育、智慧环保、智慧园林绿化",这也是构成城市政府职能最主要的支撑。

---

[1] 国际欧亚科学院院士、住房和城乡建设部原副部长、中国城市科学研究会理事长仇保兴在2021中国地理信息产业大会作《城市信息系统的"生成"与"构成"》特邀报告。

对于任何一个运转良好的智慧信息系统而言，它既不可能"绝对生成"，也不可能"绝对构成"，而应是"生成"与"构成"的有机结合。而越具有公共属性的信息系统，政府主动"构成"设计的比重就越大，因为"城市公共品"的性质就决定了其不可能通过市场机制或市场主体和市民奉献资源从下而上凭空生成。

3.5 智慧城市的三大机制❶

任何运转良好的城市的智慧系统，都是"生成"与"构成"两方面的有机结合。有三大生成机制。

一是"积木"。任何技术都是"积木"构成，"积木"即已存在和已被创造的"知识、经验"等子系统，它们可以通过不同方式进行组合，一旦发生组合就使主体对未来有了应对能力，以应对可能出现的不确定性和城市病。"积木"可以从小到大组合，例如现代生物学越来越趋向于对群体的行为进行深入研究；也可以从大到小组合，例如现代物理学越来越专注于微观世界的基本粒子及其作用力研究等。当系统某个层面引进了一个新的"积木"，这个系统就会开启新的动态演变流程，因为新"积木"会与现存的其他"积木"形成各种新组合，从而大量的创新就会接踵而至。比如人工智能、区块链、大数据、数字孪生，这些技术都是新"积木"，如果我们把旧的"积木"进行组合，意味着这个社会是改良性的创新；如果加入一个新的"积木"，有可能是巨变性的创新；如果多个新的积木同时加入就会形成裂变性的创新，我们的时代就是裂变性创新的时代。

二是"内部模型"，这关系到主体对周边变化的预测能力。当系统主体遇到新情况时，会将已知的"积木"组合起来，用于应对新情况。这种生成的子系统解决问题能力结构就被称为"内部模型"。不同"积木"组合之所以"有用"，就是因为形成了新的"内部模型"，也就是使智慧城市中的相关主体有了对未来的判断与应对能力。各类大数据的集中如果再加上人工智能等新"积木"的运算，就能产生有用的预测结果，否则还不如原先彼此孤立的"小数据"。积木"生成""内部模型"是 CAS 的一个普遍特征。这些"内部模型"有的已经经受了历史长河的洗礼，成为"隐性"的"内部模型"。例如人类的 DNA，其变化的时间尺度约等于进化的尺度。人体的胚胎细胞经过发育后成长为一个完整的人，而不是发育成其他物种或部分人体，因为在演变过程中类似的这种 DNA 的隐性内部模型具有坚韧性，即使遭受外界的巨大突变，人类的基因并不会发生明显

---

❶ 国际欧亚科学院院士、住房和城乡建设部原副部长、中国城市科学研究会理事长仇保兴在 2021 中国地理信息产业大会作《城市信息系统的"生成"与"构成"》特邀报告。

改变。

三是"标签"。在 CAS 中，标识是为了集聚和边界生成而普遍存在的一种机制。"标签"可以帮助主体观察到隐藏在对方背后的特性，能够促进"选择性相互作用"，为筛选、特化、合作等提供基础条件。同时，"标签"还是隐含在CAS 中具有共性的层次组织机构（"主体、众主体、众众主体……"）背后的机制。"标签"总是试图通过向"有需求的主体"提供联接来丰富内部模型。因此，"标签"在整个智慧城市"生成"的设计机制中扮演着重要角色。"标签"在普通应用场合可能是"隐形"的，但是在"混乱的场景"中，可起到关键性协调作用，它在将需求与供给进行高效组织自动配对的同时，也能在城市受到不确定性干扰时为其提供保障。我们在"双碳"过程中有三个标签式的价值信号：绿色溢价、碳价和碳足迹。这三个减碳组合，各有长处。如果利用绿色溢价，对不同行业减碳成本进行一个估计，使成本变成可检测、可公示、可交易的，绿色溢价就会变得很灵敏。在工业互联网和城市智慧系统中应该把三个价值信号作为基本运行规律之一。这样一来，可以对主体需求进行高效率配对，将智慧城市"生成"与"构成"有效进行组合，然后走向万物互联时代，全场景智慧才能够涌现。

无论是"双碳"蓝图还是智慧城市设计都应该遵守这些新的机制、规则。"构成"包容"生成"、拥抱"生成"，这样的合成系统才具有真智慧，才是真正走向"双碳"战略最成功的桥梁。

综上所述，"构成"的系统与"生成"的系统间存在着本质区别，但一个真正能长久生存、不断演进的智慧系统，肯定是能将"构成"与"生成"有机融合的。智慧城市作为科技发展不确定性最大的新领域，必须利用第三代系统论充分发挥市场和社会主体的三大新机制，"从下而上""生成"自适应的智慧城市。同时利用顶层设计机制构建"四梁八柱"，帮助打通信息孤岛，借助基层民众和市场主体的创造力和积极性为城市高效运转带来创新与活力，使城市的"智慧"得到更快的迭代式增长。

第 三 篇 | 方法与技术

随着全球范围内极端气候事件频繁发生，城市面临的内外部扰动逐渐增加，绿色低碳转型，提升城市韧性，显得尤为重要。在全球气候变化背景下，低碳韧性的城市更新、构建以可再生能源为基础的新型电力系统、人工智能助力碳减排等成为国内外关注的焦点。

当前，城市规划设计目标转向提质增效，城市更新行动成为我国推动"双碳"目标的重要抓手，低碳生态城市规划建设需要探索新的工具与方法。本篇首先探讨我国绿色低碳城市更新的实施路径体系，城市更新行动可以从生态安全格局优化、城市生态修复、城市基础设施保障、完整社区建设、老旧小区改造、历史文化传承、城市智慧运营、社会综合治理八个方面实施谋划；此外，本篇以深圳国际低碳城片区为例，通过场景主导的"类菜单式"城中村综合治理策略，探讨基于空间时效的城中村发展提升策略。在气候变化适应工作需求背景下，社区作为城市细胞，需要重新审视其韧性理念与规划设计方法，本篇从总体规划、详细规划和社区规划层面梳理社区生活韧性的规划响应策略，以期为我国韧性城市规划建设提供借鉴。在建筑层面，本篇基于建筑用电数据共享的建筑电碳平台研究，探讨建筑能源与碳排放大数据应用的关键技术及应用场景，以期为建筑部门碳排放核算和节能降碳提供关键性基础支撑。

为实现碳中和战略目标，构建以可再生能源为基础的新型电力系统是能源转型的关键所在。本篇基于我国可再生能源发展现状与挑战提出有关建议，近年来我国可再生能源开发量、利用量领跑全球，但清洁电力消纳和送出问题仍面临较大压力，此外，还需着力解决电力市场与碳市场衔接、创新绿色金融机制等问题。一方面，受资源制约，我国电力系统灵活电源短缺，传统发电侧调节资源缺口大，而建筑负荷蕴含巨大调节潜力，是新型电力系统可挖掘灵活资源的"聚宝盆"；另一方面，在零碳建筑发展目标下，建筑节能率上升空间越来越小，传统的建筑节能已无法满足国家"双碳"目标的发展要求，建筑与电网互动技术有利于实现新型电力系统和零碳建筑建设的协同发展。本篇在我国已有建筑与电网柔性互动实践基础上，评估该技术方向当前面临的挑战与机遇，并从电力市场机制、价值实现等方面提出展望。

对于城市而言，如何研究分析碳达峰碳中和目标下自身的发展战略，确定因地制宜的发展路径，制定科学有效的政策机制，是当前各个城市面临的迫切挑战。本篇以成都市为实证案例，构建了一套基于核算模型的全流程城市低碳发展路径研究方法，为其他城市的长期低碳发展战略和路径研究提供了可操作的模式。此外，本篇研究借鉴国际自愿减排市场的现状及发展趋势，我国建筑行业与碳市场接轨对于全行业实现碳达峰、碳中和具有重要意义。

1 "双碳"目标下的城市更新行动[1]

实现碳达峰碳中和，是党中央统筹国内国际两个大局作出的重大战略决策。实施城市更新行动是党中央对进一步促进城市高质量发展作出的重要决策部署。在"双碳"目标的导向下，城市更新行动成为推动其实现的重要抓手。可以设想基于"双碳"目标的绿色低碳城市更新实施路径体系由目标体系、技术体系、标准体系和政策体系来构成，具体城市更新行动可以从生态安全格局优化、城市生态修复、城市基础设施保障、完整社区建设、老旧小区改造、历史文化传承、城市智慧运营、社会综合治理等八个方面实施谋划。

1.1 战略与背景

1.1.1 "双碳"战略是新时期实现高质量发展的重要战略决策

城镇化绿色发展是国家发展的大政方针。2020年习近平主席在第75届联合国大会上提出"30·60"的气候目标。根据测算，中国的城镇化进程预计在2035年到达峰值，届时城镇化率会达到75%左右，城镇人口达到11亿左右，而在2030年，我国需要实现碳达峰。在2030—2035年之间，我国既要减碳，又要实现城镇人口的持续增加，意味着在2030年之前，城市化进程就需要实现绿色低碳发展模式。同时已经完成城市化的区域和人群也需要采用低碳的方式进行存量设施的改造和维护。发达国家和城市，都是在人均GDP达到2万~4万美元[2]，拥有较强的经济基础时，才提出进行低碳化发展，而我国虽然经过近几十年的努力，实现了经济的腾飞，但基础弱，底子薄，刚刚实现了小康社会，城乡一体化发展还在持续，人均GDP远未达到发达国家的水平。如果要实现碳中和，就面临着碳排放与经济脱钩，这个过程格外艰辛，需要格外谨慎。

1.1.2 城市是实施"双碳"战略的主要场所

城市是碳排放最主要场所，也是减碳的主阵地，更是碳中和目标实现的关

---

[1] 作者：白洋、曹双全、李迅，中国城市规划设计研究院。
[2] 王凯. "双碳"背景下的城市发展机遇[J]. 城市问题，2023（1）：15-18.

键。2019年我国城镇化率达到60.6%，2035年有望达到75%。2019年，我国第一、二、三产业增加值占GDP的比重分别为7.1%、39%和53.9%，用电量占全社会总量的比重分别为1%、68.3%和16.5%，城乡居民用电占比为14.2%，用电主体就在城市。城市作为第二、三产业的空间载体和居民高度密集区，经济产出占比超过90%，能源电力占比甚至逼近95%。产业、能耗和人口在城市空间的高度集聚，给我国的能源、资源、环境、土地、基础设施和公共服务设施带来巨大的挑战。碳中和城市建设是碳达峰碳中和目标实现的重心和重点所在，这对技术创新提出了新要求。

1.1.3　进入城镇化后半程城市更新成为城市规划建设治理的重要任务

当前，中国城镇化发展进入中后期阶段，城镇化发展质量成为关注的重点。到2022年，我国城镇化率已经接近65%，全面进入"城市中国"阶段。经过改革开放数十年的发展，从城市建设与发展的进程看，城市增量发展时期已经远去，大部分工作转移到存量发展方面。党的十九届五中全会明确提出城市更新的新要求，并将这一要求写入政府工作报告，城市更新被提到前所未有的高度，充分说明了城市发展进入了一个内涵式发展的新阶段。国际经验表明，当城镇化率达到60%后，城市问题会集中爆发。英国、美国、日本等国家都是在城镇化率达到60%的时候面临城市发展问题的集中爆发（包括环境问题、住房问题、城市病问题、拥堵问题等），之后就需要从顶层逐步解决城市的发展问题。在存量发展阶段不能再搞大拆大建，因为拆建都是产生碳的过程。应该注重内部更新改造，不断推进渐进式、小范围、绿色低碳的创新技术应用，推进城市更新才是应有之道。中国正式进入小康社会，国民富裕后，人民对美好生活的向往带来居民对文化产品的需求和生活品质的追求逐年提升。2023年我国正式摆脱了人口第一大国的称号，人口红利消失，社会人口老龄化越来越严重。这些改变导致我国的经济向集约式、低碳式方向发展，更加注重实效。党的二十大提出要加强城市规划、建设、治理工作，建设宜居、韧性、智慧城市，注重生态文明，注重安全发展，注重人口经济和资源环境空间均衡，促进绿色生产和消费方式的形成。为了实现这些要求，城市更新成为今后城市规划、建设、治理的主要工作。

1.2　现实与问题

1.2.1　城市老旧小区、老旧厂区、老旧街区、城中村存在着诸多隐患

任何生命体在不断地生长和演化过程中，一定需要不断地吐故纳新、更新改造、治病救命。从人的发展需求出发探讨城市发展的价值观追求可以看出，目前

还有很多需求不能满足。城市更新行动的目的是通过对城市物质空间进行重新配置塑造，更好地适应社会经济发展，使之满足人们对城市美好生活的期望需求。城市更新的最终目标是要实现"五个城市"的建设，即建设宜居城市、绿色城市、韧性城市、智慧城市、人文城市，不断提升城市人居环境质量、人民生活质量、城市竞争力。城市更新行动的具体物质对象包括了老旧小区、老旧厂区、老旧街区、城中村以及既有建筑，简称"三区一村一建筑"。城市更新的内涵本质是解决百姓的生老病死、衣食住行、安居乐业的民生问题。例如一般所指需改造的老旧小区主要是 2000 年之前建成的住宅小区，这类小区具有"老年化现象突出的人口特征，主要在城市中心区的区位特征，多层（5～7层）为主又无电梯、建筑质量差、设施老化、场地损坏、环境不佳、私搭乱建多等物质空间特征，欠缺物业管理等社会治理特征"。

1.2.2 区域低碳规划技术和指标体系有待完善

城市规划是城市建设和发展的龙头，在城市更新的低碳发展方面，依然需要以城市规划作为先导。规划建设低碳交通网络体系，形成不同层面的低碳城市发展战略规划、低碳城市规划纲要、低碳社区规划、低碳产业园区规划等。但我国现有的规划主要依据《城市规划法》❶，对很多低碳技术和指标缺乏宏观的技术指导和度量。

1.2.3 城市治理以政府为主导，居民参与度低

通过调研发现，仅有 25% 的社区居民"愿意经常性参与"社区事务和活动，有 53% 的居民"愿意稍许参与"社区事务和活动，还有 22% 的居民"不愿意参与"社区事务和活动。现状参与社区事务的人群也存在不均衡现象，主要以离退休老人、下岗职工和弱势群体为主，在职的中青年参与率只有 18%。社区目前依然按照行政方式进行管理，居民参与社区事务的权限受到制约，导致居民参与热情不高，效率低下。

1.2.4 城市文化遗产保护和经济发展协调性欠佳

经济建设、城市更新与文物保护之间的矛盾依然存在，对遗迹、遗物本体的破坏事件时有发生，遗存保存的历史环境和整体风貌持续恶化❷。城市更新与城市历史文化遗产保护密切联系，针对的均是已建成的城市区域。在城市更新中，应当妥善处理好保护与更新的关系。

---

❶ 尹艳伟，王超，等．低碳城市发展规划中的问题与相关措施初步研究［J］．中国人口·资源与环境，2012，22（S1）：122-126.

❷ 徐振强，张帆，姜雨晨，等．论我国城市更新发展的现状、问题与对策［J］．中国前沿，2014（04）：04-13.

1.3 趋势与方向

1.3.1 规划设计目标将从大拆大建转向提质增效

一栋建筑的寿命与碳足迹无关,但是碳效用却相差数倍,控制未来拆迁量,可以让碳资产发挥长久效用。传统的城市更新,始终围绕"拆",聚焦推倒后重建。新型城市更新涉及"留改拆"过程中的各个环节,涵盖一级土地开发、二级建筑建造、老旧小区功能提升等,涉及的产业包括房地产业、建筑业、金融业等。新型城市更新将重点转移到"留"与"改"两方面,通过老旧小区改造、危旧楼房改建、老旧厂房改造、老旧楼宇更新、核心区平房更新等,打造新型社区,实现产城融合。在此背景下,城市更新涉及产业将更为广泛,与新型产业的交集将持续增加,围绕大数据、智能化的信息技术业将逐步走进城市更新的视野中。中国建筑节能协会能耗统计专委会的数据显示,碳排放在建筑材料阶段占比为28%,在建筑运行阶段占比为22%,两者占比接近。可见,要实现低碳减排,建筑运维的重要性不亚于建筑物新建(图3-1-1)。

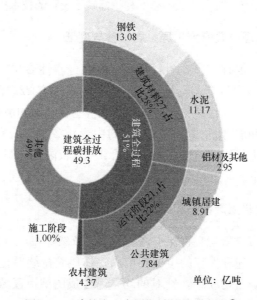

图3-1-1　建筑全生命周期碳排放分布图❶

从产业角度而言,新时代下城市更新是产业链迭代的过程,是传统高耗能产业退出历史舞台的过程。碳达峰碳中和离不开城市更新中建筑类行业、房地

---

❶ 引自中国建筑节能协会《中国建筑能耗研究报告(2020)》。

产行业。实现脱碳目标，更离不开完善城市功能、优化社区配套设施过程中对绿色能源的利用。城市更新涉及建筑建设、建筑运维、社区和区域整体的统筹规划与更新，其实现绿色有机、高效节能的目标，对我国"双碳"目标的实现至关重要。

1.3.2 建设施工要求从单一目标到系统综合

在新时代，提升对城市更新重视程度的同时，更加注重城市更新的内涵，从单纯的推倒式重建，转变为注重经营模式的改变。经营模式的改变有赖于自上而下的政策传导与理念更新，不局限于对"老破小"的外立面刷漆、美化等升级改造，更多是通过绿色手段、智慧手段，将未来城市打造为集人文理念与智能化科技感于一体的宜居性活力生态圈。以上海为例，2021年8月，上海市人大常委会表决通过《上海市城市更新条例》。条例要求，"强化产业发展统筹，促进重点产业转型，提升城市创新能级"。不难看出，上海城市更新已经不仅仅局限于浅层次的建筑更新迭代，更着眼于全人群多元需求，兼顾居住条件改善、城市功能提升、产业转型升级等复合型功能。这对于加快转变城市发展方式、统筹城市规划建设管理、推动城市空间结构优化与品质提升、实现能源高效利用、促进"双碳"目标实现具有十分重要的意义。城市更新作为一个发展战略，不仅包括老旧小区改造，还需要对照城市建设前期的工作总体要求，在城市的空间结构、生态修复、历史文化保护、居住社区建设等方面开展工作，还包括基础设施建设、提高城市防洪排涝能力，同时还需要以县城为重要载体开展县域城镇化建设等工作。

1.3.3 社区治理形式将从政府主导转向多元协商

实现社区的低碳化与可持续发展需要对社区进行长期、系统的规划，"自上而下"的政府主导模式在社区系统规划与建设过程中的资源调动等方面具有显著的优势，"自下而上"的居民参与社区规划建设也同样关键。居民作为社区生活的主体，是社区低碳政策措施的具体实践者。根据国外成功经验，低碳社区建设的成功要素之一就是重视塑造居民的低碳理念与自治能力，如果居民缺少公共参与精神，则难以达到可持续发展目标。国外低碳社区大多由社会志愿组织一起自发建设，强调居民自发讨论商议的社区规划模式。我国社区的行政级别位于街道之下，没有行政管辖权，多依靠居民自治等，因此需要根据我国的国情充分发挥政府主导和公共参与的作用，保证社区低碳建设的有效性与可持续性。

1.4 目标与体系

1.4.1 构建基于"双碳"的城市更新目标体系

"双碳"战略下城市更新的目标体系即在城市更新的基础上融入绿色低碳，即在城市更新中，运用规划手段和低碳技术，实现"生产空间集约高效、生活空间宜居适度、生态空间山清水秀"的发展范式，推进人与自然、社会、经济和谐共存的可持续发展模式。绿色低碳城市就是调动自然、社会、经济等"全要素"，在城镇、农业和生态"全空间"，实现过去、现在、未来"全过程"绿色化发展的实践活动❶。目标体系的构建，不仅仅是把"双碳"理念融合到城市更新规划里面，也要求在城市治理中明确地提出一套包含低碳城市、生态城市、适老城市、韧性城市、未来城市"五位一体"的核心指标体系。同时，还要将目标指标化、指标空间化（表3-1-1）。

绿色低碳更新城市目标指标化示例　　　　　　　　　表3-1-1

目标	指标	指标赋值参考
低碳	人均二氧化碳排放量	4~2t/(人·年)
	可再生能源使用率	≥15%
	非传统水源利用率	≥30%
	建筑节能率	≥65%
	绿色建筑比例	100%
	垃圾资源化率	≥70%
	绿色建材使用比例	≥50%
	交通分担率	≥80%
	慢行路网密度	6km/km²
生态	绿化覆盖率	≥30%
	蓝绿空间比率	≥70%
	本地植物指数	≥90%
韧性	年径流总量控制率	≥70%
	居民人均可支配收入平均值	—
	每千人公园、娱乐中心、博物馆、图书馆数量	—
	应急避难场所的可达性和使用效率	良好
	就业率	≥80%

---

❶ 李迅．"双碳"战略下的城市发展路径思考［J］．城市发展研究，2022，29（08）：1-11．

续表

目标	指标	指标赋值参考
适老	15分钟生活圈覆盖率	100%
	500m公交站点覆盖率	100%
	社区医疗500m覆盖率	100%
	500m公园覆盖率	≥50%
	无障碍设计比例	100%
	社区照料服务覆盖率	100%
未来	碳排放管理体系和碳排放信息管理系统	有
	低碳宣传教育活动	≥3次/年
	低碳生活指南	有
	智慧健康管理	100%

1.4.2 构建基于"双碳"的城市更新技术体系

基于"双碳"战略实施的城市更新技术体系应该是全要素覆盖。可以提出12大技术领域，包括土地利用、生态环境、绿色交通、绿色能源、水资源、固废利用、绿色建筑、生态社区、绿色产业、智能信息化、文化遗产保护和绿色人文。就城市规划领域而言，共包括与总体规划和详细规划等传统规划内容衔接的12大技术领域集成体系（表3-1-2）。随着现代大数据、元宇宙等信息化技术的快速迭代，低碳技术体系中的信息智能化尤为重要，即数字技术与数字驱动。在城市治理中，信息技术的运用能够有效提高能源使用效率，从而降低能源总消耗，减少碳排放。

全要素覆盖的12大绿色低碳技术领域　　　　　表3-1-2

技术领域	相关技术
土地利用	集约紧凑、功能混合、街区尺度、公共服务配置、棕地修复
生态环境	生态体系建立、水环境、绿地系统、生物多样性、物理环境
绿色交通	公共交通先导、慢行系统、配套设施、道路体系、管理提升
绿色能源	可再生能源利用、能源综合运用、建筑用能效率、智能微电网
水资源	非传统水源利用、节水器具、海绵城市
固废利用	垃圾减量化、垃圾收运系统、垃圾无害化处理、垃圾资源化利用
绿色建筑	适宜性绿色建筑技术、建筑节能改造、被动式建筑、绿色运营
生态社区	自然生态环境、绿色交通、配套设施建设、文化生活、信息化
绿色产业	清洁生产、节能环保、绿色服务、基础设施绿色升级
智能信息化	智能建造、大数据平台、智慧运维
文化遗产保护	保护内容与范围、保护利用方式、保护机制
绿色人文	绿色宣传教育、绿色行动指南、生态价值认同

1.4.3 构建基于"双碳"的城市更新标准体系

不同空间尺度碳排放结构不同，导致减碳策略侧重点也不同，评价标准也应分层次构建。但当前从技术角度、生产角度、消费角度、统计角度等出发，对碳计算都有着不同标准，因此其得出结果也大不相同，不同的碳认知将导致不同的标准建立。低碳评价标准的空间尺度要全覆盖，横向到边，纵向到底。从空间上看，亟需建立"区域-城市-城区-社区"四级尺度的碳测度与低碳发展指引。评价标准需要包括建筑单体、道路交通、绿地、水面、广场等用地要素，从社区到街区、城区、城市，由点到面，形成一个一个的低碳细胞单元。低碳标准明确城市更新的痛点和要求，主要关注城市更新的策略措施，将城市中的居民作为重点关注主体，增加标准的可实施性。根据不同标准出台低碳实施指引或导则，引导政府、企业、居民共同努力，构建低碳社会（图3-1-2）。

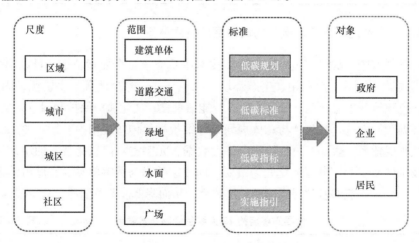

图 3-1-2 城市更新标准体系示意图

1.4.4 构建基于"双碳"的城市更新政策体系

碳中和愿景下的长期深度减排是我国未来发展的必然趋势，有必要通过立法手段为减排政策的长效实施提供法律基础、增强执行力度。通过立法来保障减排政策的法律基础和效力，可以把碳中和的长期愿景转换为全社会的行动共识，全面促进低碳转型的个人行为、企业行动、资金流动、技术研发。政策分为国家层面、地方政府层面、行业层面和社区层面四个维度。其中受限于核算体系和管理难度，政府的政策与企业的联系主要在于减少范围一（直接排放）和范围二（间接排放）的碳排放，企业和个人的互动和约束是范围三（其他间接排放）减排的重要途径和全社会深度脱碳的关键补充❶（图 3-1-3）。

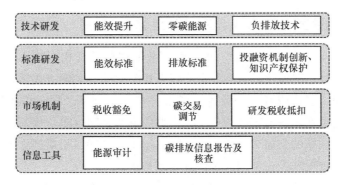

图 3-1-3 城市更新政策体系

国家层面整体协调，一方面持续推进国家碳交易制度建设，将制度覆盖范围由高耗能行业拓展到具有较大增长潜力的行业，形成碳总量控制预期；另一方面将创新性低碳和负排放技术（如自然减碳、碳捕集利用和封存、氢能、核能、储能等利用）纳入关键技术发展战略，支持研发创新。

城市层面，在国际政策的基础上根据各地的资源禀赋、发展阶段、产业结构等方面的特点探索合适的转型路径。从经济结构、产业结构、交通、农业等角度出发制定城市碳中和战略。探索实施碳排放总量控制、行业碳排放标准、项目碳排放评价、碳排放准入与退出等相关制度、标准和机制。

行业层面，通过产品市场的竞争实质性地构成行业标准。推进企业减碳首先需要充分利用市场工具，通过碳价和碳信号引导企业以最小成本实现碳减排，其次利用气候融资工具，降低企业零碳创新成本，最后加强对低碳知识产权的保护技术，对新技术给予税收的减免或优化，增加企业研发动力。

民众层面，通过消费低碳偏好带动消费市场和生产链将碳中和的行动传递至更多行业、企业。可以出台各种奖励政策，运用市场机制，引导个人选择低碳零碳生活方式，如实施阶梯电价、加大峰谷电价、对低碳产品给予直接补贴等。

1.5 路 径 与 行 动

参考政府间气候变化委员会（IPCC）在碳排放方面的建议，对照城市更新要关注的八大任务，包括完善城市空间结构、实施城市生态修复和功能完善工程、强化历史文化保护塑造城市风貌、加强居住社区建设、推进新型城市基础设施建设、加强城镇老旧小区改造、增强城市防洪排涝能力、推进以县城为重要载

---

❶ 王灿，张雅欣. 碳中和愿景的实现路径与政策体系 [J]. 中国环境管理，2020，12（06）：58-64.

体的城镇化建设，结合现状发展趋势提出城市更新的八个体系。

1.5.1 构建区域、城市及社区层面的生态安全格局

在区域层面，传统的城市空间聚集-扩散的现象及其相应规划理论受到"低碳"目标的挑战。对城市的规模、分布以及相互之间的关联方式需要进行重新思考。过大的单一城市或者过于稀疏的城市分布均不利于"绿色低碳"目标的实现。因此，需要在单一城市的规模及城市群的形态之间寻求一个新的平衡点。考虑到相互频繁联系的交通带来的高碳排放，组团式发展、相对独立的卫星城围绕单一城市的布置形式会重新引起关注并受到重视。

在城市层面，首先，紧凑的城市空间结构以及与之相适应的土地利用及交通模式是实现"低碳"目标的关键所在❶。摈弃城市用地的无序扩张和钟摆式交通，在"低碳"目标的导向下，未来城市的空间格局将转向轨道公共交通导向的、基于有规律的密集交通联系的、紧凑的、强度非均衡的空间形态。其次，高效、便捷、安全、舒适的公共交通将成为城市的主导，取代现有的私人机动车，提供完备的自行车交通系统以及人性化的步行空间。最后，在土地利用方面，结合紧凑的城市空间结构，形成适度的功能混合。结合城市开敞空间系统，规划布局大量的绿色空间和水面等，在调节城市小气候的同时增强城市自身的碳汇能力。

在社区层面，不同类型的社区采用不同的发展理念，就城市的中心区而言，实现轨道和公共交通具有先天优势，需要在避免过高的开发强度、垂直交通方面更进一步。对于生活居住区，需要控制容积率，建筑密度不能过高或过低，过高不利于太阳能的利用，过低降低城市基础设施的效率。采用紧凑、便捷而富有活力的社区中心、重视绿色建筑建设是规划关注的重点。以工业生产为主的产业园则需要将生产工艺改革、生产流程的上下游衔接、提高用能效率、碳捕获等作为关注重点。

1.5.2 以城市双修为手段的碳汇积累

我国在城市更新的基础上着力推进"城市双修"工作，本质上是针对城市存量空间进行生态修复和城市修补。在现有城市肌理的情况下，通过对城市存在的突出问题进行改善来推进城市生态及人居环境的更新改造工作。所采取的方式是小微的、渐进式地修修补补，而非大拆大建。构造生态环境优良、功能体系完善、空间形象优美的城市系统。

---

❶ 顾朝林，谭纵波，等. 基于低碳理念的城市规划研究框架［J］. 城市与区域规划研究，2017，9 (03)：23-42.

在城市生态修复方面，通过对三个生态要素——山、河、海的修复进行城市生态修复。通过修复山水林田湖草生命共同体，加强生物多样性保护。

大部分城市山体的问题主要源于开山采石和果林上山带来的不当后果❶。了解各个城市不同土质和地质情况，因地制宜地提出分类修复策略和措施，通过地质灾害处理、基质改良、退果还林、山体复绿、景观美化等措施修复受损的山体，实现引山入城。

发展绿化的第三立面。城市环境是一个土地资源有限的环境。乔木、灌木的运用需要占据比较多的土地资源，而植物的碳存储量和植物的生物量呈正比。垂直绿化和屋顶绿化不仅可以增加城市绿地面积和缓解热岛效应，而且可以在有限的土地资源上增加碳汇。通过规划鼓励新建建筑实施屋顶绿化，老旧街区实施统一风貌的垂直绿化建设。

1.5.3 安全韧性保障的城市基础设施

普及推广"海绵城市"应用，认识到海绵城市不是万能的，将海绵城市与防洪排涝相结合，因地制宜合理运用不同种类的低影响开发技术，灰色设施与绿色设施并用，将城市的末端打造成为"吸水的海绵"。形成绿色、低碳、可吸纳、可透水的城市大环境，降低雨水对市政雨水管网的冲击，降低雨洪带来的次生灾害风险。海绵城市不仅要规划、设计，还要落地实施，通过政策措施实现从规划指标到设计方案，再到施工质量，最终良好养护的全链条监督和管理。

加强雨水、中水等非传统水源利用，由单个项目的污水站向城市的中水处理厂过渡，加强再生水利用。提高城镇污水资源化利用率，实现低质水低用，高质水精用和水量的合理调控。

统一布局能源利用方式，重点发展以可再生能源为主、化石能源为辅的能源利用方式。因地制宜推进太阳能光伏、中深层地热、风能、水源热泵、核能等可再生能源的混合利用。构建能源输配的大网络，积极回收利用低品位热源，发展光储直柔、智能微电网等先进技术。

在城市更新中，要落实和促进践行垃圾的 3R（Reduce、Reuse、Recycle）原则，即减量化、无害化和资源化。在源头进行垃圾正确分类，可回收材料及时收集利用，对厨余垃圾进行堆肥处理。采用先进的技术手段将废物重新利用，如粉煤灰制作水泥骨料等，将垃圾的回收利用率提升至65%以上。

1.5.4 公共交通导向的绿色低碳出行

在城市众多领域中，交通行业始终是用能和排放大户。将不同交通方式按照

---

❶ 谷鲁奇，范嗣斌，黄海雄. 生态修复、城市修补的理论与实践探索［J］. 城乡规划，2017（03）：18-25.

二氧化碳排放强度排序，由高到低为：出租汽车、私人小汽车、摩托车、小型公共汽车、公共汽车、快速公交（BRT，Bus Rapid Transit）、地铁和自行车[1]。城市公共交通是最节能、最低碳的机动化出行方式（图 3-1-4、图 3-1-5）。

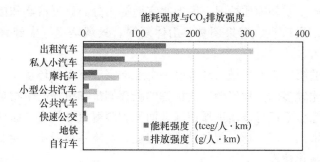

图 3-1-4　不同出行方式能耗强度与二氧化碳排放强度数据图

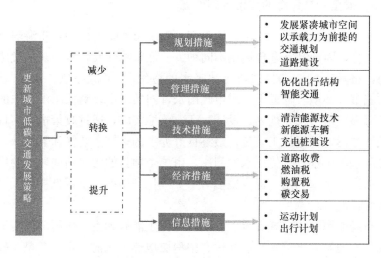

图 3-1-5　更新城市低碳交通发展策略图

（1）规划和设计方案形成产城融合，从根本上降低出行需求。改造旧有城区，建设紧凑发展的城市空间。城市更新的交通规划以环境承载力为前提。

（2）优化出行结构，增加公共交通，发展慢行交通。通过增加地铁、公交、BRT 等公共交通，构建高效衔接、多元换乘、便捷可达的公共交通体系。提升公共交通站点覆盖率，合理布局公共交通站点配套。发展以自行车、步行为主体的慢行交通系统，提高慢行系统网络密度、推进慢行交通网络的功能复合，保障慢行空间行人路权。完善绿色出行专用通道及配套设施，公路附属设施提倡人性

---

[1] 李振宇. 低碳城市交通模式与发展策略 [J]. 工程研究-跨学科视野中的工程，2011，3（02）：105-112.

化设计，增强公路的服务能力。

(3) 采用清洁的交通工具。建设试点项目，因地制宜地推广天然气、生物柴油、醇类燃料等替代燃料和石油替代技术，鼓励替代燃料在城市公共交通和出租车中的应用，建立节能与新能源车辆的准入机制，加大混合动力、纯电动汽车的示范与推广力度；形成新能源公交和出租车运营的保障体系。

(4) 积极发展智能交通。推进智能公交系统的建设。积极研发和推广智能交通综合调度系统，建立智能公交的综合调度平台，实现智能化道路和车辆运营管理、数字化管理，提升城市公交的现代化管理水平，从而提高城市公交的服务能力和运行水平。同时，加强实时交通信息资源共享，让出行者了解实时路况信息，选择适合的出行方式或及时作出路线变更选择，缓解交通拥堵。建设和推广出租车智能调度信息平台，设立出租车统一停靠点，实行差别化运营，形成以电信预约方式为主，巡游出租和专用候车点出租为辅的出租汽车运营体系。

1.5.5 低碳生态指导的老旧小区改造

在可持续框架下，低碳城市建设是一个多目标问题，如何实现经济发展、生态环境保护、居民生活水平提高等目标间的共赢，是低碳城市建设的关键。城市实现可持续发展策略需要依托社区的具体实践来完成，因此相比于城市尺度的规划策略，社区更新尺度的可持续性研究更应体现出"以人为本"的理念与原则，应以规划为先导、注重当地资源的利用，借鉴已有低碳社区的先进经验，激发居民自发低碳行为，实现低碳社区改造和可持续发展。通过调整自身的发展模式，对社区的空间结构进行重新规划。建立以商业补低碳的良性循环模式。

1.5.6 格局基因延续的历史文化传承

(1) 形成点线面的保护原则，即古建筑（构筑物）保护整治、历史街区的保护、历史文化名城整体保护。对单体建筑注重修复措施的可逆性和修复计划的严密性。对历史街区确保其总体格局不变，对于主要历史建筑、街巷格局、空间形态、重要标志物、古树等，最大限度地予以保留❶。保护和恢复建筑界面与色彩，保持原有的街巷肌理，严禁大拆大建。要在整个城市范围内，明确历史文化保护区域范围、城市总体布局、古城整体保护方案、历史街区或历史保护区、文物古迹的分布和紫线保护范围以及其周围环境的保护及整治方案。注重旧城内部产业选择与新城之间的协同发展模式，处理好名城保护与旧城改造、环境整治绿化，新城建设与名城文脉复兴的关系。

---

❶ 邵翔，关瑞明，崇嵩."低碳"视角下的历史文化名城保护 [J]. 中国名城，2010 (05)：16-21.

(2) 控制用地规模，通过新城建设保护古城❶。历史文化名城的城市格局基本形成，但由于经济迅猛发展，位于城市中心区的历史老城区高度聚集，加重了历史名城的负担。但传统的大拆大建只会破坏城市肌理，改变城市格局，不符合"低碳发展"的理念。因此，一方面修建新城，另一方面整合旧城内部功能，降低旧城人口密度，将旧城人口疏导至新城。在新城规划中合理引导土地开发，同时加大城市绿地比例，以弥补老城区的生态缺陷。综合考虑低碳能源、低碳交通、绿色建筑、循环经济等一系列低碳核心技术，创造适宜居住的低碳城市。

(3) 城市建设延续整体风貌。城市的现代化是建立在历史城市发展的基础之上，历史文化一旦受到破坏，就不可能复得。历史文化名城的保护与发展是相互关联的，不能割裂。实现历史文化名城的可持续发展，就必须以原有的山水格局为基础，保护其历史形态，修复其生态功能，重新建立良性循环发展的生态体系，实现社会价值与积极效应的平衡，促进城市的可持续发展。城市更新要倡导微更新，城市一些旧居住区、旧厂区、旧商业区可以进行一些织补式、针灸式更新，而不是大拆大建，要保留城市特有的地域环境、文化特色、建筑风格等基因。

(4) 注重城市的文化修补。在城市发展过程当中，我们越来越认识到历史文化的价值，因此历史文化遗存越来越珍贵。历史名城的价值不仅在于悠久的历史建筑和自然景观，更在于历史中的人，以及这些人流传下来的文化习俗。要想真正地保护历史文化名城，必须使历史文化名城的实体与人文进行整合。重视名城的总体布局关系，包括建筑的和人文的，将有形的无形的传统结合，才能体现历史文化名城的特质。因此，应保护、挖掘当地文化以及建筑的特点，对当地历史、重大历史节点以及名人文化进行研究和选择性提炼，并将其体现在规划和建设中，建立历史建筑保护清单，注重营造历史环境保护的氛围。

(5) 文化名城可持续技术利用。旧有的老城区可以通过一些生态适宜性技术降低城市的能耗，如通过绿化系统、遮阳设施、浅色铺装等措施改善微气候，在古城区狭窄的道路上有限发展公共交通和慢行交通，在建筑修复的过程中通过提高围护系统热工性能、使用能耗监测系统来降低建筑能耗，在有可再生能源资源的区域通过合理利用太阳能、风能等来减少高碳能源使用，合理开发当地特色产品，合理利用当地全生态的原材料。在延续城市文脉的基础上，采用生态适应性技术可以提高原有建筑室内舒适度，降低原有建筑物使用能耗，减少原有建筑温室气体排放，形成低碳消费的社会风尚，为实现节能减排目标作出贡献。

---

❶ 张磊. 历史文化名城保护中的低碳城市理念运用——规划创新：2010 中国城市规划年会论文集 [C]. 中国城市规划学会，2010：01-07.

1.5.7 智慧互联管理的城市运营体系

智慧城市是人、数据和信息、数字技术（信息通信技术）及物理系统共同构成智慧城市系统概念。智慧城市运营即利用信息技术对城市管理与服务领域进行智慧化提升。智慧城市是新技术的载体，必须以各种技术为支撑，主要包括通信技术、网络技术、云计算技术、物联网技术、软件工程、GIS技术、建筑信息模型（BIM）、信息安全技术等百余项技术。目前智慧城市发展主要存在整体发展不平衡，东西部差距较大，管理水平不高，运营人群的智慧服务水平及各部门的业务协同能力尚需加强[1]等问题，发展水平和规模亟需提升。城市更新中的智慧城市运营主要从以下几点切入。

（1）明确机制体制。智慧城市在建设之初就需要明确建设主体、建设内容，多部门协同配合，避免信息孤岛和重复性建设的情况发生。

（2）顶层设计。建立科学、统一的智慧城市顶层设计。从手段出发，充分利用信息技术实现信息获取、传输、处理和应用的智能化，统筹公共管理、公共服务和商业服务等资源，协调政府、地产商、网络运营商等各方参与主体，以现代化的城市服务和精细化的城市管理系统为支撑，依托领先的网络基础设施建设，实现资源统筹配置、智能环境良好、管理效率提高的城市新模式。

（3）智慧应用。从建设目标来讲，智慧城市致力于实现以城市居民需求为重点的管理模式，满足城市居民对生活、居住、交通出行等多方面的要求，提升管理品质和管理能力。

（4）建设运营模式。目前仍以政府主导为主，企业创新动力不足，不利于后期持续的开发运营管理。需要建立政府和企业协同合作、多元化建设的运营模式，补足双方优势，实现合作共赢。

（5）核心数据互相联通共享。计算大数据中心逐步成为智慧城市基础信息平台，但目前的核心数据被垄断。应增加核心数据库的共享，更好地发挥大数据的作用，通过创新技术实现信息的迭代更新，更好地为智慧城市系统服务。

（6）注重信息安全。出台和健全统一的信息安全保障法律法规，提升信息的安全性。

（7）注重关键性人才和专业人才的培养，形成专业的智慧城市制度及整体保障团队。

1.5.8 多元价值激活的社会综合治理

经济发展带来一系列社会问题，如民生问题、社会公平正义问题、社会矛盾

---

[1] 尹丽英，张超. 中国智慧城市理论研究综述与实践进展[J]. 电子政务，2019（01）：111-121.

问题等，社会治理创新是解决这些问题，同步推进社会进步的关键。社会治理创新是在提升党和政府治理能力的同时，进一步还权于社会，激发社会活力，使社会组织参与社会治理，同时通过各治理主体的合作治理来保障和改善民生、促进社会公平正义、预防和化解社会矛盾、确保公共安全。"社会治理共同体"的精髓是"共建共治共享"。社会治理创新的实现主要由改进社会治理方式、鼓励和支持社会组织参与社会治理、完善重大决策社会稳定风险评估机制和健全公共安全体系几个部分构成。改进社会治理方式，实现政府治理和社会自我调节、居民自治良性互动。坚持系统治理、依法治理、综合治理和源头治理。

2 中国可再生能源发展现状及展望❶

2.1 中国可再生能源从市场规模到制造能力领跑全球

2.1.1 中国可再生能源开发量持续快速增长

近些年，中国可再生能源开发量、利用量始终领跑全球，截至2022年底，可再生能源装机突破12亿kW，达到12.13亿kW，占全国发电总装机的47.3%，较2021年提高2.5个百分点。其中，风电3.65亿kW、太阳能发电3.93亿kW、生物质发电0.41亿kW、常规水电3.68亿kW、抽水蓄能0.45亿kW。从可再生能源年度发展情况看，2022年我国可再生能源新增装机1.52亿kW，占全国新增发电装机的76.2%，已成为我国电力新增装机的主体（图3-2-1）。其中，风电新增3763万kW、太阳能发电新增8741万kW、生物质发电新增334万kW、常规水电新增1507万kW、抽水蓄能新增880万kW。风电、光伏发电新增装机突破

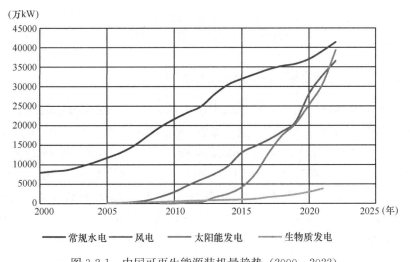

图 3-2-1 中国可再生能源装机量趋势（2000—2022）
数据来源：CREIA 根据公开信息整理

---

❶ 作者：李丹，中国能源研究会可再生能源专业委员会（CREIA）。

1.2亿kW，达到1.25亿kW，连续三年突破1亿kW，再创历史新高。

2.1.2 可再生能源发电在电源结构中占比增加

根据国家能源局公布的数据，2022年中国风电光伏年发电量首次突破1万亿kWh，达到1.19万亿kWh，较2021年增加2073亿kWh，同比增长21%，占全社会用电量的13.8%，同比提高2个百分点，接近全国城乡居民生活用电量。2022年，可再生能源发电量达到2.7万亿kWh，占全社会用电量的31.6%，较2021年提高1.7个百分点，风电和光伏在煤电替代方面贡献巨大，可再生能源在保障能源供应方面发挥的作用越来越明显（图3-2-2）。

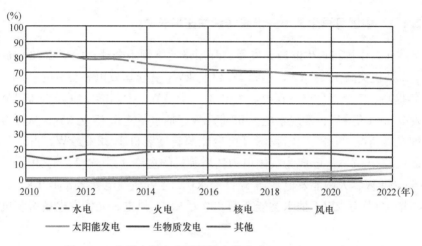

图3-2-2 各类电源在电量结构中的占比（2010—2022年）

数据来源：CREIA根据公开数据整理

2.1.3 中国可再生能源制造能力全球居首

可再生能源装备制造业发展也取得了丰硕的成果。根据国际能源署（IEA）发布的《2023年能源技术展望》报告数据，截至2021年，中国清洁能源技术制造能力全球占比达65%以上，其中太阳能光伏85%（硅片96%，电池85%，组件75%）；海上发电70%（塔筒53%，机舱73%，叶片84%）；陆上风电59%（塔筒55%，机舱62%，叶片61%）；电动汽车71%（阴极材料68%，正极材料86%，动力电池75%，电动车54%）；燃料电池卡车47%（卡车45%，电力系统48%）；热泵39%；电解槽41%（图3-2-3）。

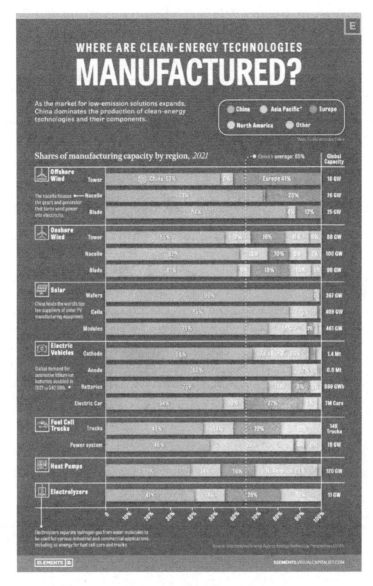

图 3-2-3　全球清洁能源技术制造能力分布（截至 2021 年）

数据来源：Where are Clean Energy Technologies Manufactured? (visualcapitalist.com)

2.2　中国可再生能源产业快速发展的原因

2.2.1　政策支持帮助市场启动，引领产业发展

中国政府一直支持新能源和可再生能源的开发利用。围绕可再生能源，政府

制定了一系列政策，包括法律、发展规划、标准、经济激励政策及其他相关政策（表3-2-1）。

各阶段中国可再生能源政策　　　　　　　　　　　表3-2-1

政策类型	第一阶段 （2006年以前）	第二阶段 （2006—2017年）	第三阶段 （2018年至今）
法律	《可再生能源法》制定	《可再生能源法》实施及修订	《可再生能源法》实施评估
发展规划	"十五"计划、"九五"计划	可再生能源中长期发展规划、"十一五"计划、"十二五"规划、"十三五"规划	"十三五"规划
标准	沼气标准、生物质标准、水电标准、小型风机标准	风电标准、光伏标准、生物质能标准、地热标准、电网标准等	风电标准、光伏标准、生物质能标准、地热标准、电网标准等
经济激励政策	示范项目初始投资补贴	固定上网电价政策、增值税优惠政策、所得税优惠政策、土地使用税减免政策、优惠贷款政策	增值税优惠政策、所得税优惠政策；可再生能源消纳责任权重政策、绿色电力证书政策等
其他相关政策	《联合国气候变化框架公约》《京都议定书》	《国家应对气候变化规划（2014—2020年）》《北方地区冬季清洁取暖规划（2017—2021年）》《工业绿色发展规划（2016—2020年)》	打赢蓝天保卫战三年行动计划；中国提出2030年碳达峰，2060年碳中和目标

2.2.2 基础设施有力支撑市场容量快速增加

中国可再生能源快速发展在风电、光伏两个领域体现得最为明显。众所周知，风电光伏由于受自然资源影响较大，存在较强的波动性，所以出力不稳定，因此需要电力系统给予有效的调节和支撑。近年来我国电力基础设施发展迅速，截至2022年，全国电网220kV及以上公用变设备容量51.29亿kVA，同比增长3.4%；220kV及以上输电线路回路长度共87.64万km，同比增长2.6%。截至2022年底，我国共建成投运36项特高压线路，国家电网建成投运16项交流特高压线路，16项直流特高压线路；南方电网建成投运4项直流特高压线路。由于这些项目的支撑和探索，我国在特高压输电、大电网安全、新能源并网等多个领域取得众多引领世界的成果。以智能电网为例,江苏电网的大规模源网荷友好互动系统实现了毫秒级用电负荷控制;张北柔性直流电网工程创下12项世界第一;国家风光储输示范工程实现了风、光、储多组态、多功能、可调节的联合优化运行,为大规模新能源发电接入电网提供了技术支撑。

2.2.3 稳定的政策导向和可行的技术支撑引导资金更多地流入可再生能源行业

稳定的政策支持,给市场提供了足够的信心支撑,我国从2000年开始通过中长期发展规划、五年计划等形式,明确提出国家的可再生能源发展目标,筑牢市场投资预期;2006年开始通过《可再生能源法》确定了固定电价、全额保障性上网、费用分摊机制等根本政策,使可再生能源发电经济得以有效保障;通过产业技术创新引导,如光伏领跑者政策,持续有效推进价格水平优化,使以风电光伏为代表的可再生能源的成本优势日益凸显。在这些条件的作用下,可再生能源成为社会资本关注的重点领域,投资与产业双向促进,带动了中国可再生能源应用市场和产业规模不断持续快速发展、领跑全球。

2.3 可再生能源产业发展面临的问题

可再生能源产业在高速发展的过程中也面临着很多问题,推进更好地解决这些问题成为可再生能源高质量发展的关键所在。而推动可再生能源快速、高质量的"立"是对传统能源体系"破"的前提,对于我国碳达峰碳中和目标的实现至关重要。

2.3.1 可再生能源消纳问题仍将持续制约发展

"十四五"期间资源富集地区大型风光基地建设加快,电力消纳和外送仍将面临较大压力,风光大基地项目仍需着力解决消纳和送出问题。在"三北"地区,适合大规模开发清洁能源的地区的电网基础设施薄弱,电力外送能力有限,导致清洁能源开发缓慢。目前,与可再生能源项目相匹配的送出工程滞后,风电、光伏项目建设和配套送出工程建设的不同步,严重影响着新能源并网消纳,进而制约新能源产业发展。

2.3.2 补贴旧疾需要加速解决

2020年开始,我国新增可再生能源发电进入无补贴时代,但是既有拖欠还存在巨大的资金缺口。为了纾解新能源发展压力,优化可再生能源发电补贴政策,2021年财政部下达可再生能源电价附加补助资金预算890亿元,支持光伏、风电等可再生能源发电。诚然引入额外财政资金对可再生能源发展是一项利好政策，但是从执行来看，一方面890亿不足以一次性解决补贴拖欠问题，另一方面项目核查工作量巨大，至今补贴项目清单尚未完全梳理完成，致使政策预期成果不能有效实现。

2.3.3 绿证、绿电等政策目标清晰度有待进一步提高

根据国际经验，绿色电力证书、绿色电力交易等相关政策能够有效促进清洁能源市场竞争力的提升，被多国广泛采用。我国也先后推出了相关政策，但是附加了解决补贴问题、消纳问题等目标，使相关权属确认不清晰，下游采购企业为了实现企业减排责任、社会责任，承诺采购绿证、绿电的目标不能有效实现。

2.3.4 绿电市场与碳市场缺乏有效衔接

同前，重点排放单位外购绿电的碳排放量能否在碳排放核算中扣减还不明确。通过绿电交易降低电力消费的碳排放是用电企业采购绿电的驱动因素之一，目前北京等地主管部门规定重点碳排放单位通过市场化手段购买使用的绿电碳排放量核算为零，但国家层面的核算指南中还未明确外购绿电碳排放量的扣减方法，导致各地对外购绿电排放量的处理方式不同，进一步造成重点排放单位参与绿电交易的激励不足。同时，绿电市场与国家核证自愿减排量（CCER）市场缺乏衔接，存在环境权益重复售卖的风险。可再生能源发电项目在CCER存量备案项目中的比重较高，2017年之前的部分风电、光伏发电项目曾依据方法学申请成为自愿减排项目，备案生成CCER后可参与交易并获得收益。而风电、光伏项目参与绿电交易也可以凭借环境属性获得附加收益，目前两个市场的机制和数据尚未贯通，无法避免就同一笔电量在两个市场同时出售环境权益，不利于体现环境权益的唯一性。

2.3.5 融资成本较高，金融创新有待加强

与传统能源相比，可再生能源除大基地开发项目外，项目规模一般较小，企业融资成本相对较高。国家提出在碳达峰碳中和的过程中要"先立后破"，对于能源转型而言，可再生能源大规模、快节奏的"立"已经成为关键，在此过程中进一步打通融资环节，能够驱动更多的社会资本投入可再生能源市场中，但是有针对性地向可再生能源倾斜的绿色金融产品还非常有限。金融支持力度不足的主要原因一方面来自金融体系内部，我国的金融行业目前也处在体制机制转型的关键时期，因此产品的政策合规性、风险防控等问题都处在探索之中，所以滞后于产业发展；另一方面，我国可再生能源发展在过去近二十年的时间内一直处在快速发展期，高速的发展使其他行业无法与之同频，也是必然现象。强化产业与金

融行业的沟通能力，快速打通可再生能源发展融资问题，对能源转型进程的推进至关重要。

2.4 面向碳达峰碳中和目标的可再生能源发展建议

2.4.1 有效解决现存问题

尽快清理可再生能源能源补贴拖欠，为企业发展新能源减负。首先要严格落实电价附加征收制度，适当提高可再生能源附加征收标准，要求相关电力用户足额缴纳可再生能源电价附加，督促燃煤自备电厂等用户补缴拖欠的附加金额。加快可再生能源发电补贴核查工作，加快核查确认的合规项目公示。落实对已纳入补贴清单的可再生能源项目所在企业的金融支持，鼓励金融机构提供补贴确权贷款等产品和服务。

协调绿色电力交易市场与碳市场，保证环境权益的唯一性。第一，能源电力、生态环境等主管部门加强协调，尽快修订完善碳市场重点行业碳排放核算指南，明确外购绿电在排放量核算中的扣减原则和方法；第二，定期核算并发布电网排放因子，研究绿电交易情景下排放因子计算的调整方式，做好与绿电交易的衔接，保证碳排放核算的准确性和公平性；第三，探索绿电、CCER等市场数据贯通，同一单位的可再生能源电量只能选择参与绿电交易或CCER交易，保证环境权益不在两个市场重复售卖。

完善绿色金融相关制度和激励措施，明确可再生能源在环境和社会发展中的额外价值，推动金融服务更加有力地支持可再生能源发展，如出台政策明确金融应该优先支持的行业领域技术方向范围，对投资进行有效引导；强化开发绿色金融工具、绿色金融产品，并通过金融服务进一步优化可再生能源行业的成本，使可再生能源在能源市场上的竞争力进一步增强。

2.4.2 大力推动可再生能源项目开发

全面推进风电和太阳能发电开发利用，在负荷中心优先就地就近开发建设分散式风电和分布式光伏项目，积极发展"光伏+"各类设施利用，加快推进以沙漠、戈壁、荒漠地区为重点的大型风电、光伏基地项目建设，促进多能互补的一体化开发，加强跨省区能源优化配置，支撑可再生能源高比例灵活消纳。可再生能源大规模开发需要做好以下工作。

（1）处理好可再生能源发展和传统能源定位的关系。可再生能源发展需要强大的辅助服务能力支持，未来一段时间内，我国燃煤电厂需要完成从主力电源向辅助服务型电源的转变，因此需要加快现役煤电机组"三改联动"，在可再生能源资源集中开发区域大力推动新能源与煤电机组优化组合，促进新能源集中式规模化开发与外送，在适宜地区发展天然气发电，不断提高传统能源在能源转型中的支撑保障作用。

（2）加快构建新能源比重不断提升的新型电力系统。适应新能源波动性特点，多措并举增强电力系统灵活调节能力，全面推动火电灵活性改造，加快建设抽水蓄能电站，积极发展新型储能项目，因地制宜建设调峰气电。提升电网支撑保障能力，加快推进跨省跨区输电通道建设，积极发展以消纳新能源为主的智能微电网，加快配电网升级改造，不断提升电网清洁电力灵活性优化配置能力。加速提升终端用能电气化水平，全面挖掘工业生产领域电气化替代潜力，加快交通部门从燃油驱动转向电氢驱动，普及建筑节能改造及各类智能家电利用。提高能源电力系统的数字化智能化水平。加快信息技术和能源产业融合发展，推动大数据、云计算、区块链、物联网、人工智能等技术在能源领域广泛应用，加快能源电力系统的数字化智能化升级，全面带动能源供应链现代化水平提升，支撑实现源网荷储互动、多能协同互补发展及能源需求智能调控。

（3）强化市场发挥决定性作用，推动还原能源商品属性。推进能源电力市场化改革，加快构建全国统一能源市场体系，实现能源资源在更大范围优化配置。进一步完善电网价格形成机制，深化各类电源上网电价市场化改革，加快建立完善电力、碳交易、绿证等各类市场，形成主要由市场决定价格的机制。更好发挥政府作用，加强管网等自然垄断领域监管，鼓励公平竞争，激发市场主体的活力和动力，充分发挥管网在提高资源配置效率、促进新消纳和源荷协调互动中的作用。

3 面向大规模可再生能源消纳的建筑与电网互动技术发展现状与展望[1]

3.1 建筑与电网互动政策背景

力争2030年前实现碳达峰，2060年前实现碳中和是以习近平同志为核心的党中央作出的重大战略决策。为了实现碳中和的战略目标，构建以可再生能源为基础的新型电力系统是能源转型的关键所在。2021年9月22日，中共中央、国务院联合发布《关于完整准确全面贯彻新发展理念做好碳达峰碳中和工作的意见》，提出，到2060年，我国的非化石能源比重达到80%以上，并着重指出大力发展低碳建筑，深化可再生能源建筑应用。大规模可再生能源的发展必然要求电网系统源、网、荷、储协调运行，否则将导致出力与终端负荷时空错配等问题（图3-3-1）。

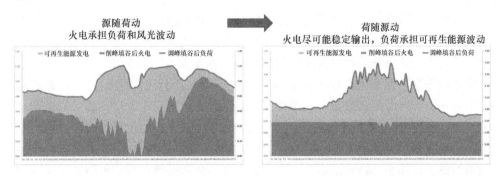

图3-3-1 建筑与电网关系："源随荷动"向"荷随源动"转变

---

[1] 作者：王静，深圳供电局有限公司；李雨桐，深圳市建筑科学研究院股份有限公司；赵宇明，深圳供电局有限公司；康靖，深圳市建筑科学研究院股份有限公司。

南方电网公司科技项目，项目名称：面向大规模可再生能源消纳的城市建筑与电网互动关键技术研究与应用，项目编号：090000KK52210134。

3.2 建筑与电网互动驱动力

3.2.1 电网侧对建筑资源的需求

构建以新能源为主体的新型电力系统是我国电力系统转型升级的重要方向，也是实现碳达峰碳中和战略目标的关键途径。新型电力系统的核心特征是高比例新能源接入。截至 2020 年底，我国风、光新能源开发规模居世界第一位，已占电源总装机的 20.3%，超过水电，成为第二大电源。新能源大规模接入，将导致系统特性发生变化，电力系统必须具有强大灵活的调节能力，确保大规模新能源并网后实现发用平衡，为用户提供稳定、持续的供电保障。

发电侧补偿调节新能源波动的能力弱。电力系统传统的供需平衡思路是发电侧调节，即"源随荷动"的模式。受资源制约，我国电力系统灵活电源短缺，2019 年燃气、抽蓄等灵活电源在我国电源装机中占比仅为 6%，远低于德国的 17.5% 和美国的 48.7%。因此，传统发电侧调节资源缺口大，更难以满足未来新型电力系统高比例可再生能源并网的调控需求。调节资源缺口问题在我国南方地区尤其突出，例如深圳电网，本地电源资源少、外来电源占比高，电网呈"空心化"。

建筑负荷蕴含巨大调节潜力。随着信息通信技术的快速发展，电力需求侧的可观、可控性显著增强，挖掘需求侧调节潜力，实现"荷随源动""源网荷互动"已成为未来高比例新能源高效消纳和新型电力系统安全运行的重要途径[1]。在电力需求侧众多可调节资源类型中，我国建筑负荷占社会用能的 21.7%，并具有与电网负荷高峰时刻高度重合、柔性调节潜力大、相比新建电厂改造投资成本小的特点，是最优质的灵活资源之一。建筑中，空调、新风系统、照明、热水系统、屋顶光伏、电动汽车充电设施、UPS 储能等负荷及分布式电源均具有优越的调节潜力。作为多种灵活负荷的天然聚合体，公共建筑是新型电力系统可挖掘灵活资源的"聚宝盆"。

3.2.2 零碳建筑发展需求

建筑节能率上升空间越来越小，传统的建筑节能已无法满足国家"双碳"目标的发展要求。自 20 世纪 80 年代起，建筑领域就开展了长期的建筑节能技术研究和应用。传统的节能技术包括被动式节能技术和主动式节能技术，主要强调建

---

[1] 江亿. 光储直柔——助实现零碳电力的新型建筑配电系统 [J]. 暖通空调，2021，51 (10)：1-12.

筑减少用能和提高自身的可再生能源供应。一方面，采用高性能门窗、外遮阳围栏、高效空调、节能电梯和节能家电等主被动式节能技术减少用能，但是随着这些技术发展和应用越来越成熟，节能率提升空间越来越小；另一方面，虽然可以采用光伏提高建筑自身的可再生能源供应，但是由于光伏安装条件受限，不同地区光伏资源差异大等，建筑难以依靠自身和周边有限的光伏资源实现用能全覆盖，还是需要额外从电网获取电能，所以建筑并不能完全依赖自身光伏实现（近）零碳运行。

推进参与电网互动的"零碳建筑"建设成为建筑节能降碳的迫切需求❶。建筑节能是国家"双碳"工作的重要领域之一，在 2021 年 4 月，国家标准《零碳建筑技术标准》编制工作启动，提出零碳建筑的相关定义与逻辑，相比于以往的建筑节能标准体系，该标准引入了绿色电力对零碳建筑的影响、碳交易机制等内容，这一转变意味着建筑节能从自身"开源节流"向与电网交互的思路转变，使建筑通过参与消纳电网侧的可再生能源或者碳交易市场，实现零碳运行的目标。

因此，建筑与电网互动技术有利于实现新型电力系统和零碳建筑建设的协同发展。

3.3 建筑与电网互动实践

近年来，随着需求响应的快速发展和电力市场改革的推进，建筑显著的负荷调节潜力正在被不断挖掘，以参与电力系统供需互动，国内外已开展了一些建筑负荷调节的研究与应用。目前国内开展的需求响应大致分为两种。一种是约定需求响应，通过需求响应协议，在需求响应执行时间段按照约定量削减负荷。另一种是实时性需求响应，在电网缺电时，根据需求响应协议临时性错峰降负。需求响应基本由政府及电力公司主导，负荷集成商与电力用户自愿参与。如上海进行了用户自主认购需求响应量模式试点，充分发挥用户的主动性。多地政策均鼓励用户或负荷集成商自愿参与需求响应，且优先考虑高耗能、"卡脖子"的工商业企业用户。参与用户类型包括工业企业、商场、酒店、办公楼宇、综合建筑等。北京、上海及江苏试点了居民需求响应，通过空调智能控制、提前制冷等技术，将居民负荷纳入需求响应用户范围，进一步扩大了需求响应资源的类型。在补贴及政策支持方面，专项资金来源包括从全省销售电价附加征收的城市公用事业附加费、执行差别电价增加的电费收入以及其他资金。比如，江苏的需求响应补贴资金由尖峰电价增收电费支付，广州市则专门拿出 3000 万元的资金用来补贴需

---

❶ 江亿，郝斌，李雨桐，等．直流建筑发展路线图 2020—2030Ⅲ［J］．建筑节能（中英文），2021，49 (10)：1-17．

求用户。除了资金补贴外，各地出台了多种需求响应优惠政策，鼓励用户积极参与需求响应，例如，不将参与自动需求响应的企业纳入错峰序位表（即不安排该类型企业参与错峰），优先安排参与需求响应并符合直购电相关文件规定的企业参与直购电，对参与电力需求响应的企业优先保障供电等。

3.3.1 上海市商业楼宇负荷调节示范项目

上海市电力峰谷差不断加大，平衡矛盾突出；核心区以商业建筑为主，柔性可调负荷潜力巨大；具备建筑能源监测平台，需求侧响应实施基础较好。2015年上海扩大需求侧响应资源，将部分商业用户纳入其中，成立了上海市电力需求响应中心。该中心是政府设在国网上海市电力公司的一个机构，由政府和电力公司共管。上海市需求侧响应和虚拟电厂平台为政府投资。上海市电力有限公司自2018年开始挖掘商业楼宇的负荷调节资源，并构筑了相应的虚拟电厂体系。2019年下半年开始建设虚拟电厂平台，调度、交易和营销三方参与，调度负责虚拟电厂辅助服务平台，交易负责虚拟电厂交易平台，营销负责虚拟电厂运行与管理平台，上海市经信委对每次需求响应进行监管。截至2021年5月，已聚合150栋楼宇约50MW的调节能力。其中上海闵行万象城是一个涵盖商场、酒店、会展和写字楼的大型城市综合体，日最大负荷达到了11MW，通过对用能系统的精细化管理，形成了1MW的削峰能力和4MW的填谷能力，能效提升了12%。万象城以最大调节潜力分别参与2h的削峰或填谷需求响应，单次响应分别能够获得1.8万元和2.8万元的补贴激励。

3.3.2 天津市商业楼宇负荷调节示范项目

天津市电力有限公司依托天津市电力需求响应中心建设了城市级商业"楼宇"虚拟电厂，截至2021年5月，在市区6座商业楼宇部署建设"楼宇"虚拟电厂以提升楼宇的能效和电力需求响应能力。以汇金中心为例，通过楼宇高效用能和参与电力需求侧管理，每年能够减少电费支出约20万元。

3.3.3 湖北省楼宇节能改造示范项目

湖北省电力有限公司针对大型商业楼宇开展节能改造服务。截至2021年11月，已在武汉、黄石、荆门、咸宁等多个地市，累计推广改造项目147个，单个楼宇节能率达5%以上。以大型商业综合体武汉国际广场为例，通过分析其用电结构，结合采集的用电数据，制定了专属的节能改造方案。根据季节、人流量大小，合理安排空调启停时间和地下停车场照明，半年节约电量292.84万kWh，减少电费支出204.99万元。

3.4 建筑柔性调节能力评价

建筑负荷的柔性特性是低碳建筑光储直柔系统参与电网互动的前提和基础❶❷。国际能源署 Annex 67 项目从多能源系统以及与电网互动的角度，将建筑负荷的柔性特性定义为"在一定时间段内维持可接受的室内舒适度前提下，需求侧响应电力系统的要求，如提升或降低分布式蓄能容量，增大或减少电力负荷的能力"（图 3-3-2）。

图 3-3-2　建筑柔性调节评价指标

既有的关于建筑柔性负荷调节潜力量化评价方法和指标可分为两类：基于优化目标的定量计算方法和建筑柔性负荷特性的直接定量法。基于优化目标的定量计算方法通过对比用户在不参与需求响应和参与需求响应两种情景下的经济、环境或者匹配的效益差值，间接计算该用户具备的柔性调节能力。Eduard 首先计算建筑用户在未使用任何柔性能力情景下的二氧化碳排放系数 CEF（Carbon Emissions Factor），然后计算其使用一系列"能源柔性解决方法（如蓄能）"情景下的 CEF 值，将两者的差值作为用户能源柔性潜力的评价参数。Georges 提出将购电成本最大化与最小化之间的成本差值作为建筑的能源柔性潜力。直接定量法则是直接计算该用户在特定时间段内所能削减或提升负荷（产能）的调节量以及维持该变化量的时间长度等，该方法目前还处于起步阶段。Klein 提出了针对大型工商业用户的柔性潜力评估方法，主要步骤包括确定研究对象和需求响应项目类型、基于用电特性的用户群聚类分析、分类需求响应项目参与率辨识、价格柔性计算和需求响应潜力评估，是适用于细分用户群的柔性计算方法。

目前关于光储直柔系统与电网的互动效果评判的研究较少，而对于需求响应

---

❶ 闫金光，刘佳佳，刘晓华，等．加快发展"光储直柔"建筑的重要意义、挑战及政策建议［J］．中国能源．2022，44（8）．DOI：10.3969/j.issn.1003-2355.2022.08.005.

❷ 刘晓华，张涛，刘效辰，等．"光储直柔"建筑新型能源系统发展现状与研究展望［J］．暖通空调，2022，52（8）：1-9，82．DOI：10.19991/j.hvac1971.2022.08.01.

效果评价的研究较多❶❷，需求响应体现的是建筑用户与电网的交互。东南大学团队基于系统动力学方法，分析了智能电网下需求响应成本效益的形成机制并建立了相应测算模型，系统动力学方法为需求响应综合效益评估提供了系统性更强、动态性能更佳、因果反馈关系清晰的解决思路。西安交通大学团队从发电商角度，通过求解最优机组组合问题，揭示了需求响应对发电成本的影响作用。《需求响应效果监测与综合效益评价导则》GB/T 32127—2015将需求响应效益根据获得方式分为直接效益与间接效益，其中间接效益包含集合效益、附属效益及减排效益；根据收益主体分为用户效益、电网效益、电厂效益和社会效益。但该导则没有考虑对这些不同类型的效益进行赋权排序进而获得一个综合的效益评估指标。

目前正在研编的《建筑光储直柔评价标准》中对柔性用电能力评价主要侧重于评价其自身用电功率曲线与外部需求曲线之间的匹配程度，既包括根据电网用电指令来进行实时功率调节❸，也包括需求响应时短时间调节自身用电功率，还包括根据实时电价、电力动态碳排放因子变化等主动进行柔性用电调节的能力等。提出了单次调节能力和连续调节能力两个方面。目前全国各地普遍开展的需求响应机制研究，主要是针对单次调节能力的要求，即在特定的时刻，按照与需求响应管理机构的约定，一次性降低或提高运行功率并保持一定时间的能力。调节的时间长度一般为15分钟至1小时，期间调节指令保持不变，用户可采取多种响应方式，整体来说控制难度不大。而连续调节主要针对全天24小时的持续调节，不仅调节时间长，调节指令也相应发生动态变化，控制难度更大。未来基于虚拟电厂参与电力现货交易，提供实时调频服务、跟踪实时碳排放责任因子等都依赖于全天连续调节能力（图3-3-3）。

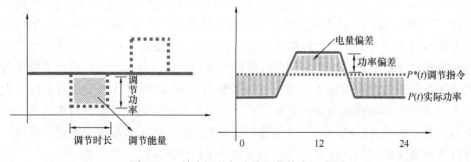

图3-3-3 单次调节与连续调节能力示意图

---

❶ 康靖，郝斌，李雨桐. 建筑集成能源微电网系统在不同气候区域的适用性分析与实施路径探讨 [J]. 建筑科学，2022，38（6）：126-133. DOI：10.13614/j.cnki.11-1962/tu.2022.06.16.

❷ 康靖，李雨桐，郝斌，等. 多联机空调柔性负荷参与电力系统需求响应的实证研究 [J]. 供用电，2022，39（8）：39-46. DOI：10.19421/j.cnki.1006-6357.2022.08.005.

❸ 李叶茂，郝斌，李雨桐. 直流建筑技术展望 [J]. 建筑科学，2022，38（2）：40-49, 98. DOI：10.13614/j.cnki.11-1962/tu.2022.02.07.

综上所述，国内对建筑柔性负荷的定量评价指标和与电网的友好互动模式的研究仍处于初期阶段，亟需解决柔性负荷的测试方法和评价指标等问题，并制定合适的激励机制使用户与电网实现友好互动。

3.5 建筑与电网互动的问题与挑战

目前电力市场已经提供了较为丰富的市场产品和相关机制，但是为什么现阶段建筑负荷调节应用规模小或者说用户参与的意愿不足？直接原因是用户不清楚如何参与电力市场，如何节约成本，即如何尽量多"挣钱"，如何多"省钱"，无法评估这项交易的投资收益，所以需求响应市场难以从现有的建筑节能市场去争取客户；而深层次原因，还是缺乏对建筑与电力系统互动技术的深入研究，没有进行建筑负荷调节对于新型电力系统经济、安全运行的价值探讨，并据此研发经济、合理的市场产品，向建筑用户提供低成本的参与方式，让用户多"省钱"，并制定配套补贴政策，让用户多"挣钱"，去激励和促进建筑负荷参与电网规模化互动市场的形成，从而促进技术的迭代升级，形成良好的建筑与电网互动生态。对面临的问题与挑战具体分析如下。

建筑和电网之间还没有建立有效的信息交互机制。从建筑用户的角度看，单体建筑调节能力不同，能够参与的电网调节场景差异明显，现阶段建筑负荷缺乏包含调节深度、响应速度、持续时长等量化指标的精细化分析模型，导致建筑用户既无法评估自身的调节能力，也不清楚参与电力市场需要投入的改造成本，进而无法评估可参与电网调节的场景和投资收益。从电网的角度看，建筑是跨行跨领域的，建筑的调节能力难以被了解，目前的研究尚无可用的建筑等效电力调度的工程化模型，进行电网的规划和调度时无法快速、有效地评估各个片区建筑负荷可调节资源规模，从而无法有效指导可覆盖灵活资源的配电网规划和调度。

建筑和电网之间还没有建立稳定的价值传导机制。建筑用能的第一目的是提升用户舒适度，但对建筑负荷的调控会给用户带来一定的舒适度或便捷度的损失，现有的建筑节能服务市场已经形成稳定的服务、产品、经济收益等产业链，需要研究经济型建筑负荷运行调节策略，实现投资收益最大化，在补贴用户舒适度损失和覆盖节能收益后，还有合理的利益盈余，才能促进建筑负荷调节在市场中脱颖而出和规模化应用。同时，建筑作为天然的负荷聚合商，能适应系统调节速度与深度的要求，参与电力市场具有得天独厚的优势。但是目前市场在价格机制方面未能充分反映建筑负荷调节的特点，其根本原因还是目前对建筑资源的"可观"能力差。在实现了调节能力可观后，可总结资源的特点，通过与新型电力系统需求进行匹配，细化和设置更适合于建筑负荷调节的市场产品和规则，建立和完善明确的市场机制，充分调动建筑的积极性。

3.6 建筑与电网互动的机遇与展望

电力市场化改革的加速推进为建筑与电网柔性互动的商业价值实现提供了契机。一方面各地峰谷电价差逐步加大，提高了用户通过柔性用能降低能源消费的积极性。2021年7月，国家发展改革委出台的《关于进一步完善分时电价机制的通知》（发改价格〔2021〕1093号）指出"要合理确定峰谷电价价差，上年或当年预计最大系统峰谷差率超过40%的地方，峰谷电价价差原则上不低于4：1；其他地方原则上不低于3：1"，还要"建立尖峰电价机制，尖峰电价在峰段电价基础上上浮比例原则上不低于20%"。同年10月，《关于进一步深化燃煤发电上网电价市场化改革的通知》出台，要求"有序推动工商业用户全部进入电力市场，按照市场价格购电，取消工商业目录销售电价"。拉大峰谷电价差、取消工商业用户目录电价对于实施需求响应起到了很好的经济激励作用，峰时较高的电价可以激励用户减少电力消费，同时这部分电费也可以用来补偿实施需求响应的用户。

另一方面为了扶持行业发展，近期电力市场降低需求侧参与的准入门槛，扩大参与范围，但是对负荷调节的响应时长和响应时间的要求更高。为使需求响应充分融入电力市场，与传统发电机组同台有效竞争，今年各地市场化政策对负荷聚合和负荷调控方面提出了更高的要求：广东需求响应要求负荷响应容量大于0.3MW，响应时长大于2小时；浙江要求调节功率大于5MW，响应时长大于1小时。同时，为充分激发大规模用户参与需求响应市场，多地提出了较高的负荷调控补贴标准：广东省对需求响应的补贴最高可达3.5元/kWh；浙江省、天津市、山东省等地对需求响应的补贴最高可达4元/kWh。由此可见，大力挖掘负荷调控潜力参与电网供需互动，能够实现网荷双赢，在未来市场化政策驱动下，建筑负荷的调节潜力有望加速释放。

总之，建筑与电网互动的核心问题就是价值的创造与合理分配。在"双碳"战略的引领下，电力市场化进程将加速推进，通过电力市场组织和引导建筑等灵活资源提供削峰填谷、调频、备用等互动服务，并提供合理利润补偿，利用价格和激励机制激发用户和负荷集成商主动参与。同时，绿色电力消费认证和碳排放责任因子等零碳建筑认证、机制，将引导建筑主动辅助电网消纳清洁能源，提升降碳的社会责任感和驱动力，服务"双碳"目标。

4 建筑能碳平台助力城乡建设领域碳达峰[1]

4.1 背景和意义

2020年9月22日,我国政府在联合国大会上承诺:中国二氧化碳排放力争于2030年前达到峰值,努力争取2060年前实现碳中和。2021年,在政府工作报告和《中华人民共和国国民经济和社会发展第十四个五年规划和2035年远景目标纲要》中均明确提出要大力发展绿色经济,坚决遏制高耗能、高排放项目盲目发展,推动绿色转型实现积极发展。为进一步贯彻落实,住房和城乡建设部、国家发展改革委发布了《城乡建设领域碳达峰实施方案》。

中国建筑节能协会能耗统计专委会发布的《中国建筑能耗与碳排放研究报告(2021)》显示,2019年全国建筑全过程碳排放总量为49.97亿t二氧化碳,占全国碳排放的比重为49.97%。其中建材生产27.7亿t,施工阶段1亿t,建筑运行21.3亿t。大型公共建筑如医院、学校、商务办公楼、商超等由于人流量大、环境通风要求高、用能设备多等,成为重点节能降耗和能耗监测对象。

建筑行业节能降碳是关系到我国发展低碳经济、完成节能减排目标、保持经济可持续发展的重要环节之一。要想做好建筑节能工作,完成各项指标,就要认真规划,强力推进,从细节抓起。建筑能耗增长的趋势迫使大规模的旧房进行节能改造工作,积极提高建筑中的能源使用效率,能缓解能源紧缺的情况,因此建筑节能是贯彻可持续发展战略,实现规划目标的重要举措。从过往实践来看,随着地方政府逐步开始搭建建筑能耗数据管理平台[2],数据规模呈现快速增长趋势,数据种类也逐步从以建筑耗电量为主的单一维度数据向包含分项电耗、水耗、气耗在内的多维度数据转变。目前,仅北京市能耗数据管理平台接入建筑数量就已超过10000座,并且仍在不断增加。在此趋势下,如何快速和定量地分析运行阶段碳排放数据及其影响因素对于政策研究具有重要意义。传统的数据分析方法需要大量的运算时间和分析成本,而数据挖掘算法具有快速识别数据信息的能力,适用于处理海量规模的数据。目前,大数据和数据挖掘技术已经被广泛应

---

[1] 作者:姜洋、吴昊宇、董男,北京数城未来科技有限公司。
[2] 北京市住房和城乡建设委员会-北京市公共建筑能耗限额管理信息系统 [CP/OL] (2017-12-18).

用于计算机、金融、医疗等领域，算法的普适性和鲁棒性均已得到验证❶❷。

近年来，国家和各省市出台城乡建设领域的"双碳"相关政策，明确提出了能源消费数据共享的要求。在建筑能源消费结构方面，电力是当前主要的能源消费形式，而未来随着建筑电气化的推进，电力消费的占比还将进一步提升。因此，依托全国自然灾害综合风险普查所收集的房屋建筑的建筑基础信息数据，深度融合国家电网、南方电网等电力企业的单体建筑电耗数据，探索建立建筑用电数据共享的建筑电碳平台，有望成为"双碳"目标下城乡建设领域的重要举措，为建筑部门碳排放核算和节能降碳提供关键性基础支撑。

4.2 建筑行业碳达峰的关键问题

4.2.1 建立建筑碳排放专项数据库，为建筑行业"碳决策"提供数据支撑

碳排放核算体系建设是非常重要的基础性工作，其中数据更是基础中的基础。目前，以建筑为对象的碳排放数据普遍滞后或缺失，有效样本较少，大量建筑缺乏碳排放相关的数据统计。有限的建筑碳排放监测样本数据，难以进行海量数据的建筑单体碳排放画像。

关于建筑能耗碳排的数据机制，应以城市已有工作为基础对其进行逐步完善，包括：一是建立公共建筑的碳排放数据体系，率先建立公共建筑台账，建立以单体建筑为单元的专项数据库基础；二是盘活存量公共建筑中的能耗碳排监测数据，统一数据规范与接口，以有限监测数据为基础初步建立以建筑为单元的碳排放专项数据库；三是建立数据更新工作机制，加强与电力部门协调协同工作，引入电力大数据，考虑委托专业机构定期实施公共建筑的能耗抽样调查，逐步形成建筑碳排放的动态数据流；四是逐步将居住建筑的能耗碳排放纳入建筑碳排放数据体系，因地制宜，分步实施，形成建筑行业全图谱的碳排放专项数据库。

4.2.2 构建建筑碳排放的监测与评估体系，为建筑碳排放监管决策工作提供抓手和实施路径

通过建筑能碳平台监测模块的建设，将范围内的建筑空间数据与建筑碳排放的专项数据、核算方法等进行多源融合，形成以空间为导向的碳排放数据治理与呈现。构建区域内统一时空建筑数据底座，构建建筑碳排放数据的数字孪生映射，

---

❶ Linden G, Smith B, York J. Amazon. com recommendations: Item-toitem collaborative filtering [J]. IEEE Internet computing, 2003.

❷ 百度. 百度迁徙 [EB/OL]. (2015-10-03).

建立分析数据模型，对数据进行跟踪、处理和解决，实现对数据质量的全程管理。以此为基础，能够在空间层级上实现建筑碳排放基准线分析、对标分析、减排潜力评估等专题应用，为建筑行业"双碳"发展提供了空间与数据融合的信息支撑，并为相关政策的制定、政策效用评估、政策实施路径等提供了有力支撑。

4.2.3 大规模建筑能耗与碳排放数据接入，实现数据实时采集和核算

大量多源异构数据的融合转化、实时核算存在难度。从包括普查信息平台、民用建筑能耗资源消耗调查系统等在内的国家级平台，地方已建设的相关建筑信息平台、水电热公司及建筑用能监测设备等外部数据信息系统中抽取数据，对数据进行检验和整理，并根据数据仓库的设计要求和规则，对数据重新组织和加工，将其装载到数据仓库的目标数据库中，周期性刷新数据仓库以反映数据源的变化，并进行时间相关性处理。因此需要运用深度学习算法和大数据技术，实现大规模多源异构数据的动态采集和核算。

4.3 建筑能碳平台的关键技术

4.3.1 基于卫星影像数据的 AI 人工智能城市三维建模

以遥感＋大数据融合技术，构建城市运行空间数据库基底。基于高分辨率卫星遥感影像数据，运用人工智能图像识别，开展大规模自动化三维建模，叠合互联网开放数据与政府内部数据，构建包含人、地、房、道路、设施、自然等全要素的城市三维数字底板，使智慧城市精度达到单体建筑级别，并支持各项要素的动态更新，实时把握城市发展变化的基本情况。

传统遥感识别用地性质的方法有目视解译、软件解译等方法，但这些方法普遍依赖专业人员结合专业知识与经验，在处理几何量级上升的大批量数据时面临人工耗时大的问题。在一些地区，使用行政规划的城镇范围数据无法有效捕捉真实建成面积，而依赖传统调研数据则面临着时效性差、现实性差、经济成本巨大等问题。

针对这些问题，利用基于 Spark 的 TensorFlow 的深度学习框架，并采用人工智能领域前沿的 Mask-RCNN 深度学习算法，使用高分辨率遥感影像确定城镇边界信息，进而对城镇建设用地进行图像识别和量化计算。Mask-RCNN 是近年广受认可的图像识别深度学习模型，其不仅可以对图像中的目标进行检测，还能对每个目标给出高质量的分割结果。通过开发基于 Mask-RCNN 的人工智能算法，能让计算机在自主学习一定数量的居住用地案例后，低成本、高准确率地识别图像中的居住用地，同时其高效、自动化的运算模式也解决了数据量级大的

问题。

通过深度学习算法对高分辨率遥感影像数据进行解译,获得城乡建筑边界后,利用基于空间分析的多边形拟合算法优化用地边界,获取矢量Polygon作为城乡建筑的准确边界(图3-4-1)。再利用自主研发迭代的建筑高度模型算法,通过机器学习模型进行建筑高度训练识别与优化,最终获得城乡建筑的三维白模矢量数据。

图3-4-1 基于卫星影像进行算法解译,获取建筑矢量边界数据示意图

进一步利用互联网开源数据、地图商兴趣点POI数据等进行多源数据整合和深度挖掘处理,识别建筑使用功能(居住、商业、零售、酒店、医疗等)。重点是基于空间位置建立POI与建筑单体的映射关系,设计基于POI的使用功能判定算法,通过机器学习方式进行全范围建筑的使用功能挖掘,并采用多源数据进行数据校验以提升精度(图3-4-2)。

图3-4-2 利用多源数据建立建筑算法数据训练集,推演全范围建筑使用性质

通过数据挖掘和自主开发的机器学习算法,对建筑年代信息进行建模和推演。重点通过已知建筑年代信息数据建立训练集,同时考虑城市发展时序逻辑,进而优化人工智能算法,再对全范围的建筑年代信息进行挖掘和数据校验。

4.3.2 多源数据融合治理和数据标准制定

基于AI模型算法和地图反查技术,将电力企业提供的用电户电耗数据和建筑实际地理位置进行匹配,在三维模型地图上进行空间落位;根据《民用建筑能耗标准》GB/T 51161—2016、《民用建筑能源资源消耗统计调查制度》以及地方建筑能耗标准、碳排放计算导则等要求，对用电数据进行标准化处理；将基于建筑普查的建筑基础信息数据和建筑相关的互联网开源大数据进行数据融合。

城市三维数据模型的构建，有力支撑了城市 CIM、低碳等场景下的技术工作。首先，基于人工智能算法的数据挖掘（图 3-4-3），为城市建筑面积与开发强度、各类设施服务覆盖率等指标提供了有力的数据支撑，不依赖于统计数据，填补了数据空白。其次，提升了低碳指标体系的空间精度，该模型可以就城市内部的任意特定区域（城市、区、街道、社区等尺度）进行低碳评价指标体系计算，能在更小尺度上进行精细化评估。

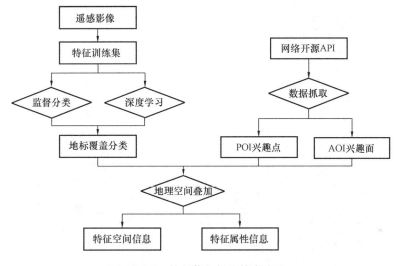

图 3-4-3　特征信息提取技术流程

城市数据来源以政府数据、住房和城乡建设部门房屋普查数据为基础，重点结合了城市遥感数据、电网数据、能耗平台数据和人工普查分析数据，辅以社会大数据、社会感知数据、抽样调查数据进行分析。

4.3.3　构建建筑能碳全息感知及诊断模型

构建建筑能碳全息感知及诊断模型，应实现从信息化到智慧化，完成系统从简单的信息汇集、报表查询、决策支撑向数据驱动、全息感知、智能诊断的升级进化。根据区域特征与建筑特征，选择碳核算方法与碳排放主要参数，构建区域建筑用能及碳排放变化监测体系。基于建筑功能、空间单元、能耗年份等特征进行建筑用能基线分析。利用数据算法，帮助识别区域内的高能耗单体建筑并进行预警。基于建筑能耗碳排放监测功能，形成对节能技改项目效果的跟踪评估，形成业务逻辑闭环（图 3-4-4）。

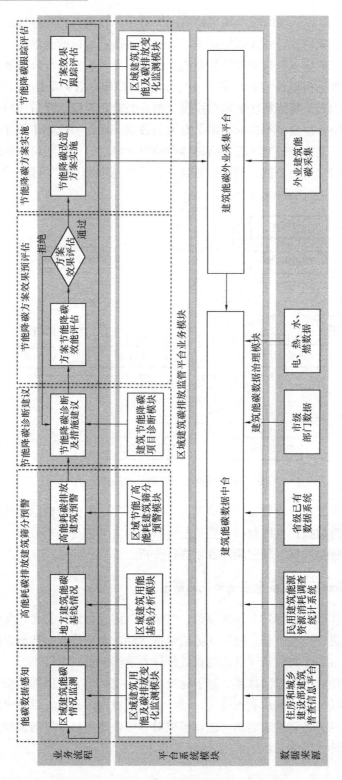

图 3-4-4 建筑能碳全息感知、诊断模型及业务架构

4.4 平台应用场景

平台对分区域和分类型的建筑用能及碳排放变化进行实时监测，根据区域和建筑类型，分析现有建筑的平均能耗、超标能耗及碳排放水平，从而对高能耗建筑进行筛分和识别，并对单体建筑用能超标进行预测和预警。在此基础上，平台还可以衍生应用于建筑碳减排项目评估监测支持，以及节能建筑分析/达峰实施方案的情景分析，达到辅助决策的目的。具体包括以下6个主要场景。

4.4.1 区域建筑用能及碳排放变化监测

区域建筑用能及碳排放变化监测模块，通过整合、汇聚区域内建筑的用能数据，计算用能及碳排放的各项数据指标，快速监测建筑用能及碳排放变化。用户通过一系列分析视图，针对历年各行政区划、各类建筑对统计范围内的建筑用能及碳排放进行分析，统计分析指标包括：年单位面积用电、年单位面积用电环比、月度单位面积用电、月度单位面积用电同比、年单位面积碳排放量、年单位面积碳排放量环比、月度单位面积碳排放量、月度单位面积碳排放同比等。界面展示以上统计指标的区县分布、建筑类型分布情况，并应提供时间序列图表查看以上指标的变化情况，用户可针对不同区域边界范围、不同建筑类型进行筛选统计，并联动地图展示。

4.4.2 建筑碳排放基准线分析

区域建筑碳排放基准线分析模块，整合国家级、省级建筑能耗标准，帮助用户进行建筑能耗超标监测及分析。用户通过对不同建筑建成年份、不同建筑类型的用碳排放基准线计算结果进行查看，并与国家、地方标准比较，得出建筑碳排放基准线与用能标准的对比结果。

4.4.3 建筑节能减排潜力评估与识别

平台提供以区域维度、建筑类型维度为统计口径的历年建筑单位面积能耗与碳排放排名表，及其对应的地图分布情况。用户通过查看以各区域、各类建筑为统计口径的历年建筑单位面积能耗与碳排放排名表、建筑总能耗与碳排放排名表及其对应的地图分布情况，快速筛分区域内高能耗高排放建筑，结合建筑碳排放基准线分析数据集，可以对建筑的节能减排潜力进行定量评估与地图视角落位识别。支持针对不同建筑字段维度（如建筑类型、建筑功能）的进一步筛选、联动地图展示，并支持图表下载导出。同时，用户可通过地图点击单栋建筑，下钻到单栋建筑粒度，图表对单体建筑基本信息及关键能耗指标数据进行展示。

4.4.4 建筑碳排放超标预警

选择单栋建筑,对单体建筑基本信息及关键能耗碳排放指标数据进行展示,通过与国家用能标准、区域同类型建筑用能标准、区域建筑碳排放基准线数据等进行数据比对,得出超标预警信息及对应建筑的识别与可视化。

4.4.5 建筑减排碳资产管理框架

对范围内的各类减排项目进行识别梳理,根据实施机制分类,建立包括国家碳市场、国家自愿碳减排、国际自愿碳减排、地方碳普惠等机制的碳资产分类分级储备与管理项目库。并根据市场政策发展进程设立符合地方实际和市场发展环境的资产开发与管理计划,逐渐完善碳资产的储备、开发、交易等的全周期管理机制(图3-4-5)。

图 3-4-5　建筑碳减排资产管理示意图

4.4.6 建筑行业碳达峰碳中和的政策路径情景分析

基于区域建筑行业碳排放空间专项数据库、基准线分析数据、节能减排潜力评估、碳资产储备与开发等多项数据汇集,结合区域建筑行业"双碳"目标的科学制定与实施路径,以空间数据为基础提供相关政策制定实施、技术应用场景等情形下的情景设定,评估政策与技术的减排潜力和具体实施路径,识别城市中长期建筑行业碳排放变化趋势。

4.5 平台用户对象

4.5.1 住房和城乡建设管理部门

平台在区域和建筑两个尺度上汇集了多源空间数据和碳排放专项数据，内嵌了碳排放核算算法、基准线分析算法、碳减排方法学算法等工具，可以为住房和城乡建设部门提供较为全面的建筑行业碳排放数据清单、建筑排放数据统计分析与排放水平数据测算、建筑行业"双碳"目标制定与政策效用评估、建筑行业碳减排项目总体评估与管理等服务。帮助住房和城乡建设部门实现节能减排，同时为住房和城乡建设部门提供政策支持和能源采购等方面的服务，搭建项目供需多方撮合的桥梁，增加开展项目的机会，进行有效的行业监管，协助制定政策引导市场。

4.5.2 建筑业主

利用平台对拥有建筑的能耗和碳排放数据进行动态监测与可视化展示，通过基准线分析、节能减排潜力评估寻找节能空间和碳减排项目机会，利用建筑碳资产管理框架实现建筑碳减排的收益最大化，制定实施计划。同时，对平台上引入的节能技改服务商作出评估和选择，对项目投资方进行外部资本的引进。

4.5.3 建筑节能服务商

利用平台对建筑进行能效诊断、能源管理、低碳评估等，识别具备节能降碳潜力的建筑对象清单和节能降碳项目清单，以支持业务场景落地。更好地为建筑业主方提供针对性的节能方案，以达到提高能效、降低碳排放的目的；同时对建筑的碳排放量进行评估，提供可持续性评价，为建筑节能服务商提供低碳化改造方案，对项目价值进行评估，发现潜在目标客户，获得市场机遇。

4.5.4 银行或第三方金融资本方

利用平台了解能源和碳排放相关的最新趋势和政策，进行绿色金融产品设计，基于建筑能耗和碳排放量等指标数据提供可持续投资的方案，辅助决策。发放建筑领域碳减排贷款，对潜在项目进行分析，确定项目价值，预估项目的投资回报率，降低项目和资金风险，为自身实现可持续投资、提高投资回报率、降低风险等目标提供支持。

4.6 结　　语

通过政府引领、市场自驱、业主参与、资本促进的方式，打造建筑电碳平台，进而构建全新的建筑节电技改和碳减排产业闭环模式。平台有望在政府和市场端实现多方共赢，即节能技改服务商提供高效服务，建筑业主节电降碳获利，银行资本方实现绿色金融创新发展。汇聚数据、用户、服务商、银行资本方，持续加速推进城乡建设领域碳达峰目标的实现。

5　社区生活韧性的认知框架与规划策略[1]

新时期以来，我国城市发展的底层逻辑正在从"城兴业，业兴人"向"城兴人，人兴业"转变。2019年，习近平总书记在上海考察时提出"人民城市人民建，人民城市为人民"的重要理念。随着"人民城市"理念的深入人心，学界亟需认识到：城市发展进程中纵然有很多宏大的命题，但从城市中广大人民的角度出发，日常生活才是其赖以生存和发展的基础，是其追求更高层次需求的前提条件。作为城市居民日常生活的空间载体，社区不仅要能在正常状态下满足居民的各类日常生活需求，还要具备在风险扰动中稳定地为居民提供各类生活服务的能力，如此才能在城市内外部扰动日益复杂的背景下维持好居民的生活秩序，提升其安全感、幸福感和获得感。鉴于此，本书从日常生活的视角出发，重新审视社区韧性理念，提出并解析社区生活韧性的概念内涵，进而建立起社区生活韧性的认知框架，并从总体规划、详细规划和社区规划层面梳理社区生活韧性的规划响应策略，以期为我国韧性城市规划建设提供借鉴。

5.1　韧性城市与社区生活韧性研究

5.1.1　韧性城市的概念内涵[2]

随着城市面临内外部扰动的强度、频率和不确定性日益增加，韧性城市理念逐渐受到国内外政府、组织的高度关注。国际层面，联合国国际减灾战略署明确提出"韧性城市建设将成为今后较长时期的发展方向"；2016年，联合国第三次住房和城市可持续发展大会"人居Ⅲ"上通过的《新城市议程》中提到"各个部门在多个层面承诺，通过制定政策、项目、规划和行动，以建立城市韧性"；伦敦、纽约、新加坡、鹿特丹等先后提出了韧性城市的发展目标和实施策略。国内层面，2020年11月，中国在二十国集团峰会上提出了打造包容性、可持续性、

---

[1] 作者：颜文涛，同济大学建筑与城市规划学院自然资源部国土空间智能规划技术重点实验室教授，博士生导师. 任婕，同济大学建筑与城市规划学院博士研究生. 赵筠蔚，同济大学建筑与城市规划学院硕士研究生.

[2] 颜文涛，任婕，张尚武，等. 上海韧性城市规划：关键议题、总体框架和规划策略[J]. 城市规划学刊，2022（3）：19-28.

有韧性的未来的可持续发展理念和举措；2020年11月3日，《中共中央关于制定国民经济和社会发展第十四个五年规划和二〇三五年远景目标的建议》发布，首次从国家战略层面明确提出建设"韧性城市"。

韧性（Resilience）一词最早来源于拉丁语"Resilio"，其本意是"（物体受损后）恢复到原来的状态"。发展至今，韧性概念经历了从"工程韧性"到"生态韧性"再到"演进韧性"的演化，代表着韧性目标从"恢复初始稳态"到"塑造新稳态"再到"持续不断适应"的变迁。"韧性城市"是韧性概念运用于城市领域的产物，相比于传统的防灾减灾、应急管理等概念，"韧性城市"承认扰动不可避免，关注具有不确定性的外部扰动及系统运行的日常波动对城市的影响，强调通过科学的规划、设计和管理，主动提升城市应对扰动的能力。

韧性城市现状研究通常以能源系统、医疗设施、交通网络、通信系统、经济系统等城市系统作为韧性主体，但是城市系统韧性并不等同于城市韧性。城市系统是为城市居民提供其所需公共服务的物质基础，但由于扰动会打破公共服务原有的供需关系，只依据扰动过程中城市系统的"基本服务的供应水平"，难以体现扰动过程中城市居民的"可获取基本服务的水平"。因此，从"以人为本"的视角出发，应将城市居民作为韧性主体，关注扰动过程中保障居民所需的基本公共服务，最大程度地维持居民健康有序的生活状态，即提升城市居民的"生活韧性"，从而真正减少扰动对居民生活的影响。

除了具有抵抗、吸收、恢复、适应、转变等普遍韧性特征以外，"以人为本"的韧性城市还具有以下典型特征：①状态可感知，依托大数据、智能化、物联网和云计算等技术支持，通过选择部分真实扰动或模拟扰动进行综合演练，以增强个体或社会对各类扰动的感知能力，进而提高城市居民对扰动的风险意识和应对水平；②知识能学习，利用关联社会网络的社会学习过程，强化居民与居民、居民与社团之间的信息交流，增加其针对特定扰动的风险知识共享，促进居民形成面对特定扰动的适应性行为模式；③状态有反馈，通过基于算法的深度学习和基于个体或群体的感知学习，及时将基本公共服务的供需状态变化反馈至决策层，形成动态反馈机制；④结构可调节，采用关联协同响应的局部调节方法，形成面对多种扰动的适应性管理策略，进而避免局部系统受扰动影响后引发更大范围系统的崩溃。

5.1.2 社区生活韧性研究的重要意义

作为城市治理最基本的空间单元，社区在扰动过程中的表现很大程度上决定了城市整体的风险应对能力，因此，社区韧性一直是韧性城市研究的热点议题。当前，社区韧性研究主要从"灾害韧性"的视角切入，强调从社区物理环境、社交网络等方面着手，通过采取灾前预防准备、灾时抵抗吸收、灾中应急救援、灾后恢复重建等策略,来减少居民生命财产损失,从而避免社区出现活力减退、发展停滞等现象。韧性概念的引入更新了传统"被动式"的防灾理念,为社区风险治理注入更加多元的思路。社区是城市居民日常生活的空间载体,通过提供满足居民生存和发展需求的生活组织及服务设施来支撑居民日常生活。近年来被广泛讨论的社区生活圈概念,亦反映出社区规划建设为满足居民日常生活需求而作出的努力。然而,既有社区生活圈研究多从静态的视角审视"日常生活",重点关注正常状态下社区的空间可达性、资源可用性及机会公平性等方面。在城市内外部风险扰动的作用下,城市居民的正常生活秩序会遭到破坏,进而导致部分居民无法及时有效地获取日常生活服务。因此社区规划应将扰动场景下居民日常生活的维持纳入考虑,并采取适当措施保障社区居民在扰动环境中的生活秩序,帮助其实现更好的生存和发展。

5.2 社区生活韧性的认知框架

5.2.1 社区生活韧性的概念内涵

社区生活韧性是从居民日常生活视角出发对社区韧性的再定义,意图从以人为本的视角明确社区韧性建设的核心目标,突出从提升扰动过程中社区居民生活品质的角度,探索韧性社区建设路径的重要性。基于此,本书将社区生活韧性定义为:遭遇多种扰动并经历变化时,拥有抵抗、恢复、学习、适应等能力的社区,能在保障居民生命财产安全的基础上,维持或快速恢复居民对各类日常生活服务的可获取水平,从而实现维持社区生活秩序的目标。社区生活韧性与社区灾害韧性在韧性主体、韧性对象、韧性目标、韧性系统和测度依据等方面都有很大的不同(表3-5-1)。因此,对社区生活韧性的探索,可以作为传统社区灾害韧性研究视角的重要补充。

社区生活韧性与社区灾害韧性的对比 表3-5-1

对比内容	社区灾害韧性	社区生活韧性
韧性视角	灾害视角	日常生活视角
韧性主体	"人"	社区居民
韧性对象	灾害事件	各类可能会对日常生活造成影响的扰动
韧性目标	保障居民生命财产安全	维持正常生活秩序
韧性系统	居住空间、应急避难系统	居住空间、生活服务设施、交通/通信连接系统
测度依据	直接/间接的经济损失、人员伤亡等	扰动过程中居民可获取日常生活服务的下降幅度

社区居民的安居乐业有赖于社区提供的各类日常生活服务，包括生活物资采购、医疗卫生、文化教育、休闲娱乐等，这些服务的可获取水平会直接影响居民生活的获得感和幸福感❶。因此，本文提出"可获取日常生活服务"❷的概念，即社区中提供的并能被居民所使用的日常生活服务，相比于社区性能类指标❸，这一指标能更好地反映社区居民真实的生活状态。在社区生活韧性研究中，则可以通过分析扰动过程中居民可获取生活服务的变化来反映生活韧性高低。

图 3-5-1 展示了扰动过程中居民可获取日常生活服务的动态演化过程，其中，曲线 a 表示社区居民的可获取日常生活服务始终维持在日常生活所需的最低服务水平之上，韧性水平最高；曲线 b 表示社区居民的可获取日常生活服务会在一段时间内降低至日常生活所需的最低服务水平之下，但采取应急措施后能保障居民平稳度过灾中应急阶段，并在扰动结束后能恢复至灾前水平，韧性水平次之；曲线 c 表示社区居民的可获取日常生活服务会降低至应急生活所需的最低水平之下且难以恢复，韧性水平最低。

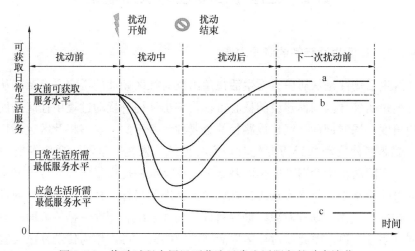

图 3-5-1　扰动过程中居民可获取日常生活服务的动态演化

5.2.2　社区生活韧性的关键要素

（1）韧性对象：风险扰动

---

❶ 胡畔，王兴平，张建召. 公共服务设施配套问题解读及优化策略探讨——居民需求视角下基于南京市边缘区的个案分析 [J]. 城市规划，2013（10）：77-83.

❷ 可及性是评价公共服务质量更全面的指标，包括可达性、可用性、可负担性、可接受性、可适应性等方面，其中，可负担性、可接受性与可适应性受居民主观因素的影响较大。本书在定义可获取日常生活服务时借鉴了可及性的概念，但仅保留其中相对客观且可以通过规划调控的可用性和可达性两个方面。

❸ 段怡嫣，翟国方，李文静. 城市韧性测度的国际研究进展 [J]. 国际城市规划，2021，36（6）：79-85.

韧性对象是社区生活韧性研究中需要应对的扰动议题，从提升社区居民生活质量的角度出发，社区生活韧性研究需要综合考虑可能会对居民日常生活秩序造成影响的灾害事件和日常扰动，提升社区的总体适应能力和发展转变能力❶。

此外，社区韧性研究中在确定扰动对象时还应做到直接影响与次生危害兼顾，以及内部扰动和外部威胁并重。一方面，各类风险扰动不仅会直接破坏社区中的生活服务设施，威胁居民生命财产安全，其产生的次生影响和危害亦会影响社区居民的日常生活。另一方面，社区作为城市的基础组成单元，是更大尺度城市技术服务网络、货物流通网络、道路交通网络的组成部分❷，在城市空间结构日益复杂、要素流动日益频繁的时代，发生在社区外部的扰动亦会通过各类城市网络结构对社区造成影响❸❹，这也是社区规划建设需要响应的韧性议题。

（2）韧性主体：社区居民

在扰动情境下，社区在为居民提供应急服务以实现安全庇护的基础上，还需要尽可能地维持其对各类日常生活服务的可获取性，以保障扰动过程中居民的生活质量。

根据各类社区日常生活服务对居民生存和发展的重要性，可将其分为3个层次：满足居民衣、食、住、行等基本生存需求的初级生活服务；满足健康、交往、发展等较高级生存需求的中级生活服务；实现居民尊重、参与等高等级生活需求的高级生活服务❺。根据马斯洛层次需求理论，当低层级的需求得到满足时，人就会追求更高层级的需求❻；社区生活韧性建设中可将维持初级、中级和高级日常生活服务分别作为社区韧性的底线、中线和高线目标，先保证实现底线目标，再逐渐追求更高层级的目标（图3-5-2）。值得注意的是，社区中存在不同年龄、收入水平、教育背景的居民群体，其日常生活需求和获取相关服务的能力存在较大差异❼，社区生活韧性研究和实践要尽可能考虑到不同群体的差异化日

---

❶ 颜文涛，卢江林. 乡村社区复兴的两种模式：韧性视角下的启示与思考［J］. 国际城市规划，2017，32（4）：22-28.

❷ 颜文涛，卢江林，李子豪，等. 城市街道网络的韧性测度与空间解析——五大全球城市比较研究［J］. 国际城市规划，2021，36（5）：1-12.

❸ HELBING D. Globally networked risks and how to respond［J］. Nature，2013，497（7447）：51.

❹ 魏冶，修春亮. 城市网络韧性的概念与分析框架探析［J］. 地理科学进展，2020，39（3）：488-502.

❺ 周素红，陈菲，戴颖宜. 面向内涵式发展的品质空间规划体系构建［J］. 城市规划，2019，43（10）：13-21.

❻ MASLOW A H. A theory of human motivation［J］. Psychological Review，1943，50：370-396.

❼ 王佳文，叶裕民，董珂. 从效率优先到以人为本——基于"城市人理论"的国土空间规划价值取向思考［J］. 城市规划学刊，2020（6）：19-26.

常需求并对社区中服务获取能力较差的群体予以重点关注❶。

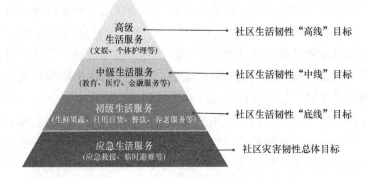

图 3-5-2 社区生活韧性分级目标图示

（3）韧性系统：社区设施

社区日常生活由大量以获取日常生活服务为目标的居民与社区设施间的互动过程组成。社区设施是社区日常生活的重要物质环境基础，亦是社区生活韧性提升的关键抓手❷。目前，我国城市社区居民获取日常生活服务的方式有线下、线上和线上线下3种❸❹。传统"线下"模式中，社区居民需要自行到达提供服务的供应设施，在线下空间购买生活物品、获取生活服务；"线上"模式则摆脱了对空间设施的依赖，居民只需要线上访问生活服务平台就能获得相关服务；而"线上线下"模式中，服务获取过程中的出行主体由居民变为商家或者专业第三方的"配送员"，但和"线下"模式一样，依然需要依托实体空间中的生活服务设施和交通系统❺。总结3种日常服务获取模式的共性特征，可将居民获取生活服务的过程归纳为：居民提出生活需求并获得反馈，通过物流、人流、信息流等多种形式，从实体服务设施或线上孪生服务平台（服务设施系统），经由实体交通网络或虚拟信息网络（连接系统）获取相应服务的过程（图3-5-3）。

结合社区居民获取日常生活服务的大致过程，可将社区中的设施系统分为服务供应设施和连接系统两大类型。表3-5-2中列出了社区实体空间中常见的服务

---

❶ HINO M, NANCE E. Five ways to ensure flood-risk research helps the most vulnerable [J]. Nature，2021，595：27-29.

❷ 罗强强，陈涛，明承瀚. 风险视域下的超大城市社区韧性：结构、梗阻与进路——基于W市新冠肺炎疫情社区治理的多案例分析 [J]. 城市问题，2022（5）：86-94.

❸ 牛强，易帅，顾重泰，等. 面向线上线下社区生活圈的服务设施配套新理念新方法——以武汉市为例 [J]. 城市规划学刊，2019（6）：81-86.

❹ 钱欣彤，席广亮，甄峰. 线上和线下生活服务设施可达性及其协调关系——以生鲜果蔬店铺为例 [J]. 人文地理，2022，37（4）：105-112.

❺ 朱敏吉. "线上—线下"（O2O）模式对社区生活圈划分的影响研究——以上海市虹口区为例 [D]. 上海：同济大学，2022.

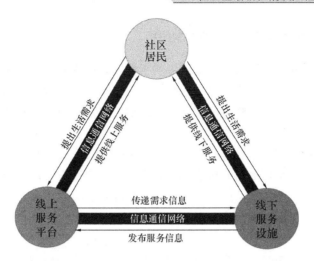

图 3-5-3　社区居民获取日常生活服务的过程概化

供应设施，这些设施不仅能为居民提供各类日常生活服务，还是社区中重要的社会交往空间，是维持居民间社会联系的纽带；道路交通网络、信息通信网络等连接系统则在日常生活服务过程中发挥着承载人、物、信息等要素流动的作用❶。服务供应设施提供的服务可用性❷和连接系统所决定的服务可达性，共同决定了居民的可获取服务水平，是影响社区生活韧性的两个重要方面。

城市社区中常见服务供应设施与日常生活服务的对应关系　　　　表 3-5-2

日常生活服务		相关服务供应设施
大类	子类	
初级生活服务	生鲜果蔬服务	菜市场、农贸市场、超市、便利店
	日用百货服务	超市、便利店、杂货店、商场
	餐饮服务	餐馆、食堂、甜品店、蛋糕店
	养老服务	居家养老服务站、日间照料中心、养老院
中级生活服务	教育服务	幼儿园、小学、中学
	医疗服务	药店、社区卫生服务站、街道卫生服务中心、医院
	金融服务	银行、ATM 机、信用社
高级生活服务	文体娱乐服务	社区文化活动室、健身活动中心、图书馆、公园、绿地、健身房、休闲广场、网吧
	日常管理服务	社区服务中心、街道办事处、派出所、物业管理中心
	个人护理服务	理发店、干洗店

---

❶　罗桑扎西，甄峰，张姗琪. 复杂网络视角下的城市人流空间概念模型与研究框架 [J]. 地理研究，2021，40（4）：1195-1208.
❷　雍岚，王振振，张冬敏. 居家养老社区服务可及性——概念模型、指标体系与综合评价 [J]. 人口与经济，2018（4）：1-11.

5.2.3 扰动影响日常生活的机制解析

解析扰动对社区居民日常生活的影响机制，是探寻社区生活韧性提升途径的重要前提。扰动对居民日常生活的影响，本质上源于其对常态化的日常生活服务获取过程的破坏。根据风险扰动主要影响的服务获取环节，可将扰动对日常生活的影响机制总结为以下3种类型。

（1）当扰动作用于社区居民时，会激发居民避难、救护、防疫等应急需求，进而挤占社区设施系统的日常服务功能，影响日常生活服务的可获得性。当社区居民的生命健康受到扰动威胁时，居民会自发或在居委会组织下采取各类应急措施。这一过程会占用社区内的广场、道路以及部分服务设施的空间，从而对正常的生活秩序造成影响。

（2）当扰动作用于服务供应设施时，会降低其服务供应能力，进而导致部分居民无法获得生活服务。具体的影响途径可分为3类：第一类是直接作用于社区内的公共服务设施，使其发生结构性破坏；第二类是作用于支持服务设施运转的基础设施系统、原材料和商品的供应链、物流系统等；第三类是扰动导致服务人员无法到岗提供服务。

（3）当扰动作用于连接系统时，会降低社区居民与服务设施间的连通能力，导致日常生活服务无法被获取。具体的影响途径可分为两种类型：第一类是扰动导致部分连接线路出现物理性的阻断，需要被迫改变服务获取路径；第二类是扰动导致连通效率降低。

5.3 社区生活韧性的规划策略

随着城市中各类要素流动日益频繁，城市系统的复杂化、网络化程度不断加深，社区与其所在城市乃至区域各地的功能联系都愈发紧密，这在社区生活韧性三大核心要素上都有所体现。从韧性对象"风险扰动"层面来看，社区不仅会遭受源于社区内部的扰动影响，还会因城市/区域网络的传递效应遭受外部扰动的级联干扰[1]。从韧性主体"社区居民"层面来看，现代城市交通体系和网络系统的发展普及，使得其正常状态下获取生活服务的范畴已经大大超出传统社区的空间范围[2]；然而，一旦居民跨社区出行的能力受到影响，其日常生活的服务需求就会诉诸社区内部的近域服务。从韧性系统"社区设施"层面来看，社区中的各

---

[1] 魏冶，修春亮. 城市网络韧性的概念与分析框架探析 [J]. 地理科学进展，2020，39（3）：488-502.

[2] 姜凯凯，高浥尘，孙洁. 依托便利店构建生活物资应急配送终端体系——以日本便利店的灾后救援经验为例 [J]. 国际城市规划，2021，36（5）：121-128.

类公共服务设施和商业服务设施正常运转所需要的基础物资、生产原料、货物商品、服务人员等大部分都来自社区外部，外部空间的稳定支持对日常生活服务的供应能力至关重要。

因此，社区韧性提升需结合社区生活与外部空间的功能联系，在更高层级的规划中统筹考虑。结合目前国土空间规划体系下，各级规划所涉及的空间尺度及其重点规划内容，提出从国土空间总体规划、详细规划、社区规划3个层级对社区生活韧性概念进行综合响应，从而切实提升扰动过程中社区居民的生活品质（图3-5-4）。

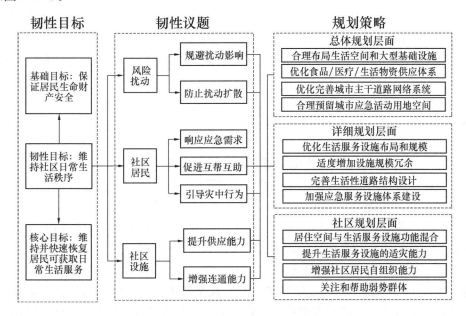

图3-5-4 社区生活韧性的规划策略

5.3.1 总体规划层面

国土空间总体规划要统筹和综合平衡城市中的各类活动对空间的需求❶，包含国家、省级和市县3个层次。市县层级是响应社区生活韧性建设较为合理的尺度，应重点关注合理布局生活空间和大型服务设施、优化食品/医疗/生活物资供应体系、优化完善城市道路网络系统、合理预留城市应急活动用地空间等方面。

首先，要根据城市的自然、经济、社会环境等特征，识别城市所面临的典型

---

❶ 《中共中央 国务院关于建立国土空间规划体系并监督实施的若干意见》（中发〔2019〕18号）中提出"国土空间总体规划要统筹和综合平衡各相关专项领域的空间需求"，"详细规划是对具体地块用途和开发建设强度等作出的实施性安排，是开展国土空间开发保护活动、实施国土空间用途管制、核发城乡建设项目规划许可、进行各项建设等的法定依据"。

扰动类型及其时空分布特征，在此基础上合理布局城市生活空间和水厂、电厂、能源站等大型基础设施，从源头上规避各类扰动对社区生活的直接影响❶。

其次，要在城市范围内布置规模适宜、区位合理的食品、医疗和重要生活物资的生产、储存基地，不断提升居民日常生活刚需性物资的本地化、模块化供应水平，避免物资供应受到更大尺度扰动的级联影响，减少城市局部遭遇扰动时其他区域无法获得应急及初级生活服务所需物资的情况❷。

再次，要不断优化完善城市主干道路网络，提升扰动场景下城市中主要居住片区外向连接的畅通性，确保社区能源源不断地从外部空间获得日常生活的基础资料，尤其要保障社区与城市中各类保供物资仓库的畅通，以满足社区居民的初级生活需求。

最后，还要在城市层面预留一定的应急活动用地空间，承载扰动过程中新增的应急生活服务需求。

5.3.2 详细规划层面

详细规划的重点是对地块用途和开发建设强度等作出实施性安排❸，以实现空间精细化治理的目标❹。详细规划层面，可以重点从优化生活服务设施布局和规模、完善片区内生活性道路结构设计、加强应急服务设施体系建设等方面助力社区生活韧性的提升。借助近年来各大城市大力推进 15 分钟生活圈建设的契机❺，采用情景规划的方法，分析在典型扰动过程中，不同规划方案中的各级生活服务可获取水平的演化特征，并不断优化基地范围内生活服务设施的布局和规模，以及生活性道路网络的结构设计，优先保障低层级生活服务的提供，并在考虑"成本-收益"的基础上，适度兼顾中、高层级生活服务的保障。在生活服务设施规模设计上，要适当考虑扰动带来的服务需求的"潮汐"效应，适度增加初级生活服务设施的冗余度，确保部分习惯于从社区外部获取初级生活服务的人群，在因扰动导致行动能力受限时，能就近获得基础日常生活服务。同时，在详细规划层面还要完成应急避难空间和救援疏散路线的合理布置，为社区居民的生

---

❶ 钱少华，徐国强，沈阳，等．关于上海建设韧性城市的路径探索［J］．城市规划学刊，2017（S1）：109-118.

❷ 姜凯凯，高浥尘，孙洁．依托便利店构建生活物资应急配送终端体系——以日本便利店的灾后救援经验为例［J］．国际城市规划，2021，36（5）：121-128.

❸《中共中央 国务院关于建立国土空间规划体系并监督实施的若干意见》（中发〔2019〕18 号）中提出"国土空间总体规划要统筹和综合平衡各相关专项领域的空间需求"，"详细规划是对具体地块用途和开发建设强度等作出的实施性安排，是开展国土空间开发保护活动、实施国土空间用途管制、核发城乡建设项目规划许可、进行各项建设等的法定依据"。

❹ 赵广英，李晨．国土空间规划体系下的详细规划技术改革思路［J］．城市规划学刊，2019（4）：37-46.

❺ 于一凡．从传统居住区规划到社区生活圈规划［J］．城市规划，2019，43（5）：17-22.

命安全提供保障，并加强对应急避难空间生活性功能的设计指引。

5.3.3 社区规划层面

社区规划不属于国土空间规划范畴，但却是落实详细规划控制性指标和对接城市社会治理的关键。社区规划不仅要统筹好社区内的资源、配置好社区内的设施，还要在社会治理中发挥一定的统筹协调作用❶，应重点从提升设施场地适灾性水平和增强社区自组织能力等方面着手提升社区生活韧性。首先，可以适当加强居住空间与生活服务设施的功能混合，在居住小区内合理设置便利店、健身房等生活服务设施；其次，要提升生活服务建筑/场地的平灾结合设计，从而减少扰动中设施功能失效情况的发生，或及时转化功能以支撑扰动中的应急生活服务❷；最后，要推动实现社区居民自治组织的规范化和成熟化，形成邻里广泛参与社区服务、相互帮扶的良好氛围，从而提升其自适应、自组织能力。

5.4 结 语

社区是城市居民日常生活的重要空间载体，增强社区韧性对风险扰动场景下居民生活品质的提升具有重要意义。既有社区韧性研究多从灾害视角出发，存在"重生命安全保障，轻生活秩序维持"的问题，本书从以人为本的角度出发，提出社区生活韧性的概念，强调在多种扰动下，维持社区日常生活秩序的重要性。

居民的日常生活有赖于社区提供的各类生活服务。这些生活服务被获得并被使用的水平很大程度上决定了居民的生活品质。可以采用"可获取日常生活服务"来表征居民的生活状态，并用其在扰动中的演化过程反映社区生活韧性。扰动发生时，会激发社区居民的应急需求、干扰服务供应设施的供给能力、降低连通设施的连通能力，进而影响居民的可获取日常生活服务水平。随着城市系统的复杂化、网络化程度的不断加深，"独善其身"式的策略无法真正提升社区生活韧性，需要在强化自身的基础上，结合上位规划进行统筹设计，为扰动过程中居民日常生活服务的稳定获取保驾护航。

---

❶ 黄怡. 社区与社区规划的空间维度 [J]. 上海城市规划，2022 (2)：1-7.

❷ 黄颖，许旺土，黄凯迪. 面向国土空间应急安全保障的控制性详细规划指标体系构建——以应对突发公共卫生事件为例 [J]. 自然资源学报，2021，36 (9)：2405-2423.

6 基于核算模型的城市碳中和路径研究方法构建
——以成都市为例❶

中国碳达峰碳中和工作是自上而下的顶层设计与自下而上开展行动的结合。"1+N"政策体系中强调坚持"全国统筹"的原则,提出应坚持"全国一盘棋……根据各地实际分类施策,鼓励主动作为、率先达峰"❷,并提出要上下联动制定地方达峰方案,要求各省、自治区、直辖市制定本地区碳达峰行动方案,提出碳达峰时间表、路线图、施工图❸。因此,如何研究分析碳达峰碳中和目标下自身的发展战略,确定因地制宜的发展路径,支撑相关政策的制定,是当前各个城市面临的迫切挑战❹。

6.1 文献综述

中国提出"双碳"目标后,多家机构针对中国的碳中和路径选择开展了研究。张希良等❺利用基于一般均衡模型的"中国-全球能源模型"(CGEM)自上而下地对于碳中和目标下中国能源经济转型的路径进行了探究;清华大学气候变化与可持续发展研究院❻等采用了"自下而上"和"自上而下"相结合的研究方法,设置了4种情景对中国碳中和路径进行探索;国务院发展研究中心课题组❼通过自主开发的经济-能源-环境系统分析模型,对中国碳减排路径进行了量化分

---

❶ 作者:杨帆,清华大学建筑学院;杨秀,清华大学气候变化与可持续发展研究院。
❷ 中共中央 国务院.关于完整准确全面贯彻新发展理念做好碳达峰碳中和工作的意见[EB/OL].(2021-10-24)[2023-02-15]. http://www.gov.cn/zhengce/2021/10/24/content_5644613.htm.
❸ 国务院. 2030年前碳达峰行动方案[EB/OL].(2021-10-26)[2023-02-15]. http://www.gov.cn/zhengce/content/2021-10/26/content_5644984.htm.
❹ 周伟铎,庄贵阳.雄安新区零碳城市建设路径[J].中国人口·资源与环境,2021,31(09):122-134.
❺ 张希良,黄晓丹,张达,等.碳中和目标下的能源经济转型路径与政策研究[J].管理世界,2022,38(01):35-66.
❻ 项目综合报告编写组.《中国长期低碳发展战略与转型路径研究》综合报告[J].中国人口·资源与环境,2020,30(11):1-25.
❼ 李继峰,郭焦锋,高世楫,等.我国实现2060年前碳中和目标的路径分析[J].发展研究,2021,38(04):37-47.

析。根据国家层面碳中和相关研究，碳中和路径研究通常具有以下特点：①经济社会综合性，碳中和无法依靠单一行业或政策实现，应充分发挥各部门的协同作用；②实现路径多样化，碳中和目标可以通过多种不同的路径实现，多样性体现在需求控制力度、终端电气化率、技术进步程度、可再生能源占比等方面；③长时间尺度阶段性，碳中和不仅仅是碳达峰目标时间上的延续，其对城市产业调整、能源转型、技术进步、经济社会变革等方面提出了更高的要求，也具有更高的不确定性。构建路径在注重连贯性的同时，应强调"分阶段"的概念，分阶段设置发展目标。

城市碳中和路径研究除了具备以上特点外，还需要在能源系统、产业结构、生活方式方面与当地实际密切结合，实现"城市战略个性化"。现有低碳发展路径研究多存在单一行业视角❶❷❸、定性分析❹❺、仅面向中短期碳达峰开展❻❼或对于单一路径❽探讨等局限，目前尚缺乏综合体现以上四方面特点的研究流程和研究方法。

本书构建中国城市碳中和路径的分析流程和定量研究方法，以成都市为例进行实证研究，主要贡献在于：①在综述已有研究方法的基础上，构建了一套面向碳中和的城市低碳发展路径定量研究方法，在模型搭建、现状核算、支柱选择、参数设置、路径选择等多方面提出了城市碳中和研究的关键要点，以体现城市碳中和路径"经济社会综合性、实现路径多样化、长时间尺度阶段性、城市战略个性化"等多方面要求，将较为成熟的国家碳中和战略路径研究方法降尺度后，在方法上既体现了科学一致性，又兼具区域特异性；②以成都市为例进行实证研究，为其他城市的长期低碳发展战略和路径研究提供了可操作的模板。

---

❶ WU W，SKYE H M. Residential net-zero energy buildings：Review and perspective [J]. Renewable and Sustainable Energy Reviews，2021，142：110859.

❷ 刘清春，赵培雄，袁玉娟，等. 碳中和目标下城市绿色交通体系构建研究——以济南市为例 [J]. 环境保护，2021，49 (Z2)：33-39.

❸ LI Y，SU B. The impacts of carbon pricing on coastal megacities：A CGE analysis of Singapore [J]. Journal of Cleaner Production，2017，165：1239-1248.

❹ 余柳. 国际视角下城市交通碳中和策略与路径研究 [J]. 城市交通，2021，19 (05)：19-25+81.

❺ 杨秀. 国际社会建设零碳城市的探索 [J]. 旗帜，2021，(04)：83-84.

❻ WANG J，CAI H，LI L. Energy demand and carbon emission peak forecasting of Beijing based on leap energy simulation method [J]. Global NEST J，2020，22：565-569.

❼ YANG X，WANG X-C，ZHOU Z-Y. Development path of Chinese low-carbon cities based on index evaluation [J]. Advances in Climate Change Research，2018，9 (02)：144-153.

❽ 郭芳，王灿，张诗卉. 中国城市碳达峰趋势的聚类分析 [J]. 中国环境管理，2021，13 (01)：40-48.

6.2 城市碳中和路径研究方法构建

为在研究过程中体现城市碳中和路径的四个特点,本文提出一套城市碳中和路径的研究思路。具体步骤如下(图 3-6-1):

(1)构建综合性的全经济部门定量模型,对城市基准年碳排放现状进行核算,并基于历史排放趋势明确关键影响因素,分析城市的特异性;

(2)明确城市减排支柱,基于不同减排支柱构建多样化的减排情景;

(3)基于城市社会经济发展趋势,对于城市长时间尺度变化分阶段设置参数,计算多样化减排路径的碳排放量;

(4)根据多样化路径计算结果,通过达峰中和目标年份、达峰峰值与剩余碳排放量等参数选择城市实现碳中和的可能路径,制定城市个性化发展战略。

图 3-6-1 城市碳中和路径研究思路

6.2.1 城市碳排放现状分析

(1)能源相关碳排放核算方法

城市碳中和路径研究的第一步是对于基准年碳排放现状的核算与驱动因素的识别。考虑到能源相关的二氧化碳排放占全球温室气体排放的 89%❶,是实现碳中和的关键,本书主要探究能源相关二氧化碳的核算方法和减排路径。

城市能源相关二氧化碳由行政区域内化石能源燃烧产生的直接排放和外调电力带来的间接排放两部分构成。

化石能源消费活动按领域划分为农林业、工业、建筑业、交通和建筑 5 个终端能源消费部门,化石能源燃烧产生的直接碳排放量计算方法如下:

---

❶ 宋永华,张洪财,陈戈. 智慧城市能源系统迈向碳中和的典型路径研究——以澳门为例[J]. 中国科学院院刊,2022,37(11):1650-1663.

$$\mathrm{CO}_{2,直接} = \Sigma A_i \times EF_i \qquad (3\text{-}6\text{-}1)$$

其中，A_i 表示不同种类化石能源的消费量（标准量）；EF_i 表示不同种类化石能源的二氧化碳排放因子。

外调电力产生的间接排放量计算公式如下：

$$\mathrm{CO}_{2,间接} = A_e \times EF_e \qquad (3\text{-}6\text{-}2)$$

其中，A_e 表示城市调入电量，EF_e 表示调入电量所属区域电网平均供电排放因子。

结合城市碳排放"经济社会综合性"的特点，本文选择 LEAP（Low Emissions Analysis Platform）模型作为城市碳排放核算的建模工具。LEAP 是斯德哥尔摩环境研究所（SEI）开发的用于能源政策、气候变化缓解和空气污染缓解规划的软件工具，由于其具有建模结构灵活、模型框架简单且数据库丰富等诸多优势，现已被地方、国家和全球尺度的机构广泛使用[1][2][3][4][5][6]。基于 LEAP 搭建城市碳排放核算模型的框架如图 3-6-2 所示。

（2）驱动因素分析方法

城市碳排放驱动力研究是研究城市个性化减排路径的基础，目前已有非常丰富的研究成果，因素分解法[7][8][9]是当前应用较多的研究方法。本研究中选用应用

---

[1] AGENCY I E. Global Energy Review: CO_2 Emissions in 2021 [R]. Paris: IEA, 2022.

[2] LIN J, KANG J, KHANNA N, et al. Scenario analysis of urban GHG peak and mitigation co-benefits: A case study of Xiamen City, China [J]. Journal of Cleaner Production, 2018, 171: 972-983.

[3] CAI L, DUAN J, LU X, et al. Pathways for electric power industry to achieve carbon emissions peak and carbon neutrality based on LEAP model: A case study of state-owned power generation enterprise in China [J]. Computers & Industrial Engineering, 2022, 170: 108334.

[4] CAI L, LUO J, WANG M, et al. Pathways for municipalities to achieve carbon emission peak and carbon neutrality: A study based on the LEAP model [J]. Energy, 2023, 262: 125435.

[5] CHEN S, LIU Y-Y, LIN J, et al. Coordinated reduction of CO_2 emissions and environmental impacts with integrated city-level LEAP and LCA method: A case study of Jinan, China [J]. Advances in Climate Change Research, 2021, 12 (06): 848-857.

[6] SUN W, ZHAO Y, LI Z, et al. Carbon Emission Peak Paths Under Different Scenarios Based on the LEAP Model-A Case Study of Suzhou, China [J]. Frontiers in Environmental Science, 2022, 10: 905471.

[7] WANG J, CAI H, LI L. Energy demand and carbon emission peak forecasting of Beijing based on leap energy simulation method [J]. Global NEST J, 2020, 22: 565-569.

[8] WANG J, LI Y, ZHANG Y. Research on Carbon Emissions of Road Traffic in Chengdu City Based on a LEAP Model [J]. Sustainability, 2022, 14 (09): 5625.

[9] 禹湘，陈楠，李曼琪. 中国低碳试点城市的碳排放特征与碳减排路径研究 [J]. 中国人口·资源与环境，2020, 30 (07): 1-9.

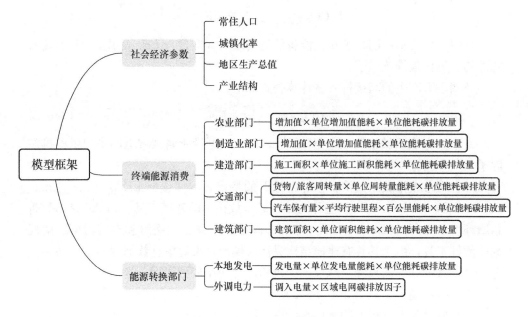

图 3-6-2 城市碳排放核算模型框架

较广的 Kaya 公式❶❷对于成都市"十三五"期间碳排放量的主要影响因素进行分析。

Kaya 公式具体表述为：

$$CO_2 = \frac{CO_2}{PE} \times \frac{PE}{GDP} \times \frac{GDP}{POP} \times POP \qquad (3\text{-}6\text{-}3)$$

其中，CO_2 代表二氧化碳排放量，PE 代表一次能源消费总量，GDP 代表地区生产总值，POP 代表地区常住人口数。$\frac{CO_2}{PE}$、$\frac{PE}{GDP}$、$\frac{GDP}{POP}$ 分别被称为能源碳强度、单位 GDP 能耗和人均 GDP。式（3-6-3）的 4 个参数反映了一个地区与低碳发展相关的能源、经济和社会现状❸。

6.2.2 城市发展情景构建

城市碳中和路径研究的第二步是情景构建，应体现城市碳中和"实现路径多

---

❶ SONG W, ZHANG X, AN K, et al. Quantifying the spillover elasticities of urban built environment configurations on the adjacent traffic CO_2 emissions in mainland China [J]. Applied Energy，2021，283：116271.

❷ 刘学之，孙鑫，朱乾坤，等. 中国二氧化碳排放量相关计量方法研究综述 [J]. 生态经济，2017，33（11）：21-27.

❸ 渠慎宁. 碳排放分解：理论基础，路径剖析与选择评判 [J]. 城市与环境研究，2019，(03)：98-112.

样化"的特点。采用情景分析法，基于给定的关键假设，在不确定环境下解读未来[1]，是低碳发展路径研究的常用方法[2][3][4][5][6]。受到长期经济、社会、能源、技术等诸多因素的影响，碳中和路径具有很高的不确定性和多样化发展方向，通过多样化情景构建能够帮助决策者充分考虑未来可能的发展图景，更好地理解和应对发展过程中遇到的困难和挑战。

首先应充分考虑研究城市的发展特点、趋势和规划，结合现有的对于定位相似城市及中国的相关研究，对城市未来发展的社会经济宏观指标进行预测。并结合现状分析，对于该城市碳排放关键影响因素进行进一步探究。

已有部分国家和省级层面低碳发展路径研究中体现了多样化路径的思维方式，如普林斯顿大学发布的《美国零碳转型研究》报告[7]基于终端电气化程度、可再生能源和生物质资源利用程度三大减排支柱讨论了5种差异化零碳发展路径；吴唯等[8]借助LEAP模型对于浙江省低碳发展路径进行了探究，讨论了基于经济转型、能效提升、电气化加速、清洁能源替代等减排支柱的多种能源转型路径等。

因此，在考虑城市经济社会发展趋势和实际资源禀赋情况的前提下，构建城市未来图景，可以从需求、供给和技术三个角度进行讨论。在需求侧考虑高低能源需求、高低电气化率的影响，供给侧考虑高低可再生能源、高低生物质能源、是否化石能源＋CCUS等不同能源供给方式，技术上考虑高低能效水平的影响。在城市基准年碳排放核算的基础上，基于不同减排支柱构建多样化减排情景。

---

[1] 杨秀，付琳，丁丁. 区域碳排放峰值测算若干问题思考：以北京市为例 [J]. 中国人口·资源与环境，2015，25（10）：39-44.

[2] CAI L, DUAN J, LU X, et al. Pathways for electric power industry to achieve carbon emissions peak and carbon neutrality based on LEAP model: A case study of state-owned power generation enterprise in China [J]. Computers & Industrial Engineering，2022，170：108334.

[3] 曾忠禄，张冬梅. 不确定环境下解读未来的方法：情景分析法 [J]. 情报杂志，2005，24（05）：14-16.

[4] GE X, QI W. Analysis of CO_2 Emission Drives Based on Energy Consumption and Prediction of Low Carbon Scenarios: a Case Study of Hebei Province [J]. Polish Journal of Environmental Studies，2020，29（03）：2185-2197.

[5] REN F, LONG D. Carbon emission forecasting and scenario analysis in Guangdong Province based on optimized Fast Learning Network [J]. Journal of Cleaner Production，2021，317：128408.

[6] SONG S, ZHANG L, MA Y. Evaluating the impacts of technological progress on agricultural energy consumption and carbon emissions based on multi-scenario analysis [J]. Environmental Science and Pollution Research，2022，30（06）：16673-16686.

[7] ZHAO Z, XUAN X, ZHANG F, et al. Scenario Analysis of Renewable Energy Development and Carbon Emission in the Beijing-Tianjin-Hebei Region [J]. Land，2022，11（10）：1659.

[8] 吴唯，张庭婷，谢晓敏，等. 基于LEAP模型的区域低碳发展路径研究——以浙江省为例 [J]. 生态经济，2019，35（12）：19-24.

6.2.3 参数设置

研究的第三步是分阶段进行不同情景下的参数设置，以体现城市碳中和路径"长时间尺度阶段性"的特点。城市碳中和一般要经历"达峰期、过渡期、加速期和攻坚期"几个阶段，以此划分部署碳中和实现路径[1]。根据城市全经济部门的排放核算模型，需要设置的参数主要包括部门活动水平、能源消费强度和能源结构三类。

6.2.4 路径选择

研究的最后一个步骤是结合所研究城市的城镇化工业化阶段、经济发展趋势、自身能源资源禀赋等选择可行的城市碳中和路径，以实现"城市战略个性化"的要求。具体应考虑城市的达峰中和目标年份、达峰峰值量的大小，以及实现碳中和的时间等要求，考虑到未来的经济社会发展形势变化、技术突破和可行性等因素，对实现长期目标还应预留不确定性，允许存在一定剩余碳排放量。

6.3 成都市能源消费与碳排放现状分析

基于以上方法，选取成都市开展实证研究。成都市是中国中西部地区重要的中心城市，中国七个超大城市之一、四川省省会、成渝地区双城经济圈核心城市、国家重要的高新技术产业基地、商贸物流中心和综合交通枢纽。截至 2021 年底，成都市全市总面积 143.35 亿 m^2，常住人口 2119.2 万人，常住人口城镇化率为 79.5%。2021 年，成都市地区生产总值为 19916.98 亿元，按可比价格计算，比上年增长 8.6%。按常住人口计算，人均地区生产总值达 94622 元，比上年增长 6.7%。

选取 2020 年作为基准年，结合成都市"十三五"总结文件、官方统计数据、相关研究报告及文献[2][3][4][5]对成都市 2015—2020 年各部门能源消费和碳排放量进行核算。核算范围为成都市各部门（不含航运和水运）能源相关二氧化碳排放，包括直接排放和间接排放两部分。

---

[1] 李继峰，郭焦锋，高世楫，等. 我国实现 2060 年前碳中和目标的路径分析 [J]. 发展研究，2021.

[2] 吴唯，张庭婷，谢晓敏，等. 基于 LEAP 模型的区域低碳发展路径研究——以浙江省为例 [J]. 生态经济，2019，35（12）：19-24.

[3] CHANG J, SUN P, WEI G. Spatial Driven Effects of Multi-Dimensional Urbanization on Carbon Emissions: A Case Study in Chengdu-Chongqing Urban Agglomeration [J]. Land, 2022, 11(10): 1858.

[4] XIAO Y, YANG H, ZHAO Y, et al. A Comprehensive Planning Method for Low-Carbon Energy Transition in Rapidly Growing Cities [J]. Sustainability, 2022, 14(04): 2063.

[5] 潘家华，姚凯，廖茂林，等. 公园城市发展报告（2021）[M]. 北京：社会科学文献出版社，2021.

6.3.1 能源消费与碳排放现状分析

计算结果表明，成都市"十三五"期间能源消费和碳排放总量均保持上升趋势，尚未实现脱钩，但二者强度均有所下降［图 3-6-3 (a)、图 3-6-3 (b)］。对比而言，碳排放总量上升速度低于能源消费，强度下降速度高于能源消费，反映了能源结构调整的成效［图 3-6-3 (c)］。成都市煤品消费量 2015 年前已实现达峰；油品消费缓慢上升；天然气和外调电力消费呈显著上升趋势［图 3-6-4 (a)］。2020 年，天然气和外调电力消费占成都市能源消费总量的 60% 以上［图 3-6-4 (b)］。

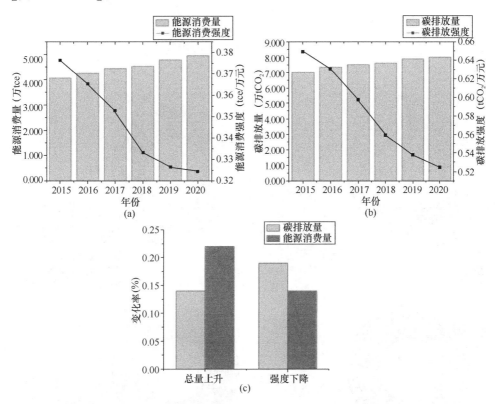

图 3-6-3　成都市"十三五"期间能源消费与碳排放总量变化

2020 年，成都市近半的碳排放量来自于工业和建造部门，建筑和交通部门排放量各占约 1/4 ［图 3-6-5 (a)］。其中，建材冶金工业、新材料等其他工业、建造部门和石油化学工业是第二产业主要排放源［图 3-6-5 (b)］；城镇住宅建筑与中小型公共建筑排放量占建筑部门排放总量的 75% 以上［图 3-6-5 (c)］；交通部门中有超过 90% 的碳排放量来自于公路货运与私家车［图 3-6-5 (d)］。

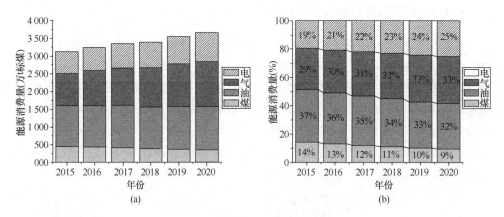

图 3-6-4　成都市不同类型能源消费量

注：电表示外调电力（按电热当量法折算）。

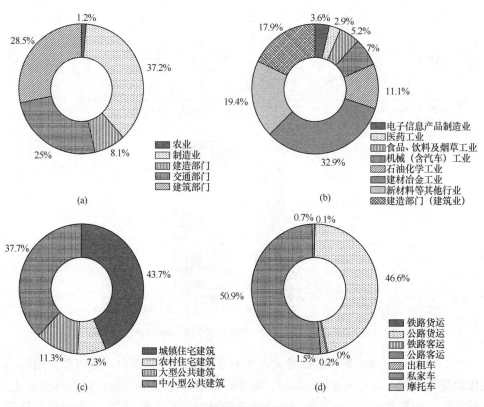

图 3-6-5　各部门碳排放量占比

6.3.2 驱动力分析

成都市"十三五"期间二氧化碳排放的各驱动因素相对 2015 年水平的变化情况如图 3-6-6 所示。结果表明,"十三五"期间常住人口的快速增长是成都市排放上升的主要动力,在 2016—2020 年,人均 GDP 的增长同样推动了排放增加;而单位 GDP 能耗的下降是抑制二氧化碳增长的主要因素,2015—2018 年,能效水平提升较快,2018 年后平缓下降,能源碳强度的下降同样发挥了一部分减排作用,主要源于成都市和华中电网电力结构的持续低碳化以及天然气消费占比的上升。

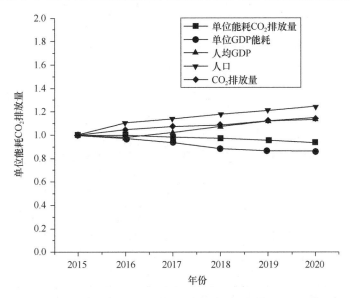

图 3-6-6 成都市"十三五"期间二氧化碳驱动因素分析

6.4 成都市能源系统碳中和路径探究

6.4.1 情景构建

基于对需求水平、能效水平和能源低碳化程度的不同假设,本文构建了基准情景和 7 种减排情景,以反映各减排支柱对城市碳中和的影响:①政策控制力度;②节能技术研发与普及程度;③终端能源电气化率和清洁能源占比;④当地可再生能源占比;⑤电力部门低碳化程度。其中①和②分别对应高、低服务需求水平(D+、D−)和高、低能效水平(E+、E−),③④⑤对应高、低能源低碳化程度(C+、C−)。8 种情景和不同情景下各部门假设见表 3-6-1、表 3-6-2。

基于不同减排支柱的 8 种情景 表 3-6-1

情景	名称	需求	能效	能源低碳化程度
BAS	基准情景	高	低	低
D−	低需求情景	低	低	低
E+	高能效情景	高	高	低
C+	高能源低碳化情景	高	低	高
D−E+	低需求、高能效情景	低	高	低
D−C+	低需求、高能源低碳化程度情景	低	低	高
E+C+	高能效、高能源低碳化程度情景	高	高	高
D−E+C+	强化减排情景	低	高	高

不同情景各部门假设 表 3-6-2

	工业部门	交通部门	建筑部门	电力部门
基准情景 BAS	（1）制造业结构调整，减少能源密集型产业。（2）提高天然气和电力在各子部门的普及率。（3）用电效率提升	（1）交通运输结构优化，城市公共交通进一步发展。（2）随着技术进步，单位里程能耗降低。（3）推进新能源替代，提高各交通运输方式的电气化率	（1）城市人均住宅面积增加，农村增速较慢；公共建筑面积增速放缓。（2）住宅建筑电耗和天然气消费增加，液化石油气和燃煤逐步退出。（3）推进公共建筑节能改造	（1）燃煤逐步退出；水力发电量已达饱和，保持不变；外调电力比例上升。（2）外调电力区域电网平均供电排放因子按现有趋势逐年降低
低需求 D−	高耗能产业占比进一步降低	控制客运需求和货运需求增长	控制住宅面积和公共建筑面积增长	—
高能效 E+	技术进步带来的能效水平提升更大			—
高能源低碳化 C+	（1）对于终端电气化水平的估计更为乐观。（2）终端清洁能源普及率进一步提升，绿氢技术成熟，实现更高比例氢能替代			（1）化石能源退出电力市场。（2）逐步推进生活垃圾等生物质能源化、分布式光伏应用。（3）2060年外调电力实现净零排放

6.4.2 参数设置

成都市"十四五"规划文件中提到，成都市"十三五"时期经济社会发展实现了从区域中心城市到国家中心城市、进而冲刺世界城市的历史性跃升。结合成都市自身定位与中国未来社会经济发展相关预测，本研究以 2021 年为基年，分阶段对成都市 2020—2060 年间的社会经济参数进行预测（表 3-6-3），其中 2021 年数据来自于《成都市国民经济和社会发展统计公报》。

成都市 2020—2060 年间社会经济发展参数预测　　　　表 3-6-3

指标	单位	2021	2030	2035	2050	2060
常住人口	万人	2119	2205	2341	2473	2536
年均人口增长率	%	1.2	1.0	0.6	0.4	0.2
城镇化率	%	79.5	83	88	88	88
地区生产总值增速（每五年平均）	%	8.6	7.0	6.2	4.5	3.5
地区生产总值（2020 年不变价）	亿元	16549	21692	39772	76944	108537
第一产业占 GDP 比例	%	2.8	2.3	1.4	0.7	0.5
第二产业占 GDP 比例	%	42.5	41.6	38.9	31.3	27.1
第三产业占 GDP 比例	%	54.7	56.1	59.7	68.0	72.4

注：各产业占 GDP 比例根据各产业增加值不变价计算得到。

根据确定的五大减排支柱，参考现有研究取值范围，结合成都市的社会经济发展预测，分阶段给出不同情景下各参数的取值情况，其中敏感性较大的核心参数取值与数据参考分别见表 3-6-4 和表 3-6-5。

7 种情景核心参数对比　　　　表 3-6-4

2060 年指标	BAS	D−	E+	C+	D−E+	D−C+	E+C+	D−E+C+
人均住宅建筑面积（m²）	47	41	47	47	41	41	47	41
人均公共建筑面积（m²）	17	15	17	17	15	15	17	15
终端电气化率（电热当量法）（%）	35	35	35	65	35	65	65	65
氢能占终端能源比重（%）	2	2	2	2	2	5	5	5
本地可再生电力占电力供给比重（%）	7	7	25	7	25	25	25	25
工业单位增加值能耗下降率（%）	55	55	75	55	75	55	75	75
公路货运单位周转量能耗下降率（%）	30	30	55	30	55	30	55	55
私家车单位里程能耗下降率（%）	50	50	70	50	70	50	70	70
建筑部门单位面积能耗下降率（%）	15	15	35	15	35	15	35	35

核心参数取值参考 表 3-6-5

2060 年指标	取值参考
人均住宅建筑面积	戚仁广等人❶
人均公共建筑面积	戚仁广等人❷
终端电气化率（电热当量法）	ADVANCE 数据库❸❹、国家碳中和研究❺❻❼❽
氢能占终端能源比重	《成都市能源结构调整行动方案（2021—2025 年）》、ADVANCE 数据库❾❿
本地可再生电力占电力供给比重	C+情景中，假设成都市可以充分利用分布式光伏、生物质发电潜力，计算方法参考王越等人⓫、相关报告⓬
工业单位增加值能耗下降率	相关研究⓭⓮⓯
公路货运单位周转量能耗下降率	
私家车单位里程能耗下降率	
建筑部门单位面积能耗下降率	

在气候变化应对定位方面，成都市尝试凸显自身"示范性"，其达峰中和目标年份分别为 2030 年和 2060 年，即争取 2030 年前率先达峰，在峰值平台期之后进入快速下降区间，争取在 2060 年前实现近零排放。将成都 2021—2060 年的排放分为 2021—2030 年达峰及过渡期、2030—2050 年加速期和 2050 年后攻坚期三个阶段，分阶段核心参数取值如图 3-6-7 所示。

---

❶ WRI. 成都市低碳发展蓝图研究 [R]. 中国：WRI，2017.

❷ WRI. 成都市低碳发展蓝图研究 [R]. 中国：WRI，2017.

❸ 戚仁广，凡培红，丁洪涛. 碳中和背景下我国建筑面积预测 [J]. 建设科技，2021，(11)：14-18.

❹ VRONTISI Z，LUDERER G，SAVEYN B，et al. Enhancing global climate policy ambition towards a 1.5℃ stabilization：a short-term multi-model assessment [J]. Post-Print，2018，13 (04)：4039.

❺ 项目综合报告编写组.《中国长期低碳发展战略与转型路径研究》综合报告 [J]. 中国人口·资源与环境，2020，30 (11)：1-25.

❻ ZHAO Z，XUAN X，ZHANG F，et al. Scenario Analysis of Renewable Energy Development and Carbon Emission in the Beijing-Tianjin-Hebei Region [J]. Land，2022.

❼ 全球能源互联网发展合作组织. 中国 2060 年前碳中和研究报告 [R]. 北京：全球能源互联网发展合作组织，2020.

❽ COMMISSION E. A Clean Planet for all A European strategic long-term vision for a prosperous，modern，competitive and climate neutral economy [R]. Brussels：European Commission，2018.

❾ 戚仁广，凡培红，丁洪涛. 碳中和背景下我国建筑面积预测 [J]. 建设科技，2021，(11)：14-18.

❿ VRONTISI Z，LUDERER G，SAVEYN B，et al. Enhancing global climate policy ambition towards a 1.5℃ stabilization：a short-term multi-model assessment [J]. Post-Print，2018，13 (04)：4039.

⓫ 王越，李兰，况福虹. 四川省秸秆和畜禽粪便县域分布特征和资源化利用潜力 [J/OL]. 农业资源与环境学报：1-14 [2023-02-15]. DOI：10.13254/j.jare.2022.0072.

⓬ WRI. 长三角地区分布式可再生能源发展潜力及愿景 [R]. 中国：WRI，2021.

⓭ AGENCY I E. Global Energy Review：CO_2 Emissions in 2021 [R]. Paris：IEA，2022.

⓮ SHEN J，ZHANG Q，XU L，et al. Future CO$_2$ emission trends and radical decarbonization path of iron and steel industry in China [J]. Journal of cleaner production，2021，326：129354.

⓯ 黄韧."双碳"目标下北京市能源转型重点领域及路径研究 [D]. 北京：华北电力大学经济与管理学院，2021.

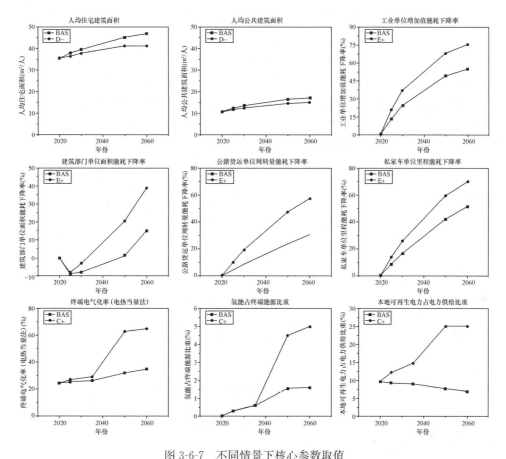

图 3-6-7　不同情景下核心参数取值

注：图中能耗下降率为各年份能源强度相对于 2020 年水平的下降率。

6.4.3　路径选择

成都市 8 种情景下能源消费总量变化情况如图 3-6-8（a）所示。在 BAS、C+、D−和 D−C+情景下，成都市能源消费在 2060 年前无法实现达峰，2060 年能源消费总量约为 8250 万～8820 万 t 标准煤，较 2020 年上升 67%～78%。在其他减排情景中，成都市于 2037—2038 年间实现能源消费总量的达峰，能源消费峰值为 5360 万～6082 万 t 标准煤，2060 年能源消费总量为 5960 万～6240 万 t 标准煤，相较于 2020 年增长约为 3%～10%。

8 种情景碳排放总量变化情况如图 3-6-8（b）所示。在基准情景下，成都市碳排放于 2043 年达到峰值，峰值约 11100 万 tCO_2，2060 年碳排放总量约为 10150 万 tCO_2，较 2020 年增长约 27%。7 种减排情景中，成都市分别可于 2025—2042 年间实现碳排放达峰，峰值排放为 8390 万～10540 万 tCO_2，2060 年碳排放总量为 920 万～9430 万 tCO_2，约为 2020 年的 11%～120%，2060 年人均碳排放量约为 0.36～3.7t/人。其中 D－情景 2060 年碳排放量相较于 2020 年上升了 20%左右，其他情景碳排放量分别下降了 20%～90%不等。在剩余碳排放量方面，有研究指出 2050 年世界人均碳排放水平约为 1.0～1.5t❶，本文中认为当剩余碳排放量下降至 2021 年水平的 15%以下时，剩余部分可以依靠生物质能-碳捕集与封存（BECCS）等负排放技术、碳汇或购买配额等方式进行抵消，从而实现 2060 年城市碳中和的目标。

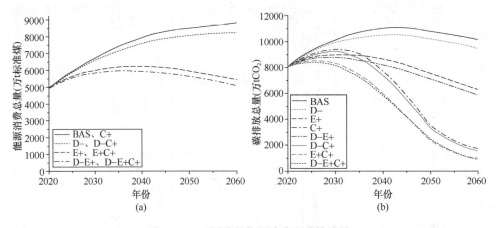

图 3-6-8 不同路径能源消费和碳排放量

结合国家"双碳"目标和成都市相关规划，成都市可行的碳中和路径应符合以下要求：

（1）2030 年前实现碳达峰，2060 年前实现碳中和；
（2）2050 年人均碳排放水平下降至 1.0t 及以下；
（3）2060 年剩余碳排放量下降至 2020 年的 15%以下。

由此，E＋C＋、D－E＋C＋情景为可行的碳中和备选情景。结果表明：①成都市难以仅靠需求控制、能效提升、能源结构低碳化某个单一支柱实现 2030 年前碳达峰、2060 年前碳中和的目标；②在不依靠能源结构清洁化的情况下，需求控制和能效提升的结合仅能满足碳达峰的需求，剩余碳排放量过大，难以实现 2060 年碳中和的目标，C＋情景能够显著降低成都市 2060 年剩余碳排放量，但相较于 D－E＋情景，碳排放峰值更高且出现时间更晚。综上，在中短期内控制需求和提升能效对于成都市碳达峰起到了重要的作用，但对于成都市长期碳中和目标，能源结构低碳化转型至关重要。

---

❶ 项目综合报告编写组．《中国长期低碳发展战略与转型路径研究》综合报告［J］．中国人口·资源与环境，2020，30（11）：1-25．

6.5 结论与展望

城市是实现国家碳达峰、碳中和目标的关键责任主体，而城市碳中和路径研究为其碳中和政策制定提供了有力支撑。通过对于国家碳中和与城市低碳发展路径相关研究的综述分析，城市碳中和路径研究应当体现"经济社会综合性、长时间尺度阶段性、实现路径多样化、城市战略个性化"4个特点，而现有低碳发展路径研究多存在单一行业视角、定性分析、面向中短期碳达峰开展或对于单一路径进行探讨等局限，缺少从以上特点出发，定量探究城市碳中和路径的研究方法。

基于以上背景，本书在综述已有研究方法的基础上，构建了一套面向碳中和的全流程城市低碳发展路径研究方法，在模型搭建、现状分析、情景构建、参数设置、路径选择等方面提出城市碳中和研究的关键要点，以体现城市碳中和路径的特点及要求，将较为成熟的国家碳中和战略路径研究方法降尺度后，在方法上体现了科学一致性，又兼具区域特异性。基于以上方法以成都市为例进行了实证，为其他城市的长期低碳发展战略和路径研究提供了可操作的模式。

基于本研究，未来还可对路径选择的多重标准展开讨论，除考虑不同路径能源消费与碳排放量之间的差异外，进一步开展成本、经济发展、社会公平、环境影响、人群健康等多维度评估，为综合制定城市低碳发展战略提供更全面的定量化决策支撑。

7 基于空间时效的城中村发展提升研究
——以深圳国际低碳城片区为例❶

7.1 深圳的城与村

深圳，一个在过去 40 年中高速发展的城市，在创造了世界上最令人瞩目的天际线的同时，也有容纳了超过一半居住人口的城中村与之共存。这种村城之间的边界消除，城中村中发展的不均匀性和非线性，呈现出一种不同时期、不同类型的城市拼贴。对于深圳这座城市，城中村并不是 CBD 的过去，CBD 也不会是城中村的未来❷。城中村曾经作为深圳的"后场"，承载了居住、生产、消费、文化记忆等多种功能需求，是一个高度复合、致密的"城市街区"形态。这是一种与现代主义规划下中央商务区、新城市主义等诸多城市理论所不同的自组织、类自下而上的城村发展模式。

深圳作为工业化都市的典范，"工业"印记是城市景观中的重要组成部分，近年来低碳生态城市发展将"工业化"置于未来发展的对立面，或曾一度否定其创造的社会价值。我们反思"低碳"本不在于"去工业化"，而更在于辨认社会资源的转向，只有知悉"工业化"不是完美的路径，才能进一步塑造城市空间。

自十九世纪启蒙运动以来，理性主义代表的空间设计一次次跌入"时效"❸的困局中。过分地反思"理性主义"抛出的艰涩问题似乎已没有现实意义。"时效性"是由动态的事件产生的主观感受，而"时间"则用于客观衡量这些事件。城市与建筑以空间自证，常让人忽略了时间对其的塑造，因为时间是线性的，而空间随视觉与主观感受展开。事物的老化、消亡是不可避免的，但时效性赋予事物的价值不会随着时间的流逝而消失。

---

❶ 作者：卓可凡，深圳市建筑科学研究院股份有限公司。
❷ Michael Speaks，摘自第七届深港城市建筑双城双年展南头主展场开幕演讲，2017.
❸ Berger, Alan. Drosscape: Wasting Land in Urban America. New York: Princeton Architectural, 2007.

7.2 设计战略与研究介入

美国普林斯顿大学建筑学院院长斯坦·艾伦曾提出建筑的战略（Strategy）与战术（Tactic）理论，其在《数字综合体》❶一文中表达对战略在数字科技语境下的认识。战略是提前进行的规划行为，它与现场发生的事件保持一定的距离，建立具有目标指向性的系统结构以完成目标；而战术则是在现场进行的即时的策略选择，它表现为对不断改变的现场条件所作出的反应，是根据需求而改变对策的能力❷。

从设计战略出发，聚焦深圳城中村综合治理和城村共生的综合解决方案。本研究的范围位于深圳市龙岗区坪地街道的国际低碳城片区，距深圳主城约30km，是深惠发展主轴线上重要的产业功能区，也是拓展深圳腹地空间的重要战略节点。以国际低碳城 1km² 核心启动区为原点，从历史变迁、社会文化、经济活动、环境资源、长线运营等方面，讲述城村共生关系，通过动态演变的场景式规划（Scenario Planning）对城中村提出在环境治理和空间活化上的设计战略（Design Strategy）。旨在为城中村创造更适宜的居住生活环境，提供更加丰富的功能配套，形成战略性与自发性相互作用下的"小小城市"。同时考虑成本经济性、运营可行性、政策合规性等多重限制，从"人与生活"的维度，重新认识和理解低碳零碳，通过研究城中村中各个尺度的城市系统复合、人与自然共创、建筑功能共享，以垃圾产生与再利用、饮食商业与种植、公共空间与城市热力、后工业存量活用四个场景案例作为切入点，引入多元融合的跨学科国际团队，以战略为先作为行动框架，通过场景主导的"类菜单式"城中村综合治理策略，探索了城中村这个自下而上的"小小城市"的未来发展原型，为城中村在未来5~10年的迭代演进提供策略指导。

在此研究框架下，第九届深港城市建筑双城双年展龙岗分展场以"C位出发，建筑向未来"为主题，聚焦低碳社区、智能建造、智慧能源、智慧建筑等领域，结合此届双年展的讨论话题和当下城市"双碳"发展的背景契机，美国雪城大学、哈尔滨工业大学（深圳）、深圳大学与深圳建科院共同于2022年秋季开展了"共享设计"国际联合研究（课题），共有超过50名建筑、规划等专业的师生分别从宏观城市片区的系统共享（L）、中观全龄社区人与自然的共享交互（M）、微观建筑单体功能的时空共享（S）三个维度参与本项

---

❶ Stan Allen. The Digital Complex, Log5. New York: ANY Corporation, 2005.
❷ 王衍, 王飞. 数字综合战略与中国建筑实践[J]. 城市建筑, 2006（4）: 3. DOI: 10.3969/j.issn.1673-0232.2006.04.013.

研究，并组织了超过10次的线上线下共享讨论和共创工作坊活动，研究成果于2022年底在第九届深港城市建筑双城双年展龙岗分展场未来大厦展区进行展出（图3-7-1）。

图 3-7-1　第九届深港城市建筑双城双年展龙岗分展场现场

7.2.1　宏观尺度（L）：城市建筑的系统共享

城中村是当今世界范围内各高密度超大城市未来发展的重要组成部分。美国雪城大学建筑学院 DEF（Design Energy Futures）研究团队对深圳国际低碳城开展了跨越10年的3个建筑原型研究，在极具示范性的未来低碳园区和相对原真的城中村之间探索低碳城发展的建筑"未来"。试图以建筑能源一体化、生活生态一体化、农业工业一体化这3个原型，研究面向未来的低碳韧性设计，探索低碳城"1.0"向"2.0"的跨越发展叠变。针对深圳国际低碳城城村割裂、交通覆盖不足、能源使用场景相对单一等现状，提出了富有引导性的集成化解决方案，提倡以场景主导的城村系统共享，构建一种工作生活、交通物流、农业生态、环保节能高度集成共享的"三生融合"城市场景（图3-7-2）。

图 3-7-2 "三生融合"的场景示意

7.2.2 中观尺度（M）：全龄社区人与自然的共享交互

城中村作为一种"新村社共同体"❶，是在非农化经济（后工业化）基础之上的一种"新型村社共同体"。利用跨学科的分析研究方法，从不同角度对城中村进行问题梳理和机会发掘，通过研究时效性、空间的特异性与类型，绘制未来城市图景（图3-7-3）。

"城市图景"（Mapping Mnemosyne/Collective Memories❷）是无数居民对无数个事物的无数次描述。不同时期对不同事物的描述、期许与当代的价值观或有所不同，而当人类发展到某一时代，受陆地面积、建造材料、寿命及科学认知等的局限，终会面临城市空间不会再创生的难题；同时城市与建筑等人为环境却永远在为人类的活动赋值。对这些"过去式价值"的解读，正是重新赋予事物、城市、建设环境"时效性"的重要养分。因此，本次研究以跨学科的动态视角，研究多专业背景下的开放共享设计❸，探索人与人共享设计建造权、人与自然生物共享资源、功能共享的场所营造、共享集合记忆和活动经济、建筑界面与交通能源的智慧共享。

---

❶ 蓝宇蕴. 都市里的村庄：一个"新村社共同体"的实地研究 [M]. 生活·读书·新知三联书店, 2005.

❷ Frampton, Kenneth. Megaform as Urban Landscape [M]. Urbana, IL: University of Illinois, School of Architecture, 2010.

❸ 叶青, 郭永聪, 李芬. 共享·共生：从共享设计到共享建设 [J]. 时代建筑, 2021（4）：70-74.

本次研究的重点首先是发现场地的普遍问题，回应场地自身的时效意义；其次是资源流动带来的难点与机遇；再次是在"双碳"攻坚背景下如何实现国际低碳城城村一体的零碳发展策略；最后是如何通过研究性设计创造动态城市价值。

图 3-7-3　基于城村时效性的低碳场景展示

7.2.3　微观尺度（S）：建筑单体功能的时空共享

低碳将成为未来城市和建筑的本质属性之一，相应的设计理念、立意构思、策略手法都将随之产生深刻变化。本次研究的合作团队从建筑尺度角度以"共享型大空间公共低碳建筑设计"为切入点，展现了对建筑功能、低碳技术、建构逻辑、人本包容的系统性思辨和个性化主张。研究团队作为建筑领域的新生力量阐述了低碳立意和构思策略，分别从"法自然""遵行为""循建构"的视角展示了突破常规却敏锐的设计创意。中国传统文化提到"形而上者谓之道，形而下者谓之器"。器非只为器，而是知识与思想的载体，同理，建筑也不仅是有功能的房子。以器载道，通过设计寻求低碳之道，以"自然而然"的技术集成和"木林森"的木构策略集成为概念，寻求低碳建筑设计策略的突破。

通过一个建筑载体，实现建筑与能源的一体化、建筑与交通的一体化、建筑与环境的一体化，以 3D 打印智慧建造方式、模块化装配式建筑、光储直柔的能源模组等技术手段作为支撑，探索了一系列菜单式的城中村改造提升原型，为存量空间拓展空间的灵活使用场景和能源高效利用场景（图 3-7-4）。

7 基于空间时效的城中村发展提升研究——以深圳国际低碳城片区为例

图 3-7-4 建筑时空共享的成果展示

7.3 四个城-村场景

7.3.1 关于垃圾的故事："C2C"引领下的无废城市

垃圾治理和回收利用是当下城市综合管理中不可回避的一部分，城中村也面临同样的严峻挑战。垃圾的产生是需要时间的，垃圾的形成过程也进入了人们的视野，人们意识到从手中丢出去的垃圾可以回到自己的手上，垃圾可以重新以资源的形式回归到人们的生活。本次研究根据场地内部信息，对于城中村中现有资源进行分析，参考 Cradle 2 Cradle（C2C）的循环理念，重点对城中村内部垃圾清运及交通系统进行改造，打通场地内部物流网络，促进当地产业发展同时通过对物流渠道的重新规划，实现无废城市的建设，形成垃圾自产自销的 C2C 模式（图 3-7-5、图 3-7-6）。

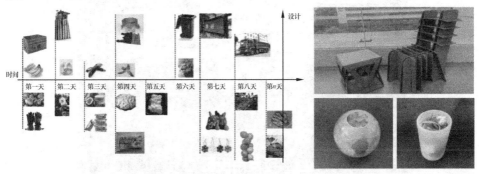

图 3-7-5 生活垃圾在居民自处理下的材料再生（从香蕉皮到混凝土骨料纤维）

图 3-7-6　回收材料制作的城中村研究模型

7.3.2　关于吃饭的故事：可食用街区计划

在后疫情时代，经历了隔离、封闭，我们的城市亟需互动式、强体验式的商业激发城市活力。与此同时，在虚拟技术的背景下，实体商业空间在逐渐没落，信息物流商业慢慢变得更加发达，居民们可以在电商平台上买到新鲜食材。基于以上考量，我们思考商业交往空间和居住生活空间在当前技术的支撑下，是否存在一种交融共享的城市形态。回顾疫情期间，城中村居民们自发在阳台、屋顶、院落进行农作物种植，自供自给，享受绿色生态的生活，而这种模式对于未来低碳城市中社区"生产、生活、生态"的融合场景打造具有朴实而实用的参考意义。因此，本次研究以云社区为框架，提出了"可食用街区"的生态社区营造原型（图 3-7-7、图 3-7-8）。

图 3-7-7　"可食用街区"活力概念图

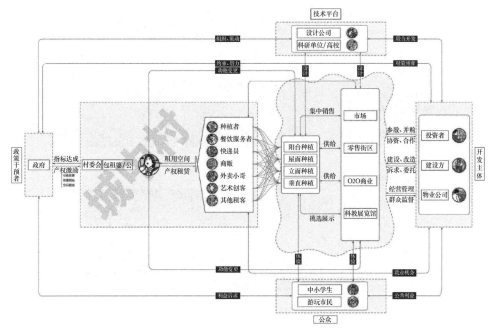

图 3-7-8 多方共创共享的"可食用街区"流程图

7.3.3 关于活动的故事：瞬时社区·再看公共空间

街道作为人生活的社区组成部分，其更新应遵循人的行为特点、活动方式，满足人对空间功能、尺度、数量、质量与形态的实际需求。然而，部分旧街区更新却忽视了对人这一使用者生理和心理上的需求关注，具体表现在空间形态与尺度偏重视觉审美维度、街道交通空间和交往空间之间存在矛盾、公共设施配置不足。以情境场景为触媒，利用人类特有的触景生情心理和场景情愫营造，来催生人主动参与的意愿，引发共鸣。在城中村更新中，尝试把许多生活情景、历史画面或在地记忆拼贴叠化成一个个富有情境的环境空间，引导社区居民产生注意与联想，激发人的自主参与和体验行为，使居民与街区产生更多互动，增加驻留时间与周边辐射效应。

同时，我们在城中村中观察到，城中村的公共空间与经过规划的城市公共空间在尺度上并不相同，存在着很多在城市中并不常见的檐下空间、夹角空间、口袋空间，形式多样复杂的空间孕育着丰富的生活场景。因此，我们对不同状态城市肌理进行模型表现，采用统一比例，表现出空间在模型上的尺度变化(图 3-7-9、图 3-7-10)。

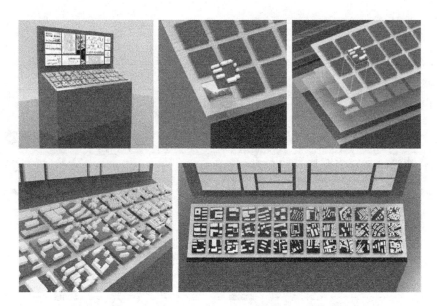

图 3-7-9 "公共空间"与"城中村公共空间"尺度研究模型

图 3-7-10 国际低碳城核心区生活热力图

7.3.4 关于厂房的故事：工业建筑的"去"与"留"

城中村中工业建筑的发展面临着时效缺失，即失去了使用价值但没有达到设计年限的工业建筑，面临着被淘汰、被遗弃的局面。城市记忆遗忘，工业建筑的痕迹被彻底清除，其固有的文脉和肌理也被完全抹去了。随着城市的不断发展，原本位于城市边缘的工业建筑正在向城市中心靠近或已位于城市中心，一定程度上阻碍了城市的绿色发展。传统旧工业建筑改造缺乏对工业建筑如何融入城市、融入社区的思考，单一的空间改造常常脱离了居民的日常生活。筛选出与周边城中村生活场景密切相连的工业建筑作为改造对象，随着场地的不断发展和产业的升级，这些建筑在未来的控制性规划中可以提供韧性可变的生活空间（图 3-7-11、图 3-7-12）。

改造手法： 加建新空间　　　　暴露建筑结构　　　　阳台与凸窗
适用场景： 原有建筑空间面积不足　原有建筑的楼板和墙壁　原有建筑空间的
　　　　　 周围有可供加建的空间　可以拆除　　　　　　 采光要求不能满足

改造手法： 屋顶空间改造　　　　营造灰空间
适用场景： 原有建筑屋顶平坦，　 原有建筑为框架结构
　　　　　 有改造的条件　　　　 建筑需要服务周围群众

图 3-7-11　工业建筑改造原型示意

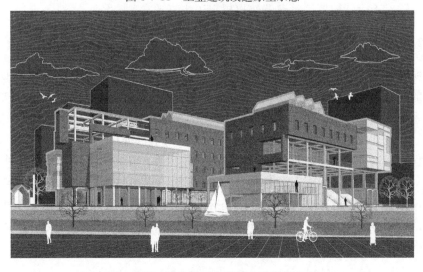

图 3-7-12　城中村工业建筑改造效果示意

7.4 结语：从共创、共识到共享

7.4.1 交叉学科的共创

策略为先，学科耦合。面对城村行动这样一个跨学科、长周期的任务，设计建造运营团队的战略制定毫无疑问需要多学科交叉的专业知识和实践经验，包括但不限于规划设计、建筑设计、结构技术、景观生态、法规等方面的知识和经验。此外，建筑师还需要具备系统思维、创新思维、极强的在地沟通协调能力。在城中村综合治理和改造提升的过程中，应尽早地制定和实施战略。在多学科跨专业共同贡献下，城中村的综合治理使得城村计划成为当下城市"存量"发展的理论排头兵和实践高地。

7.4.2 主客体的共识

主客反转，螺旋交织。如同黑格尔在《精神现象学》中关于自然辩证关系所建立的框架，城中村的综合整治也是建立在"矛盾"和"否定"之上。城中村项目有别于传统的规划设计或改造设计项目，主体和客体在城中村项目语境下不再是二元对立的关系，运营方、设计方的驻地设计、在地沟通使之逐渐成为"新村民"的一部分，而原住民在环境变化的影响下常常会进行自发性设计建造活动，成为共享的设计建造方。这种通过多点触发，撬动社会资本共创共赢的模式，是基于设计实施过程中，决策方、技术服务方、运营方和使用方长期沟通并达成共识进而产生行动默契的结果。沟通与协调在城中村项目中已然是推进每一步的源动力，这对于运营前置、社区营造也提出了更高要求。

7.4.3 设计融合的共享

城中村的设计战略是大设计战略，在探索在村发展过程中的切实需求和具体限制的同时，关注建筑与城市的关系，分析复杂的行为流线、复合的空间功能，建筑系统和公共空间与致密的城市肌理之间互动，常常超越常规建筑学、景观学、城市规划或城市设计的专业范畴。共享建筑学自提出至今已有约20年的发展历程，无论是李振宇教授提出的全民共享、让渡共享、群共享，或是四种分享形式（分层、分隔、分时、分化），还是叶青女士提出建筑设计是共享参与权的过程，都关系着人共同参与设计。城中村的改造提升与共享设计的理念密不可分，依赖于多学科、全生命周期的改造运营战略，所有共创者在城村中学习共享，推动城村自我学习和蝶变。

8 国际自愿减排碳信用交易市场[❶]

8.1 引　　言

2016年4月中国与其他170多个国家在联合国共同签署《巴黎协定》，承诺将全球气温升高幅度控制在2℃的范围之内，在2020年第七十五届联合国大会上，中国向世界郑重承诺力争在2030年前实现碳达峰，在2060年前实现碳中和，自此将"做好碳达峰碳中和工作"作为长期重点任务之一。加快建设完善的碳交易市场是利用市场机制控制和减少温室气体排放，助推实现碳达峰碳中和与应对气候变化国家自主贡献目标的重要工具及方法。

碳交易市场包括强制与自愿两种交易机制。强制碳市场主要交易品种为碳配额，由碳市场的政府主管部门有偿或无偿向高碳排放的管控企业发放产生。自愿减排市场的主要交易品种为碳信用，由温室气体减排或清除项目产生，碳信用不仅可以作为强制碳市场的抵消用于管控企业履约，还允许企业或个人购买以抵消其碳排放，实现碳中和。我国的自愿减碳排放信用交易体制是以CCER[❷]为基础，在2017年暂停后预期将会重启，而国际自愿减排市场已发展多年，已经形成一套比较成熟的市场操作及管理体系，分析研究国际自愿减排市场，对如何进入国际自愿减排市场，以及发展、完善我国自愿减排市场有积极意义。

8.2 国际自愿减排碳信用市场

8.2.1 国际自愿减排市场目的

自愿减排市场（Voluntary Carbon Market，VCM）是指个人、公司或其他

[❶] 作者：叶祖达．

[❷] 中国的CCER（China Certified Emission Reduction，国家核证自愿减排量）项目申请始于2012年，后又在2017年3月被国家发展改革委叫停签发，新项目不再审批、已批项目仍可运行。根据《碳排放权交易管理办法（试行）》（生态环境部令第19号），国家核证自愿减排量，是指对我国境内可再生能源、林业碳汇、甲烷利用等项目的温室气体减排效果进行量化核证，并在国家温室气体自愿减排交易注册登记系统中登记的温室气体减排量。目前全国已有2871个审定项目、861个备案项目，以风电、光伏发电、甲烷利用等类型居多。

行为者在受管制或强制性碳定价机制之外发行、购买和出售碳信用额度的市场。其目的是通过为大气中清除温室气体或减少与工业、交通、能源、建筑、农业、森林砍伐或人类生活的任何其他方面有关的温室气体排放的项目或计划提供资金支持，为项目或计划的实施者创造碳减排的可行性，从而达到缓解气候变化、鼓励全社会共同参与减排行动的目的。

8.2.2 国际自愿减排市场：供需关系

从经济角度来看，碳信用作为可交易的商品，其产生、销售、转让和购买是由在碳市场上扮演不同角色的私人和公共行为者进行的。图 3-8-1 描述了自愿减排市场的供应和需求结构❶。

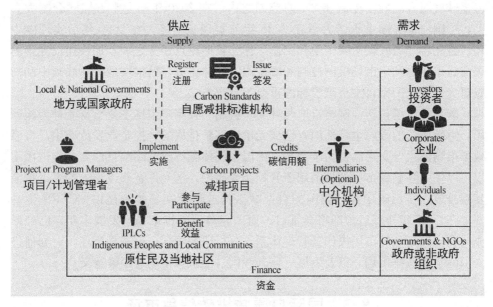

图 3-8-1　国际自愿减排市场的供需结构

(图片来源：The Voluntary Carbon Market Explained)

碳信用供应：减排项目/计划的管理者通过设计符合自愿减排标准机构要求的减排活动，并根据最终实施情况获得的由自愿减排标准机构签发相应的碳信用。减排项目/计划的管理者可以是营利性或非营利性的私人项目开发商、当地私人或社区土地所有者，或政府部门、公共机构。

碳信用需求：目前大多数碳信用的最终使用者是参与缓解气候变化的私营公司，它们以此抵消其温室气体排放来实现公司气候目标或将其作为强制碳市场的

---

❶ The Voluntary Carbon Market Explained. https：//vcmprimer.files.wordpress.com/2022/01/vcm-explained-introduction.pdf

抵消用于管控企业履约。政府、非政府组织以及个人也可以购买碳信用，来抵消飞行、活动或服务和商品生产的碳排放。投资者和中介机构则通过投资项目和购买碳信用额度，在供应和需求两方面运作。投资者为私人公司、基金会或个人，他们与中介机构或减排项目/计划的管理者合作，为减排项目或计划提供资金，通常是为了换取项目或计划产生的信用数量或价格的保证。

8.2.3 《巴黎协定》第六条：建立国际市场体系

虽然我国将会重启 CCER，但国际自愿减碳排放市场与标准等体制对我国未来迈向碳中和乃至面对全球碳市场并趋向接轨整合有关联意义。

《巴黎协定》第六条为各国政府提供了灵活性，旨在为以碳市场为主的国际气候治理合作机制敲定细则，其中的国际合作被认为是"促进更多减缓气候变化行动的必要工具"，并为下一个国家自主贡献周期内的进展铺平道路。《巴黎协定》第六条提供了条款 6.2 和条款 6.4 两种不同的市场合作机制❶：

（1）条款 6.2 为合作方法（Cooperative Approaches），允许各国就国际可转移减碳成果（Internationally Transferred Mitigation Outcomes，ITMOs）的交易达成双边和自愿协议，并且建立了一个同样适用于条款 6.4 的会计框架，以避免重复计算。即减排量超过国家自主贡献目标的国家可以通过合作方法，将额外的减排量出售给未能实现国家自主贡献目标的国家。按照格拉斯哥气候大会通过的决议，ITMOs 被定义为 2021 年以来实现的真实的、已核证的和额外的碳减排量或碳移除量。

（2）条款 6.4 提出建立一个由联合国专门机构监管的国际减排信用市场，允许国家之间交易碳信用，在这个机制下产生的碳信用单位被称为 A6.4ER（Article 6.4 Emissions Reduction），它总体上沿用了清洁发展机制下核证减排量（Certified Emission Reduction，CER）的方法学。

虽然《巴黎协定》及其管理机构对自愿减排市场没有实质的管辖权，但自愿减排市场开发的项目和计划可能会支持各国实现其在《巴黎协定》下的气候承诺。因此，自愿减排市场活动一定程度上需要遵守《巴黎协定》第六条的规定。

国际碳交易市场体系的确立，以及相关细则、计算方法不断地完善健全，将有助于自愿减排市场进一步标准化、规范化、透明化，同时极大地促进未来全球自愿减排交易的增长。

---

❶ https：//www.un.org/zh/documents/treaty/FCCC-CP-2015-L.9-Rev.1

8.3 国际自愿减排碳信用市场发展趋势

8.3.1 国际自愿减排碳信用市场发展

1997年《京都议定书》建立了清洁发展机制（Clean Development Mechanism，CDM），开启了发展中国家和发达国家之间的自愿碳市场，且随着2005年欧盟碳市场正式启动，并且接纳CDM机制下产生的碳指标——核证自愿减排量（Certified Emission Reduction，CER），欧盟碳市场成为最大的自愿碳指标交易市场。2003年，芝加哥气候交易所（Chicago Climate Exchange，CCX）诞生，450名会员分别设定自愿减排目标，并交易碳金融工具（Carbon Financial Instrument，CFI）用于履约❶。

2012年后因《京都议定书》未能签署第二期，中国项目产生的大量CER无法在国际市场进行出售，只能转入国内试点碳市场进行出售。

虽然全球自愿碳市场的发展并非一帆风顺，但国际市场一直处于发展之中，位于不同地区的交易市场平台和中介等业务一直增长，特别是自2016年以来，全球自愿碳市场每年的交易量和交易额不断增长，同时面对企业的可持续发展等目标的提升，不同的国际自愿减碳排放标准机构陆续成立，有关机构均为国际不牟利非政府机构。同时，根据国际研究，2021年自愿碳市场交易额以创纪录的速度增长，达到20亿美元，是2020年价值的4倍，2022年购买速度仍在加快。到2030年，市场规模预计将达到100亿~400亿美元❷。

8.3.2 国际自愿减排碳信用标准体系介绍

本书收集了VCS（Verified Carbon Standard）、GS（Gold Standard）、ACR（American Carbon Registry）、CAR（Climate Action Reserve）、Plan Vivo、GCC（Global Carbon Council）六个国际上主要的自愿减排碳信用标准，并对各自标准的基本信息、总签发量、已注册项目数及涉及地理范围以及适用的项目类型进行整理，具体见表3-8-1。

(1) VCS，Verified Carbon Standard

VCS由气候组织（CG）、国际排放贸易协会（IETA）和世界经济论坛（WEF）联合开发，是目前国际市场中交易量最大、应用范围最广的第三方独立自

---

❶ 直到2010年7月，CCX由上市公司Climate Exchange PLC运营，该公司还拥有欧洲气候交易所。2010年，芝加哥气候交易所停止运行，7年间实现7亿t减排量。

❷ BCG The Voluntary Carbon Market Is Thriving 2023-1-19 https：//www.bcg.com/publications/2023/why-the-voluntary-carbon-market-is-thriving

8 国际自愿减排碳信用交易市场

国际主要自愿减排碳信用标准　　　　　　　　　　　　　　　　表 3-8-1

自愿减排标准	总签发量* （MtCO$_2$e）	碳信用额名称	涉及地理范围**	适用项目类型
Verified Carbon Standard (VCS)	1036.9	Verified Carbon Units（VCUs）	1996个已注册项目分布在88个国家及地区，发展中国家占主导地位	涵盖几乎所有项目类型
Gold Standard	238.3	Verified Emissions Reductions（VERs）	1388个已注册项目分布在80个国家及地区，买家主要来自欧盟	涵盖大多数项目类型，除REDD+项目
American Carbon Registry	87.9	Emission Reduction Tons（ERTs）	67个已注册项目，主要分布在美国	涵盖工业工艺、土地利用、林业、碳捕获以及废弃物等项目类型
Climate Action Reserve	77.8	Climate Reserve Tonnes（CRTs）	198个已注册项目，主要分布在美国	涵盖农林、能源、废弃物以及非二氧化碳温室气体减排等项目类型
Plan Vivo	6.8	Plan Vivo Certificates（PVCs）	28个已注册项目分布在亚洲、非洲、大洋洲以及拉丁美洲20个国家	以农林项目为主
Global Carbon Council	0.5	Approved Carbon Credits（ACCs）	18个已注册项目分布6个国家	目前以可再生能源项目为主

* 总签发量统计截至2022年底

** 已注册项目数截至2023年3月30日，其中ACR，CAR中Cap-and-Trade Program的ARB项目不计入

愿减排标准，由非营利性组织Verra负责管理。Verra于2007年成立，总部设在华盛顿特区，除VCS还同时管理气候、社区和生物多样性标准（CCB），可持续发展认证影响标准（SD VISta），以及减少塑料垃圾计划等❶。

VCS所签发的碳信用为VCUs（Verified Carbon Units）。目前已注册项目为

---

❶ https：//verra.org/about/overview/

1996个，分布在88个国家及地区，发展中国家占主导地位，涵盖几乎所有的项目类型。

(2) GS，Gold Standard

Gold Standard 由世界自然基金会（WWF）和南南-南北合作组织（South-South North Initiative）和国际太阳组织（Helio International）发起，2003年率先启动清洁发展机制GS（GS CDM），2006年启动了自愿减排项目的GS（GS VER）。Gold Standard 专注于推进联合国可持续发展目标（SD GS），并要求必须对减排项目的影响进行额外的评估，以确保在减少碳排放的同时保证最高水平的环境完整性，有助于可持续发展❶。

Gold Standard 所签发的自愿减排碳信用为VERs（Verified Emissions Reductions）。目前已注册项目为1388个，分布在80个国家及地区，买家主要来自欧盟，涵盖大多数项目类型。

(3) ACR，American Carbon Registry

ACR 由环境资源信托基金（Environmental Resources Trust，ERT）创建于1996年，其前身是温室气体注册中心，是美国第一个私人自愿性温室气体注册中心，并于2007年成为非营利性组织Winrock International 的全资子公司。2012年，ACR 获加州空气资源委员会批准，成为加州强制碳交易市场的抵销项目登记处❷。

ACR 所签发的自愿减排碳信用为ERTs（Emission Reduction Tons）。目前已注册项目为67个，主要分布美国，涵盖工业工艺、土地利用、林业、碳捕获以及废弃物等项目类型。

(4) CAR，Climate Action Reserve

CAR 前身为加州气候行动登记处，它是由加州立法机构于2001年为公司和其他组织设立的自愿性温室气体登记处，以鼓励和促进早期行动来衡量、管理和减少温室气体排放。加州气候行动登记处还制定了一系列标准化的、基于性能的、针对具体项目的协议和相应的核查协议，以量化温室气体减排项目的减排量，并帮助超过415家位于加州的领先企业、组织、政府机构和市政当局自愿计算和公开报告其温室气体排放量❸。

CAR 所签发的自愿减排碳信用为CRTs（Climate Reserve Tonnes）。目前已注册项目为198个，主要分布美国，涵盖农林、能源、废弃物以及非二氧化碳温室气体减排等项目类型。

---

❶ https：//www.goldstandard.org/about-us/vision-and-mission

❷ https：//americancarbonregistry.org/about-us/mission

❸ https：//www.climateactionreserve.org/about-us/

（5）Plan Vivo

Plan Vivo 是一个针对林业、农业和其他土地使用项目的自愿减排碳信用标准，重点是促进可持续发展和改善农村生计和生态系统服务，目前由 Plan Vivo 基金会管理，该基金会是苏格兰的一个非营利组织。Plan Vivo 起源于 1994 年，是墨西哥恰帕斯州的一个试点研究项目，旨在开发一个框架，使小农户能够通过从碳市场获得资金参与碳封存活动❶。

Plan Vivo 所签发的自愿减排碳信用为 PVCs（Plan Vivo Certificates）。目前已注册项目为 28 个，分布在亚洲、非洲、大洋洲以及拉丁美洲 20 个国家，以农林项目为主。

（6）GCC，Global Carbon Council

GCC 由海湾研究与发展组织（Gulf Organisation for Research & Development，GORD）于 2016 年建立，并获得政府组织交付和遗产最高委员会（Supreme Committee for Delivery and Legacy，SC）的资金支持，是中东和北非地区第一个自愿性的碳抵消计划❷。

GCC 所签发的自愿减排碳信用为 ACCs（Approved Carbon Credits）。目前已注册项目为 18 个，分布在 6 个国家，以可再生能源项目为主。

8.3.3　国际自愿减排碳信用标准体系 VCS 介绍

通过研究分析 VCS 对于碳信用的签发流程及其目前已注册项目情况，能够更进一步了解国际自愿减排标准的运行现况。

与大多数国际自愿减排标准的基础要求框架相同，自愿减排碳信用的签发必须经过严格的评估审查，主要包括以下几个步骤（图 3-8-2）。

（1）项目/计划文件的编制

项目建议方需要选择一个适合自己项目的方法学，并准备项目设计文件表明项目符合所有 VCS 标准要求及方法学条件。

（2）项目审定登记

需要聘请一个经审批通过的独立第三方审核机构对项目设计文件进行审定，对所有项目描述必须严格按照 VCS 规则和要求进行核查，只有在项目核查报告提交后项目才可进行注册登记。

（3）数据监测及报告编制

需要根据项目设计文件中要求的监测记录项目减排量及其他与项目执行相关的关键数据，并编制监测报告，交由第三方审查机构对监测报告中的减排量进行

---

❶ https：//www.planvivo.org/history

❷ https：//www.globalcarboncouncil.com/about-gcc/global-carbon-council/

核证并出具报告。

(4) 碳信用签发

VCS 登记注册处将审核项目文件的完整性，审批合格的项目可获得相应碳信用 VCUs。

VCS 所签发的 VCUs 只能发放给企业或组织，个人无法注册账户，因此无法获得 VCUs。企业或组织可以将账户中的 VCUs 用于交易，但交易只能在 Verra 的注册账户之间进行，无法转移到其他数据库或作为纸质证书交易。

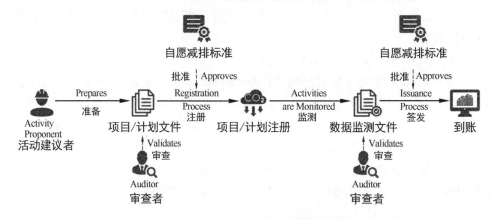

图 3-8-2　碳信用签发流程

(图片来源：The Voluntary Carbon Market Explained)

Verra 网站登记数据显示，截至 2023 年 4 月，VCS 已累计签发超过 11.10 亿 tVCUs，其中有约 5.87 亿 tVCUs 已注销。将已注册的 VCS 项目按行业分类，目前注册数量最多且累计签发量最多的项目类别为"能源产业（可再生/不可再生资源）"，注册项目数为 1244 个；其次为"农业、林业和其他土地使用"类别，注册项目数为 260 个；随后是废弃物处理与处置和能源需求类项目。

从地区分布来看，VCS 已注册项目多集中于亚洲，在全球 1996 个已注册项目中，共有 1265 个项目位于亚洲，占项目总数的 63%。从国家分布来看，印度拥有的 VCS 项目数量最多，共 608 个，超过项目总数的 30%；我国 VCS 已注册项目位居第二，共 465 个，约占项目总数的 23%，之后是土耳其、巴西和美国。

8.3.4　全球迈向 2050 净零碳目标的时代，国际自愿减碳市场发展将会提速

可以看到未来 10 年国际自愿减碳市场发展将会提速，原因包括：

(1) 全球迈向 2050 净零碳目标，应对气候变化工作的重要性位于国际合作前列，全球碳市场发展处于最好的历史环境；

(2) 全球到 21 世纪中叶碳中和以及 2030 年前的减排目标十分明确，这为全球强制碳市场和自愿碳市场的供需关系测算提供了良好条件，有利于碳市场的

建设；

（3）全球企业碳中和意愿强烈，创造了未来30年长期而稳定的碳指标需求；

（4）自愿碳市场对于实现全球碳中和目标有独特的价值，建设好全球自愿碳市场有重要意义，这些独特价值包括：支持企业尽早开展减排行动、支持早期减排技术尽早实现商业化、支持发展中国家获得必要资金实施减排项目等。

值得留意的是，香港特别行政区的香港交易所在2022年底成立了一个自愿碳减排信用交易的国际平台Core Climate [1]。Core Climate是个全新的市场平台，旨在将资本与中国香港、中国内地、亚洲甚至其他地区的气候相关产品及机遇连接起来。全球各地的企业及投资者可分阶段获取产品信息，购买、交收或注销碳信用产品。平台上的碳信用产品将会是来自世界各地优质、受国际认证的碳项目，包括避碳及减碳项目，例如生态修复、能源效率提升、可再生能源、林地复育等碳移除项目。Core Climate平台上的项目均经过国际标准验证，例如VERRA的核证减排标准VCS。Core Climate是目前唯一为国际自愿碳信用产品交易同时提供港元及人民币结算的碳市场，有助于吸引更多不同的参与者，进一步提升中国香港作为国际性离岸人民币枢纽及优质绿色可持续金融中心的地位。

8.4 绿色建筑进入自愿减排碳信用市场

绿色建筑在我国"3060双碳"目标下有着既定的发展方向，预计到"十四五"规划末期的2025年，我国绿色建筑市场总规模有望达6.5万亿元，较2020年3.4亿元的市场规模增长91%，若每年建设4亿~6亿m^2，相应每年的开发投入需要3万亿~5万亿元。但绿色建筑融资却存在问题，包括：现有融资渠道无法满足绿色建筑长期需求；现有绿色建筑项目无法满足商业银行的征信要求；融资成本高。对此，未来碳金融的发展为支持绿色建筑走出融资困境提供了可能性。

同时，建筑行业一直以来都是我国能耗与碳排放大户，可以涵盖国际上的范围一、二、三领域 [2]。如按照国际标准对建筑领域的碳排放进行分类，范围一是建筑建造施工或建筑运营中化石能源消费产生的直接排放，严格来讲，基础设施建设以及建筑管理、运营、拆除产生的范围一排放不是特别大。能源产生的间接

---

[1] https://www.hkex.com.hk/Join-Our-Market/Sustainable-Finance/Core-Climate?sc_lang=zh-HK

[2] 国际上，根据温室气体核算体系（GHG protocol），温室气体排放可分为三个范围。范围一：直接温室气体排放，包括企业直接控制或拥有的排放源所产生的排放。范围二：能源产生的间接温室气体排放，来自企业消耗的外购能源产生的间接温室气体排放，包括购买的电力、热力或蒸汽等。范围三：其他间接温室气体排放，来自企业供应链中的其他间接排放，例如提取和生产所购材料和燃料、非主体所拥有或控制的车辆中与运输有关的活动、不属于范围二的与电力有关的活动（例如输配电损失）、已外包活动、废物处理等。

温室气体排放，包括用电、热力等排放属于范围二排放。至于范围三的排放，建筑领域排放量非常大。其他间接的温室气体排放，包括建筑全产业链如钢铁、水泥在生产过程中产生的排放，在广义上属于建筑行业的全生命周期排放。

根据中国建筑节能协会等发布的《2022 中国建筑能耗与碳排放研究报告》统计，2020 年建筑全过程碳排放总量为 50.8 亿 t 二氧化碳当量，占全国碳排放的比重约为 50.9%。其中，建材生产阶段碳排放为 28.2 亿 t 二氧化碳当量，占全国碳排放的 28.2%，如水泥、钢铁等建材的生产；建筑施工阶段碳排放为 1.0 亿 t 二氧化碳当量，占全国碳排放的 1.0%；建筑运行阶段碳排放为 21.6 亿 t 二氧化碳当量，占全国碳排放的 21.7%。

自愿减排碳信用交易可以利用金融手段解决或激励碳减排项目或行动，以此减缓气候变化。在引入了碳资产（Carbon Asset）的金融体系下，既可以将作为碳资产之一的碳信用额用于交易，以拓宽建筑项目全生命周期中的融资渠道；也可以将碳排放配额与碳信用额所表征的碳排放权作为质押物以满足银行借贷增信要求，降低信用风险。

碳金融的市场交易机制赋予了建筑企业实现全生命周期灵活融资的可能性。在该交易体系下，建筑企业可以投资技术实施减排，再出售富余的碳配额从而获得额外收益。因此减排技术先进的企业可以通过获取更多碳信用进行交易，拓宽融资方式，碳信用市场有望成为企业建造绿色建筑的有效激励，具有一定的前景。

目前全球范围内不少国家和地区，包括深圳、上海和北京等城市，已进行具体实施试点把建筑行业纳入碳交易市场领域。建筑行业作为国际碳市场的一部分，在标准、方法、数据等方面已相对成熟。国外像日本、韩国、美国、新西兰和加拿大等国家已将一定体量的建筑纳入碳市场交易。我国建筑行业与国际碳市场接轨对于全行业实现碳达峰碳中和具有重要的示范意义。

第四篇 实践与探索

2020年9月中国明确提出2030年"碳达峰"与2060年"碳中和"目标以来,绿色低碳高质量发展持续推进,各地加快推进低碳、近零碳、零碳排放的试点示范工作,从国家到地方、从城市到乡村,均结合实际开展了丰富多样的绿色低碳发展实践。

国家低碳试点工作是推动我国绿色低碳循环发展的重要政策抓手,对于加快生态文明建设、推动经济高质量发展和生态环境高水平保护等都具有重要意义。2017—2022年,全国81个试点城市以年均1.3%的碳排放增速支撑了年均5.8%的GDP增长,其中95%的试点城市碳排放强度显著下降,基本能够在达成预期经济增长目标的同时,实现碳排放总量的有效控制。本篇对我国低碳城市试点的总体进展与低碳产业、能源低碳、建筑低碳、交通低碳、碳汇提升、低碳生活等具体任务落实情况进行评估,并提出下一步加快低碳工作落实的有关建议。

在区域性低碳发展综合示范方面,本篇重点介绍了2021年启动的深圳市近零碳排放区试点工作,近零碳试点创建工作激发了社会各界的低碳创建热情,试点项目推进以来取得了明显成效,预计第一、二批试点建设完成后的减排量将达到43%。此外,本篇以嘉兴高铁新城项目实践为例,介绍将碳排放评估与空间专项规划相结合、提出基于碳排放评估的绿色低碳发展路径，以期为我国城市碳排放评估及减碳路径在城区尺度提供样板和启发。

社区与乡村是迈向零碳和可持续发展的重要场景。本篇解读了《绿色繁荣社区（近/净零碳社区）建设指南之中国专篇》，旨在为中国城市社区利益相关方深度解读国际先进理念、方法和成功经验，启发中国社区参考借鉴、加速行动、提升雄心。面向碳中和及可持续发展，绿色繁荣社区提出绿色与繁荣两大支柱性目标：绿色即净零排放，对应气候减缓；繁荣即以人为本、有韧性、有活力，对应气候适应以及更广泛的经济社会发展。

2023年7月12日，由生态环境部发布的《国家低碳城市试点工作进展评估报告》❶（以下简称"报告"）在2023全国低碳日主场活动上发布，报告对全国81个低碳城市试点进行了首次全面的工作进展评估（图4-0-1）。报告显示，2017—2022年，试点城市以年均1.3%的碳排放增速支撑了年均5.8%的GDP增长，95%的试点城市碳排放强度显著下降，38%的试点城市碳排放总量稳中有降，25%的试点城市碳排放总量增速下降，试点城市二氧化碳排放控制成效显现。从评估结果来看，试点城市的平均得分为79.2分，最高得分为93.7分，最低得分为68.9分，低碳试点城市在低碳发展基础能力建设方面开展了扎实的工作并取得积极进展，基本能够在达成预期经济增长目标的同时，实现碳排放总量的有效控制。报告中，北京、深圳、烟台、潍坊、衢州、常州、重庆、上海等40个城市被评为优良城市。

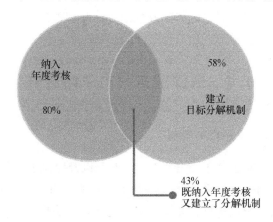

图4-0-1　低碳试点温室气体考核目标责任制构建情况
（图片来源：《国家低碳城市试点工作进展评估报告》）

---

❶　生态环境部. 国家低碳城市试点工作进展评估报告［R］［EB/OL］. Available：http://wzql.mee.gov.cn/ywgz/ydhbh/wsqtkz/202307/t20230713_1036161.shtml.［Accessed 2023-8-16］.

1 国家低碳试点城市建设进展与对策建议[1]

低碳试点工作是推动我国绿色低碳循环发展的重要政策抓手，对于加快生态文明建设、推动经济高质量发展和生态环境高水平保护等都具有重要意义。自2010年以来，国家陆续开展了三批低碳试点工作。其中，各试点城市围绕批复的试点工作实施方案，积极落实各项目标任务，在编制低碳发展规划、提出碳排放达峰目标年份、探索制定低碳发展政策制度、开展低碳领域国际合作交流方面做出了有益探索，并在构建低碳产业体系、提升能源低碳水平、推动建筑领域绿色低碳发展、推动交通领域低碳发展、提升生态系统碳汇能力、倡导低碳绿色生活方式和消费模式、建立温室气体排放数据统计和管理体系、建立碳排放目标责任制、提高低碳管理能力等方面取得了积极进展。

1.1 低碳试点城市总体进展

1.1.1 编制低碳发展相关规划

多个试点城市编制了"十二五""十三五"以及跨越五年规划期的中长期低碳发展专项规划，明确本地区低碳发展的主要目标、重点领域任务与保障措施，以低碳发展理念引领城镇化进程和城市空间优化，加快推动生态低碳发展向深层次延伸。青岛于2017年开展《青岛市低碳发展规划（2014—2020年）》中期评估，及时评估了低碳发展相关规划的有效性和推进实施情况，并提出"十三五"后期低碳发展方向。多个试点城市编制发布了应对气候变化专项规划，明确了应对气候变化既是可持续发展的内在要求，也是全社会绿色低碳转型的题中之义，着重分析了本地区应对气候变化面临的新形势新要求，提出应对气候变化的主要目标和重点任务。不少城市还以市（区、县）人民政府名义印发了控制温室气体排放工作方案，明确控制温室气体排放的目标任务，并从组织领导、目标责任考核、资金投入和宣传引导等方面强化保障落实，压实降碳主体责任。

---

[1] 作者：曹颖，国家应对气候变化战略研究和国际合作中心。

1.1.2 提出碳排放达峰目标年份

多个试点城市通过发布控制温室气体排放工作方案、低碳试点实施方案、应对气候变化规划、市人民政府宣示等公开途径，提出了碳排放达峰目标年份。其中，多数城市的达峰目标年份在 2025 年（含）前，不少城市在 2020 年（含）前，部分城市已围绕碳排放达峰路径安排、重点行动及相应保障措施开展研究。特别是 2017 年 1 月启动的第三批国家低碳城市试点，已明确以实现碳排放峰值目标、控制碳排放总量、探索低碳发展模式、践行低碳发展路径为主线，以建立健全低碳发展制度、打造低碳产业体系等为重点，探索低碳发展的模式创新、制度创新、技术创新和工程创新。

1.1.3 探索制定低碳发展政策制度

试点城市不断完善支持绿色低碳发展的配套政策制度，并取得了积极的减碳效果❶。石家庄、南昌两市于 2016 年发布了《低碳发展促进条例》，天津于 2021 年出台《碳达峰碳中和促进条例》，以地方立法促进区域的低碳发展转型。武汉市人民政府于 2017 年印发《武汉市碳排放达峰行动计划（2017—2022 年）》，建立起碳排放总量控制目标分解和评价考核机制。北京、武汉和镇江三市进行了固定资产投资项目二氧化碳排放评价的探索，分别建立了独具特色的碳评制度。多个城市的低碳城市试点建设工作方案都已由市人民政府制定发布，明确了城市低碳建设的总体方向、具体指标、重点任务和创新举措。不少城市还制定发布低碳城市建设的年度工作要点，聚焦年度工作的重点领域、重点任务、重点指标，将低碳城市建设的总体目标和任务进一步分解下达至各县（市、区）和相关部门。

1.1.4 开展低碳领域国际合作与交流

试点城市积极以低碳发展为主题谋划承办国际会议，发布城市低碳发展实践的重要成果，宣传中国城市在低碳发展模式创新和重点领域低碳发展的经验。不少城市都通过与国外研究机构签署战略合作谅解备忘录、共同成立研究机构、构建定期交流与长期合作机制等形式，开展务实合作，为自身的低碳发展转型打下良好基础。此外，多个城市代表中方出席联合国气候变化大会等高级别会议，宣传中国低碳城市建设做法与经验，扩大中国城市的低碳影响力，部分城市的低碳城市建设相关项目获得国际奖项并获得国际社会普遍赞誉。

---

❶ 蒋尉. 低碳城市建设中的非技术创新贡献——基于 70 个低碳试点城市数据的分析 [J]. 城市，2019，No. 236（11）：54-69.

1.2 具体任务落实情况

1.2.1 探索构建低碳产业体系

试点城市结合本地区产业特色和发展战略，大力发展低碳的战略性新兴产业和现代服务业，加快低碳技术研发示范和推广应用。多个试点城市通过淘汰落后产能、完善落后产能淘汰机制等，积极腾挪碳排放空间。同时，部分城市加快传统产业的提质增效，扎实推进工业供给侧结构性改革、传统制造业转型升级和生产智能化，以鼓励发展工业增加值高、能耗低、污染小的先进制造业，倒逼高污染、高能耗、低附加值企业转型。不少城市聚焦发展战略性新兴产业、生产性服务业和低碳产业，着力提升科技研发、现代金融、各类服务等发展水平，大力推进数字产业化、产业数字化、智能制造，搭建好数字经济发展平台，在有力促进数字技术创新的同时，提升产业发展的"低碳"含量[1]。截至2021年，超过三分之二的试点城市三产比重提高速率高于全国水平，超过四分之一的城市战略性新兴产业增加值或高技术制造业增加值增速高于本地区GDP增速，产业结构显著向好[2]。

1.2.2 提高能源低碳水平

多个试点城市严格以"十三五"规划目标、煤炭消费总量控制方案等为统领，严格控制煤炭消费总量和耗煤项目，强化对高耗能项目审批把关、化解过剩产能，大力削减煤炭等高碳化石能源消费，多个城市煤炭消费占能源消费总量的比重持续下降，个别城市已基本实现中心城区"无煤化"。部分城市实施燃煤锅炉能源替代项目，通过淘汰低效率能源生产设备，组织实施大型燃煤机组超低排放改造，鼓励使用洁净煤及高热值煤等，推动煤炭的清洁高效利用。此外，多个城市大力提升气电、核电、太阳能、风电、水电等装机占比，清洁能源发电占比、可再生能源电力占全社会用电量比重、非化石能源占一次能源消费比重等指标持续提升。部分北方供暖城市继续积极推进煤改电供暖和集中供热供气，通过增加热电联产供热面积，逐步形成以主要热电联产企业为热源的高效一体化供热格局，部分城市主城区已基本实现集中供热。

---

[1] 岳立，尹苑，黄晨曦. 低碳城市试点对城市数字技术创新的影响研究[J]. 工业技术经济，2023，42 (05)：30-37.

[2] 邓翔，任伊梦，王国华. 低碳城市建设与产业结构优化升级——来自低碳城市试点工作的经验证据[J]. 软科学，2023，37 (02)：10-19. DOI：10.13956/j. ss. 1001-8409. 2023.02.02.

1.2.3 推动建筑领域低碳发展

多数试点城市全面执行绿色建筑标准和建筑节能设计标准,推动建筑能效不断提高。部分城市编制发布了"绿色建筑专项规划",不少城市绿色建筑占新建建筑面积的比重已达100%。不少城市积极推广太阳能光热、光电建筑,可再生能源建筑应用规模不断扩大,积极探索集约、智能、绿色、低碳的新型城镇化模式。部分城市严格执行低能耗建筑节能设计标准,多个试点城市成功申报"冬季清洁取暖试点城市",有序推动冬季清洁取暖工作实施,基本实现既有建筑节能改造的"应改尽改"。

1.2.4 推动交通领域低碳发展

试点城市积极提升交通基础设施的能源利用效率,主动调整交通用能结构、优化交通发展方式,以减少交通运输环节的碳排放增量。部分城市着力推动城市运输方式的低碳转型,促进集装化、厢式化和标准化货物运输,部分港口城市推进港口货物"公转水"运输,降低单位货物周转量的碳排放水平。多个城市大力推广新能源汽车,提升道路运输行业及非道路移动机械的清洁能源或新能源车辆占比,不少城市已经实现城区公共交通车辆100%电动化。此外,试点城市还优先发展城市公共交通,有序发展城市轨道交通、智能交通及慢行交通,加快推进城市公共交通的网络化建设,积极优化城市交通运输发展方式。

1.2.5 提升生态系统碳汇能力

多个试点城市积极开展生态系统恢复与保护工程,结合本地区生态环境整治专项行动等,实施湿地、植被保护与恢复等生态修复保护工程,加大力度提升生态系统碳汇吸收和生态服务功能。不少城市加快推进城乡绿色进程,结合市政新建项目、国家森林城市创建工作等相关工作,大幅增加城市绿量和二氧化碳吸收固定量,减少城市热岛效应。部分碳汇资源禀赋优势明显的城市还积极开发国家核证资源减排项目(CCER),印发林业碳汇产业发展规划等制度性文件,出台林业碳汇核算相关方法学等,推动林业碳汇及数据库建设。

1.2.6 倡导低碳绿色生活方式和消费模式

试点城市以节能宣传周和全国低碳日、世界环境日等为重要契机,开展低碳理念与知识普及宣传活动,提升全民低碳意识。部分城市还深入开展节能低碳宣传进机关、进校园、进企业、进农村、进家庭行动等,营造出社会各界共同参与、政府部门齐抓共管、企事业单位积极落实的良好氛围。试点城市通过开展绿色低碳交通活动、碳普惠公益林业碳汇项目捐赠活动、碳币(碳积分)发放及购物消费体验活动等体验式活动,构建起各具特色的碳普惠机制,充分调动市民参与低碳行动的积极性。

1.2.7 建立温室气体排放数据统计和管理体系

试点城市悉数开展了温室气体清单编制工作,不少试点已经构建起长时间尺度、时序连贯的常态化清单编制机制,从而清晰、准确地掌握城市温室气体排放特征,有利于制定切合实际的减排目标、任务措施、实施方案。多个试点城市建立了重点企业温室气体排放统计核算工作体系或碳排放数据管理平台,便于及时掌握区县、重点行业、重点企业的碳排放状况。部分城市制定了应对气候变化统计指标体系,每季度对全社会能源消费总量进行核算并计算二氧化碳排放量。不少城市开展了重点排放单位碳排放报告工作,推广重点企事业单位碳排放报告制度,并推动重点单位配备专人管理排放核算。此外,部分试点城市还主动健全温室气体排放信息披露制度,及时披露有关碳交易的主体、配额分配、交易规则、碳交易价格、定期的评估和相应报告等,给市场提供及时透明的信息。

1.2.8 建立碳排放目标责任制

北京、天津、上海、重庆四个直辖市积极落实国家下达的碳排放强度下降目标任务,综合考虑下辖区(县)的经济发展水平、资源禀赋、产业结构和节能降碳潜力等因素,将本地区碳排放强度下降目标进行区(县)分解,并实施评价考核。其他地级市和县级市也充分发挥低碳试点城市先锋模范作用,积极探索建立市级控制温室气体排放相关考核指标体系,个别城市还将碳排放强度下降目标任务进行区(县)、部门的双分解,压实减排主体责任,有效落实碳排放控制目标。部分城市将碳排放强度下降率指标纳入生态文明考核机制,有力推动目标落实。

1.2.9 提高低碳发展管理能力

试点城市牢固树立城市低碳发展理念,悉数成立了应对气候变化处(科)或低碳办公室,建立起低碳城市建设的组织领导机制。部分城市还建立起每月调度工作进展、每季度召开会议的试点建设工作推进机制。为了更好地提升城市低碳发展的技术支撑水平,不少城市还成立了低碳研究中心、低碳发展专家委员会、低碳发展促进会、低碳协会等低碳发展专门研究机构,努力提升城市低碳发展和控制温室气体排放的工作水平。多个试点城市积极组织各县(市、区)相关工作负责人参加上级举办的能力建设培训,努力提高低碳认识和理念,夯实低碳发展队伍建设。

1.3 下一步工作建议

建议试点地区加快推动经济社会全面绿色低碳转型,切实将低碳发展理念融入城市各领域,立足碳排放达峰目标年份持续深化试点建设,建立以碳排放强度和总量"双控"为核心的低碳发展制度体系。同时,建议国家加强对低碳试点工作的指导,建立低碳试点定期评估、示范推广等常态化工作机制。

1.3.1 加快推动经济社会全面绿色低碳转型

全面落实党的二十大精神和习近平生态文明思想,贯彻新发展理念,通过培育绿色低碳经济增长点,构建绿色低碳循环发展的经济体系,构建清洁低碳、安全高效的能源体系,倡导简约适度、绿色低碳的生活方式,推动试点城市经济增长、产业发展、能源消费、生活方式的低碳转型,切实把低碳发展作为推动、引领、倒逼城市经济高质量发展和生态环境高水平保护的重要抓手。坚持目标导向、问题导向和结果导向,推动试点城市将低碳发展相关目标纳入本地区经济高质量发展和生态文明建设考核目标体系。

1.3.2 切实将低碳发展理念融入城市各领域

实施积极应对气候变化国家战略,正确把握试点城市低碳发展的战略定位和政策导向,结合本地区自然条件、资源禀赋和经济基础等方面情况,深入分析低碳发展的切入点和特色亮点,切实提高低碳发展相关规划的编制水平,如期开展相关规划及行动方案的中期和末期评估工作。发挥好低碳发展的导向作用,将低碳发展目标与生态文明建设、大气污染防治等相关工作有机结合并融入城市发展规划纲要及相关专项规划,切实提升低碳发展相关政策的协同性[1]。

1.3.3 立足碳排放达峰目标年份持续深化试点建设

坚持先行先试、大胆探索,发挥低碳试点的示范、带动、突破作用,立足碳排放达峰目标年份,深化试点建设。在产业、能源、交通等重点排放领域探索推动近零碳技术产品综合集成应用,加快形成可复制、可推广的经验,因地制宜启动碳中和示范工程建设。加强分类指导,对于碳排放已基本不再增长的城市,要科学合理控制二氧化碳峰值水平,尽快实现碳排放的稳中有降;对于碳排放尚处于增长阶段的城市,要明确不同行业碳排放管控的目标和任务,理性甄别筛选

---

[1] 郭施宏."双碳"目标下的低碳试点效果再评估[J].北京工业大学学报(社会科学版),2023,23(01):137-148.

"十四五"新上项目,避免高碳锁定效应。

1.3.4 建立以碳排放强度和总量"双控"为核心的低碳发展制度体系

试点城市应结合本地区碳排放达峰目标年份及行动方案,尽快研究提出碳排放总量目标与分解落实机制,并配套制定低碳发展年度行动清单。"十二五"时期,试点地区的碳排放强度下降率目标普遍高于所在省份[1],下一步,试点城市应继续发挥先锋模范作用,积极探索碳排放强度与总量"双控"机制,逐步建立以碳排放总量控制为核心的低碳发展制度体系,因地制宜建立碳排放许可、碳排放评价、碳排放权交易、气候投融资、碳普惠制等低碳发展配套制度,尽快实现对碳排放总量的有效控制。对于预期在2025年(含)前达峰的试点城市,应当尽快建立碳排放总量分析与预警机制,及时跟进本地区碳排放总量变化情况。对于十余个以探索建立碳排放总量控制为创新重点的第三批低碳试点,应当尽快按照第三批低碳城市试点工作通知的要求开展制度探索。

1.3.5 建立低碳城市试点年度评估和示范推广机制

建议国家主管部门加强对低碳试点城市的指导,建立试点城市年度评估机制,并将评估结果纳入省级人民政府碳强度目标责任制考核体系,以适当方式向全社会公布。组织有关机构及时编纂优秀低碳城市试点案例集,总结梳理城市低碳转型过程中的经验做法,推动形成可复制、可推广的城市低碳发展模式。借助联合国气候变化大会"中国角"系列边会、全国低碳日等平台,讲好中国城市的低碳故事,做好国家低碳试点城市低碳发展相关经验做法的宣传推广。

---

[1] 宋祺佼,王宇飞,齐晔. 中国低碳试点城市的碳排放现状 [J]. 中国人口·资源与环境,2015,25(01):78-82.

2 低碳发展综合示范案例

2.1 深圳市近零碳排放区试点建设进展❶

2.1.1 深圳市近零碳排放区政策动态

近零碳排放区试点项目是指基于现有低碳工作基础,在一定区域范围内,通过集成应用能源、产业、建筑、交通、废弃物处理、碳汇等多领域低碳技术成果,开展管理机制的创新实践,实现该区域内碳排放总量持续降低并逐步趋近于零的综合性试点项目。近零碳排放区试点建设是实施积极应对气候变化国家战略的重要举措,也是以碳达峰、碳中和引领绿色发展、积极探索近零碳排放发展模式的重要抓手。实施近零碳排放区试点项目,是对现阶段低碳试点工作的整合提升,有利于低碳技术研究成果的集成推广,能够为实现更高层次"零碳"发展目标探索路径、创新示范和积累经验。近零碳排放区试点项目内涵见图 4-2-1。

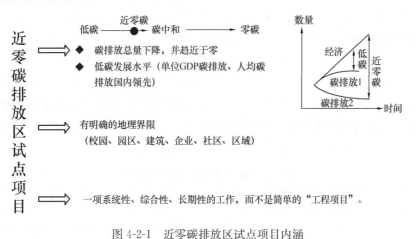

图 4-2-1 近零碳排放区试点项目内涵

---

❶ 作者:曾庆郁,深圳市生态环境局应对气候变化处;陈晓鹏,深圳市生态环境局应对气候变化处;郑剑娇,深圳市建筑科学研究院股份有限公司;刘力铭,深圳市建筑科学研究院股份有限公司;范钟琪,深圳市建筑科学研究院股份有限公司。

2015年,《中共中央关于制定国民经济和社会发展第十三个五年规划的建议》首次提出,实施近零碳排放区示范工程。2016年,国务院印发的《"十三五"控制温室气体排放工作方案》提出,选择条件成熟的限制开发区域和禁止开发区域、生态功能区、工矿区、城镇等开展近零碳排放区示范工程建设。2021年,生态环境部《关于统筹和加强应对气候变化与生态环境保护相关工作的指导意见》提出,支持基础较好的地方探索开展近零碳排放与碳中和试点示范。各地积极响应国家政策要求,陕西、广东等地率先启动实施近零碳排放区建设。自"双碳"目标提出以来,截至2023年2月,已有湖北省、四川省、山西省等5省,上海市、天津市、深圳市、成都市4市发布近零碳排放区建设实施方案。

"十四五"时期是落实2030年应对气候变化国家自主贡献目标的关键时期,生态环境部《关于统筹和加强应对气候变化与生态环境保护相关工作的指导意见》要求支持基础较好的地方探索开展近零碳排放与碳中和试点示范。深圳市第七次党代会要求,努力在碳达峰、碳中和方面走在全国前列,探索超低能耗、近零能耗示范工程,《深圳市国民经济和社会发展第十四个五年规划和二〇三五年远景目标纲要》、《深圳率先打造美丽中国典范规划纲要(2020—2035年)》等文件均对近零碳排放区建设提出了明确要求。2021年开始,近零碳排放区试点建设已纳入深圳市各区的生态文明考核要求。2021年11月4日,深圳市生态环境局、深圳市发展和改革委员会联合下发《深圳市近零碳排放区试点建设实施方案》(深环〔2021〕212号),提出拟选取减排潜力较大或低碳基础较好的区域、园区、社区、校园、建筑及企业,分批推进近零碳排放区试点建设,计划到2025年完成首批试点项目建设与验收,形成示范带动效应,探索具有深圳特色的近零碳建设路径,进一步促进城市绿色低碳发展,助力深圳以先行示范标准实现碳达峰碳中和目标。2022年9月,深圳市生态环境局、深圳市发展和改革委员会联合印发《深圳市应对气候变化"十四五"规划》,提出全面深化各类低碳试点示范,探索具有深圳特色的"近零碳"建设路径,形成一系列集成绿色低碳技术和智慧化管理的新模式、新场景,到2025年,累计建设100个近零碳排放区试点项目。深圳市近零碳排放区试点政策演变见表4-2-1。

深圳市近零碳排放区试点政策演变 表4-2-1

时间	发布地区	政策文件	具体内容
2017年1月	广东	《广东省近零碳排放区示范工程实施方案》	鼓励珠三角地区的城市和粤东西北地区的优化开发区、生态功能区等基础条件较好的地区先行先试,从已有工作基础的低碳园区、低碳社区等示范区着手,因地制宜、循序渐进推进近零碳排放区示范工程试点工作,打造一批全国领先的示范工程项目

续表

时间	发布地区	政策文件	具体内容
2021年2月	深圳	《深圳率先打造美丽中国典范规划纲要（2020—2035年）》	建设绿色工厂，打造绿色示范园区，健全绿色制造体系
2021年5月	深圳	深圳市第七次党代会	努力在碳达峰、碳中和方面走在全国前列，探索超低能耗、近零能耗示范工程
2021年6月	深圳	《深圳市国民经济和社会发展第十四个五年规划和二〇三五年远景目标纲要》	推动重点产业链中有特殊环保、能耗要求的关键核心环节进入专业工业园区，推动污染集中治理与达标排放，打造绿色示范园区
2021年11月	深圳	《深圳市近零碳排放区试点建设实施方案》（深环〔2021〕212号）	深圳拟选取减排潜力较大或低碳基础较好的区域、园区、社区、校园、建筑及企业，分批推进近零碳排放区试点建设，计划到2025年完成首批试点项目建设与验收，形成示范带动效应，探索具有深圳特色的近零碳建设路径，进一步促进城市绿色低碳发展，助力深圳以先行示范标准实现碳达峰碳中和目标
2022年4月	深圳	2022年深圳市政府工作报告	构建绿色低碳循环发展体系。出台碳达峰实施方案，实施重点行业领域降碳行动，推动能耗"双控"向碳排放总量和强度"双控"转变，打造一批近零碳排放试点工程，提升深圳国际低碳城发展水平
2022年9月	深圳	《深圳市应对气候变化"十四五"规划》	试点示范建设持续深化。低碳发展试点示范不断深化，适应气候变化试点示范加快推进，气候投融资等配套政策机制更加完善，形成一系列集成绿色低碳技术和智慧化管理的新模式、新场景，建成一批具有典型示范意义的近零碳排放区试点示范项目

2.1.2 深圳市近零碳排放区试点目标与路径

自2021年《深圳市近零碳排放区试点建设实施方案》发布，正式启动近零碳排放区试点建设以来，涌现出一批近零碳排放试点实践案例，推动了深圳低碳、零碳、负碳技术的研发和推广应用。经申报、评审、公示等程序，第一批、第二批共确定56个试点，其中，区域类2个，园区类9个，社区类4个，校园类 12 个，建筑类 19 个，企业类 10 个。2023 年，深圳已启动第三批近零碳试点创建工作，拟新建 20 个以上近零碳排放区试点。

（1）近零碳排放园区试点

近零碳排放园区试点以单位产值或单位工业增加值碳排放量和碳排放总量稳步下降为主要目标，在保证工业企业或研发办公企业正常生产经营活动的前提下，着力优化园区空间布局，推进可再生能源利用，严格实行低碳门槛管理，合理控制工业过程排放，建立减污降碳协同机制，推进创新发展和绿色低碳发展。

在第一批近零碳排放园区试点中，通过结合园区自身特色，在低碳能源、绿色建筑、绿色出行、数字化管理等方面探索降碳、负碳技术应用。在低碳能源方面，探索"光储直柔"技术应用，以及集中供冷、屋顶光伏、电化学储能、光储绿电系统（含立面 BIPV，屋顶 BAPV）等；在绿色出行方面，各试点分别采用连廊设计改善交通拥堵，提供新能源公共交通和通勤车辆实现 100% 绿色出行等措施；在数字化管理方面，各试点通过建设数字化管理平台赋能低碳环保产业，如一试点建设了园区云脑，通过云—边—端协同实现源—网—荷—储一体化 AI 协同调度和园区基础设施的数字化管理，实现能耗、碳排一网可视、可管、可优。

（2）近零碳排放社区试点

近零碳排放社区试点以社区人均碳排放量和碳排放总量稳步下降为主要目标，着力发展绿色建筑、超低能耗建筑等节能低碳建筑，提供多层次绿化空间，建设慢行道路，利用碳普惠机制与各类宣传活动提升居民低碳意识，倡导绿色生活。

第一批近零碳排放社区试点主要关注于社区废弃物分类回收和用水管理，降碳宣传与共建、引导节能习惯，提高充电桩配置率、打造社区"双碳大脑"碳排放管理平台等工作。在引导节能习惯方面，试点社区通过控制空调时间及温度，节能效果显著。在降碳宣传与共建方面，试点社区开展多样化降碳宣传活动，强化宣传教育引导公众养成绿色低碳的生活习惯，已开展自然观察、零碳社区共建、探秘仲夏季等活动。在用水管理方面，试点社区开展实施社区节水化改造项目，提高管网设施质量，杜绝"跑冒滴漏"浪费水资源现象，设施投入使用后，居民用水计量 100% 准确，管网建设情况良好，未出现漏损现象，总体运行状态良好。

（3）近零碳排放校园试点

近零碳排放校园试点以校园人均碳排放量和碳排放总量稳步下降为主要目标，构建校园可持续能源体系，降低校园建筑运营能耗，促进校园用车全面电动化，优化校园绿地碳汇空间，引导师生绿色出行和低碳生活。将近零碳理念融入学校教育及技术创新体系，推动碳中和有关人才培养和科技创新，实现校园可持续发展。

第一批近零碳排放校园试点的亮点特色在于，中小学校通过建立碳信用体系、引入低碳教育课程等推进低碳教育，高等院校则引入碳中和专业领域的大院士和大教授，为近零碳校园建设共同出谋划策。在校园建设本身，一些试点校园将近零碳标准纳入建设设计过程，在能源系统方面充分利用光储直柔技术，以提高光伏的自用率和能源转换效率；在水资源管理方面，有校园采用绿色屋顶、生物滞留设施、下沉式绿地等海绵措施，也有校园将原有陈旧水具、马桶更换为一级能效的设备，节约用水。

（4）近零碳排放建筑试点

近零碳排放建筑试点以单位建筑面积碳排放量和碳排放总量稳步下降为主要目标，引导开展建设超低能耗建筑、近零能耗建筑，着力提升建筑节能水平，实施可再生能源替代，开展绿色运营，引导购买核证自愿减排量，降低建筑碳排放。

第一批近零碳排放建筑试点的亮点特色在于对低碳、零碳、负碳技术的创新和集成应用。在能源系统方面，多个试点建设分布式光伏发电站，发展光储直柔技术、虚拟电厂等应用与创新，促进光伏发电量的就地消纳，同时提高建筑负荷调节能力。在智慧楼宇方面，一些试点研发建立智慧能源管理系统、碳排放管理系统或新型智能控制系统等主动式节能降碳技术，甚至引入先进的电子技术与大数据 AI 技术实现将低碳技术融入业务全流程，实现能耗与碳排放的可监测、可调控、可考核。此外，试点建筑还开展了对生物多样性、建筑空间利用模式创新、工程承包模式等方面的积极探索，为近零碳建筑提供了新的思路。

（5）近零碳排放企业试点

近零碳排放企业试点以单位产值或单位工业增加值碳排放量和碳排放总量稳步下降为主要目标，着力推进可再生能源利用、工艺流程低碳化改造、运输工具电动化、办公场所低碳化改造与运行，带动供应链减碳行动，强化碳排放科学管理，提升员工低碳意识，降低企业碳排放。

在第一批近零碳排放企业试点中，企业关注于光伏发电设施建设、推进低碳宣传教育，建立完善的节能降碳激励制度、创新碳排放管理平台、将绿色低碳发展纳入企业发展战略等措施。在节能降碳激励制度建设方面，一试点企业提出废物减量指标与部门奖金绩效 MBO 挂钩的举措；在企业战略部署方面，一企业将绿色低碳发展纳入企业发展战略中，建设绿色工厂、绿色产品、绿色供应链的完备体系，部署"碳索家"SaaS 平台碳排放统一管理平台。

深圳市第一、二批近零碳试点项目清单见表 4-2-2。

表 4-2-2　深圳市第一、二批近零碳试点项目清单

试点类型	第一批次			第二批次		
	序号	城区	项目名称	序号	城区	项目名称
近零碳排放区域试点	—	—	—	1	福田	安托山片区
	—	—	—	2	罗湖	笋岗片区
近零碳排放园区试点	1	福田	华为数字能源技术有限公司安托山总部园区	3	福田	深圳赛格科技园
	2	龙岗	深圳天安云谷产业园（一期、二期）	4	盐田	保惠冷链物流园二期
	3	龙岗	新木盛低碳产业园	5	龙华	华润三九观澜基地
	4	光明	光明国际汽车城	6	光明	恒泰裕华南医谷
	—	—	—	7	深汕	中国建筑绿色产业园 A 区
近零碳排放社区试点	5	南山	柏宁花园	8	盐田	小梅沙社区
	6	盐田	大梅沙社区	—	—	—
	7	大鹏新区	坝光社区	—	—	—
近零碳排放校园试点	8	福田	新洲小学	9	罗湖	红荔学校
	9	罗湖	锦田小学	10	福田	红岭中学（红岭教育集团）园岭初中部
	10	罗湖	怡景幼儿园	11	福田	红岭中学（红岭教育集团）高中部
	11	南山	天津大学佐治亚理工深圳学院	12	龙岗	坪地街道六联小学
	12	南山	南方科技大学	13	深汕	深圳职业技术学院深汕校区（一期）
	13	南山	前海港湾学校	—	—	—
	14	南山	哈尔滨工业大学（深圳）原研究生院	—	—	—

续表

试点类型	第一批次			第二批次		
	序号	城区	项目名称	序号	城区	项目名称
近零碳排放建筑试点	15	福田	福田供电局大楼	14	福田	深圳市府二办
	16	福田	广州中医药大学深圳医院	15	福田	福田区区委大院
	17	福田	设计大厦	16	福田	福田区美术馆
	18	盐田	大梅沙万科中心	17	福田	福田区 A-LOFT公寓
	19	龙岗	建科院未来大厦	18	福田	深燃大厦
	20	龙岗	深圳国际低碳城会展中心	19	罗湖	知汇广场
	21	龙华	深圳北站综合交通枢纽配套建筑	20	南山	蛇口大厦
	22	宝安	深圳市华星光电半导体显示技术有限公司研发楼	21	龙华	红山6979商业中心
	—	—	—	22	坪山	坪山区委区政府第二办公楼
	—	—	—	23	坪山	中建科技深圳科研产业基地
				24	深汕	鹅埠供电分局业务用房
近零碳排放企业试点	23	福田	深圳赛意法微电子有限公司	25	宝安	深圳中集天达空港设备有限公司
	24	南山	长园深瑞继保自动化有限公司	26	龙岗	深圳市通产丽星科技集团有限公司
	25	宝安	深圳大兴丰通雷克萨斯汽车销售服务有限公司	27	龙岗	深圳市冠旭电子股份有限公司
	26	宝安	欣旺达电子股份有限公司	28	大鹏新区	不凡帝范梅勒糖果（深圳）有限公司
	27	坪山	深圳市捷佳伟创新能源装备股份有限公司	—	—	—
	28	深汕	深圳市特区建工集团盛腾科技有限公司			

2.1.3 近零碳排放区试点项目总体成效

近零碳试点创建工作激发了社会各界的低碳创建热情，近零碳排放区试点项目推进以来，取得了明显成效。

（1）试点项目领先示范性强

第一批试点项目包括有全球最大的"光储直柔"近零碳排放园区的华为数字能源安托山总部园区，净零能耗和直流建筑示范的建科院未来大厦，积极探索零碳社区建设的大梅沙社区，先行先试创新构建师生碳信用体系的福田区"碳路先锋"新洲小学等。

第二批项目包括成功打造出全球首个稳定运行的"光储直柔"示范工程中国建筑绿色产业园 A 区，通过自身建设推动制药产业链"零碳"进程的华润三九观澜基地近零碳园区，开展电网友好型建筑示范的近零碳建筑鹅埠供电分局办公楼，开源节流突破制造业降碳瓶颈的深圳中集天达空港设备有限公司，建设"虚拟电厂"新型能源系统的立体街区式校园红荔学校等。

（2）应用了多种新技术

通过采用建筑立面太阳能光伏系统、光储直柔、建筑变压器余热利用、智能微网等先进技术，预计第一批试点项目新增太阳能光伏装机容量达到 49MW（图 4-2-2），第二批项目新增太阳能光伏装机容量 33MW。

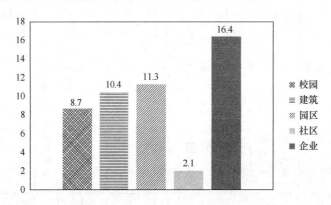

图 4-2-2　第一批试点项目计划新增太阳能光伏装机容量（MW）

（3）可实现大幅节能降碳

第一批试点项目建设完成后预计降低约 43% 的碳排放总量，年减碳量约 13 万 t，折算成标煤约 3.5 万 t；第二批试点项目建设完成后预计降低约 43% 的碳排放总量，年减碳量约 4 万 t，折算成标煤约 1.1 万 t，可有效降低项目二氧化碳和污染物排放水平。

（4）成功撬动了社会资金

第一批试点项目在近零碳领域的总投资约为 11.54 亿元，社会投资约占总投资的 39%（图 4-2-3）。在各类型中，校园总投资占比最高，随后依次是建筑、园区、企业、社区（图 4-2-4）。第二批试点项目在近零碳领域的总投资约为 7.23 亿元，社会投资约占总投资的 80%。

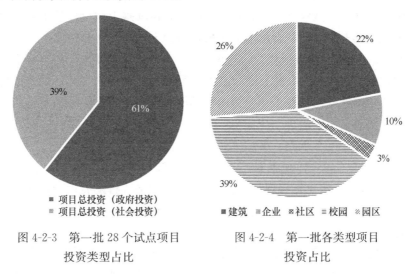

图 4-2-3　第一批 28 个试点项目投资类型占比　　图 4-2-4　第一批各类型项目投资占比

（5）推动市场环境不断改善

在深圳市内引导万科、华为、南方电网等大型企业参与试点项目，树立榜样力量，形成案例推广，提升服务能力，加快深圳市实现绿色低碳高质量发展。目前各个试点项目正积极优化自身、构建绿色生产生活方式，提升能力适应市场和行业的变化。

2.2　嘉兴高铁新城规划碳排放评估及减碳路径实践❶

实现碳达峰、碳中和是一场广泛而深刻的经济社会系统性变革，已被纳入国家生态文明建设整体布局。在此背景下，建立一套系统完整的城区碳排放评估体系与减碳路径至关重要。研究以嘉兴高铁新城项目实践为例，提出一套与碳排放评价相关联的"双碳"指标体系，建立了一套城区碳排放核算体系，构建碳排放评估与空间专项规划相结合的途径，形成了基于碳排放评估的五大减排和碳汇路径，以期为我国城市碳排放评估及减碳路径在城区尺度提供样板和启发。

---

❶　作者：闫坤，戴国雯，沈磊，贾航，由鑫，窦宗隽，边晋如，中国生态城市研究院有限公司。本项目由中国生态城市研究院有限公司和奥雅纳工程咨询（上海）有限公司 ARUP 共同合作完成，中国生态城市研究院负责指标体系、碳排放评估及路径研究，奥雅纳工程咨询（上海）有限公司 ARUP 负责专题研究。

2.2.1 研究背景

(1) 背景与机遇

减污降碳将是我国未来长期以及"十四五"时期重要发展基调,开展嘉兴高铁新城碳排放评估及减碳路径实践是响应国家碳达峰碳中和目标的重要举措。习近平总书记在第七十五届联合国大会一般性辩论上向国际社会作出"2030年前实现碳达峰、2060年实现碳中和"的郑重承诺。"二十大"报告中提出,推动绿色发展,促进人与自然和谐共生;尊重自然、顺应自然、保护自然,是全面建设社会主义现代化国家的内在要求;坚持山水林田湖草沙一体化保护和系统治理,统筹产业结构调整、污染治理、生态保护、应对气候变化,协同推进降碳、减污、扩绿、增长,推进生态优先、节约集约、绿色低碳发展。

2018年,长三角一体化上升至国家战略。2019年,中共中央、国务院印发《长江三角洲区域一体化发展规划纲要》,提出要"坚持新发展理念,坚持推动高质量发展",建设长三角生态绿色一体化发展示范区。2023年,《长三角生态绿色一体化发展示范区国土空间总体规划(2021—2035年)》(国函〔2023〕12号)得到国务院批复,长三角一体化高质量、绿色生态发展进入新格局。在长三角生态绿色要求抬高发展门槛要求下,开展嘉兴高铁新城碳排放评估及减碳路径实践是落实长三角一体化高质量、绿色生态发展的现实要求。

(2) 项目概况

嘉兴是中国革命红船起航地和全国共同富裕共享发展理念的最佳实践地。在长三角一体化的国家战略下,位于上海及杭州都市圈及多条重要发展轴线的嘉兴正迎来G60科创走廊的重大机遇,嘉兴将利用高铁、城铁同时与上海、杭州、苏州形成"半小时同城圈",与宁波、南通等城市形成"一小时同城圈",交通区位得到显著提升,嘉兴也将成为浙江接轨上海的重要门户。

嘉兴高铁新城总体范围为$50km^2$,是嘉兴市"一心两城"的双城之一,是嘉兴市融入长三角一体化发展的门户枢纽,位于虹桥国际开放枢纽南翼,处于G60科创走廊的核心区,积极承接上海产业与人口外溢。在得天独厚的地理区位优势和江南水乡依水而居的生态资源加持下,嘉兴高铁新城致力于打造碳中和绿枢纽、站城产副中心、聚活力新水乡,打造成为高铁新城世界标杆,将引领新时代中国高铁新城新模式。

(3) 技术路线

本研究通过政策背景、现有规划以及国内外先进案例分析,结合嘉兴高铁新城的实际情况和本地特色,从顶层设计的角度提出一套"双碳"指标体系,在此基础上,将"双碳"指标体系与碳排放评估要素进行对接,建立一套面向"双碳"目标的碳排放评估方法体系,基于碳排放的效应评估提出生态发展策略和减排路径(图4-2-5)。

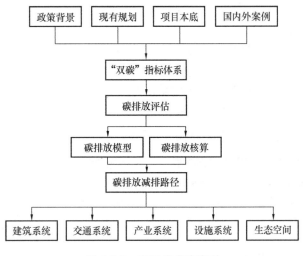

图 4-2-5　项目技术路线图

2.2.2　建立"双碳"指标体系

（1）构建原则

嘉兴高铁新城"双碳"指标体系构建的基本原则（图 4-2-6）如下：一是兼顾建设导向和成效导向。建设类指标即以规建管过程为导引和约束对象，强调通过专项领域对指标进行支撑；成效类指标即以碳排放结果为监测和评估对象，强调通过碳为统一口径。

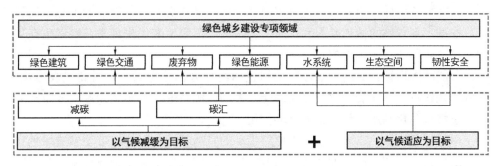

图 4-2-6　构建原则框架图

二是兼顾气候减缓和气候适应。气候减缓类指标即贯穿全领域全周期，包括节能减排和增加碳清除/碳汇；气候适应类指标即突出"基于自然的解决方案"理念，强调气候变化监测预警能力、气候风险管理能力和防范体系，降低全社会面对极端气候变化的脆弱性。

三是兼顾本地特色和示范创新。本地特色指标即延续长三角蓝绿生境系统本底和江南水乡依水而居的地域特征，体现新时代城—人—水栖居关系；示范创新指标即展现嘉兴城市中心的门户地标和长三角创新共享先行区的典型示范意义。

（2）指标特色

以嘉兴高铁新城"碳中和绿枢纽、站城产副中心、聚活力新水乡"三大目标定位为指引，面向"快速城镇化过程中江南水乡最优实践、面向"双碳"的绿色枢纽片区模式探索和以人为本、以枢纽带动的宜居新城"等时代使命、资源禀赋和发展诉求，提出水乡特色指标、减碳特色指标、枢纽特色指标三类特色指标，并将指标选取与专项路径相对应（图4-2-7）。

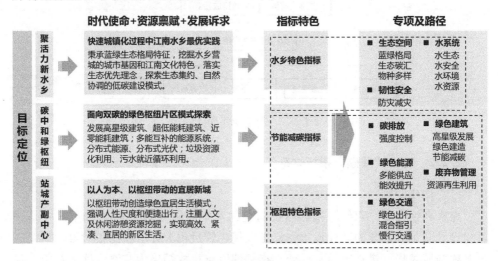

图 4-2-7 构建思路框架图

水乡特色指标：快速城镇化过程中江南水乡最优实践。秉承蓝绿生态格局特征，挖掘水乡营城的城市基因和江南文化特色，落实生态优先理念，探索生态集约、自然协调的低碳建设模式。

节能减碳指标：面向"双碳"的绿色枢纽片区模式探索。发展高星级建筑、超低能耗建筑、近零能耗建筑以及多能互补的能源系统、分布式能源、分布式光伏；垃圾资源化利用、污水就近循环利用。

枢纽特色指标：以人为本、以枢纽带动的宜居新城。以枢纽带动创造绿色宜居生活模式，强调人性尺度和便捷出行，注重人文及休闲游憩资源挖掘，实现高效、紧凑、宜居的新区生活。

（3）指标体系框架

嘉兴高铁新城响应国家方针政策、区域发展战略，通过现状研判，以及借鉴国内外权威机构生态城市指标体系，建立一套先进引领、实施操作性强的"双碳"导向指标体系。高铁新城碳排放评估指标体系的整体框架（图4-2-8）为8大专项目标、15条路径、22项具体指标，水乡特色指标4项，节能减排指标4项，枢纽特色指标2项（表4-2-3）。

表 4-2-3 指标体系总表

指标类别	目标层	路径层	序号	指标层	单位	指标赋值 2025年	指标赋值 2035年	核心指标	指标属性
建设类指标	（一）舒适宜居的生态空间	蓝绿格局	1	生态走廊、生态间隔带内生态用地占比	%	≥80	≥90	水乡特色指标	约束性
		生态碳汇	2	湿地保护率	%	≥75	≥85	节能减碳指标	约束性
			3	植林地比例	%	≥40	≥50	节能减碳指标	约束性
		物种多样	4	本地木本植物指数	—	≥0.9	≥0.9	水乡特色指标	约束性
	（二）健康循环的水系统	亲水宜居	5	生态性岸线比例	%	≥70	≥90	水乡特色指标	引导性
			6	15分钟亲水圈覆盖率	%	≥85	100	水乡特色指标	约束性
			7	区域水面率	%	≥10	≥10	水乡特色指标	约束性
			8	地表水达到或好于Ⅲ类水体比例	%	≥95	≥95	节能减碳指标	约束性
		循环利用	9	非传统水资源利用率	%	≥5	≥5	节能减碳指标	约束性
			10	年径流总量控制率	%	≥75	≥75	节能减碳指标	约束性
	（三）高效可靠的绿色能源	多能供应	11	可再生能源利用率	%	≥5	≥5	节能减碳指标	引导性
		能效提升	12	公共建筑用能电气化比例	%	≥60	≥80	节能减碳指标	约束性
	（四）低碳节能的品质建筑	高星级发展	13	新建建筑绿色建筑高星级实施比例	%	≥50	≥60	节能减碳指标	约束性
		绿色建造	14	新建装配式建筑面积比例	%	≥40	≥40	节能减碳指标	约束性
		节能减碳	15	既有公共机构单位建筑面积能耗同比下降比例	%	≥6	≥8	节能减碳指标	引导性
	（五）低碳紧凑的交通出行	绿色出行	16	绿色出行比例	%	≥70	≥75	枢纽特色指标	引导性
			17	综合客运枢纽换乘距离	m	≤300	≤300	枢纽特色指标	引导性
	（六）慢行交通		18	公交/轨道交通站点可达性	%	≥80	100	枢纽特色指标	引导性
	（七）资源再生的废弃物利用	资源利用	19	建筑垃圾资源化利用率	%	≥85	≥95	节能减碳指标	约束性
	（七）安全友好的韧性城市	防灾减灾	20	消除严重影响生产生活秩序的易涝积水点数量比例	%	100	100	节能减碳指标	约束性
			21	人均避难场所有效避难面积	m²/人	≥2	≥2.5		约束性
成效类指标	（八）多情景路径的碳排放评价	强度控制	22	人均碳排放量	t/人	≤5.6	≤4.5	节能减碳指标	约束性

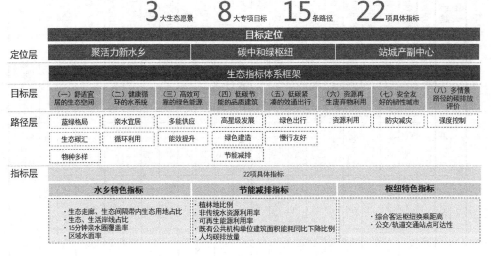

图 4-2-8 指标体系框架图

(4) 体系与碳排放评估的对接

基于"双碳"指标体系（图 4-2-9），综合考虑碳排放与减碳、碳汇指标的对接关系，建筑板块碳排放相对应的指标是绿色建筑星级比例，交通板块碳排放对应的指标是绿色出行比例，产业板块碳排放对应的指标是单位工业增加值能耗，水资源板块碳排放对应的指标是非传统水源利用率，废弃物板块碳排放对应的指标是垃圾资源化利用率，生态空间板块碳排放对应的指标是植林地比例。

图 4-2-9 指标体系与碳排放对接

2.2.3 面向"双碳"目标的碳排放综合评估

(1) 碳排放评估技术路线

嘉兴高铁新城碳排放的总体思路是基于碳排放现状调研、评价和城市设计规划方案碳评估分析，建立碳排放评估指标体系，并明确碳排放内容与指标体系的对应关系。结合联合国政府间气候变化专门委员会（IPCC）《2006年国家温室气体清单指南》（2019年修订版）、《国家温室气体清单优良作法指南和不确定性管理》、我国《省级温室气体清单编制指南（试行）》（发改办气候〔2011〕1041号）等国内外标准规范，明确嘉兴高铁新城碳排放板块主要包括建筑、交通、水资源、工业、固废、生态空间六大领域。通过建立基准和低碳两种不同情景下各个板块的碳评估模型，分析评价整体碳排放量和排放强度（图4-2-10）。在此基础上，提出规划方案调整建议和碳减排措施。

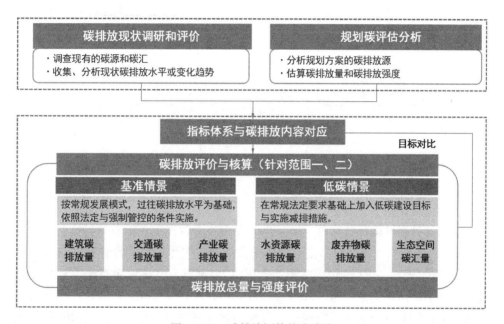

图4-2-10 碳排放评估技术路线

碳排放评估范围：一般包括三个范围。范围一为碳直接排放和减除；范围二为能源间接温室气体排放和清除，如使用区外供应电力和区外可再生能源供电使用等；范围三为其他间接温室气体排放和清除。本次碳排放评估主要针对范围一和范围二的碳排放测算。

（2）碳排放评估核算清单

针对嘉兴高铁新城碳排放源头和碳排放趋势水平，建立碳排放评估清单（图4-2-11）。规划区主要排放板块为建筑、交通、产业、水资源、废弃物；碳汇板块为生态空间；碳清除板块为可再生能源的利用，考虑到规划区内可再生能源利用主要形式为建筑可再生能源利用，故将可再生能源的利用划入到建筑板块。

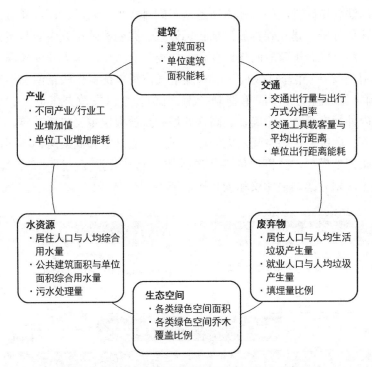

图 4-2-11　碳排放核算清单框架（评估板块＋评估数据）

(3) 排放评估核算方法

嘉兴高铁新城碳排放核算主要采用联合国政府间气候变化专门委员会《2006年 IPCC 国家温室气体清单指南》中所推荐的温室气体排放估算方法和日本学者 Yoichi Kaya 提出的 Kaya 恒等式模型。IPCC 国家温室气体清单指南方法主要是把排放和清除活动的活动量（AD）乘以排放系数（EF），Kaya 恒等式模型是目前国际上较为流行的关于探究碳排放影响因素关系的分解公式。基于 IPCC 国家温室气体清单指南方法和 Kaya 恒等式模型公式，嘉兴高铁新城碳排放各板块核算公式细化见图 4-2-12。

(4) 排放评估情景分析

1) 碳排放评估情景设定

通过碳排放计算公式可知，降低碳排放量的关键在于一方面是控制建筑、交通、工业等部门的活动需求，另一方面是提高单位 GDP 能耗强度、能源结构碳排放强度等因素的能源效率。本次碳排放测算采用情景分析方法，基于城市设计规划设计方案，结合现有规划建设政策和低碳技术措施对未来发展情景进行预测分析（图 4-2-13、图 4-2-14）。碳排放测算的基准年为 2022 年，规划年为 2035 年。由于不同的低碳组合措施会在 2035 年产生不同水平的碳排放量，将 2035 年的碳排放评估分为规划基准情景和低碳政

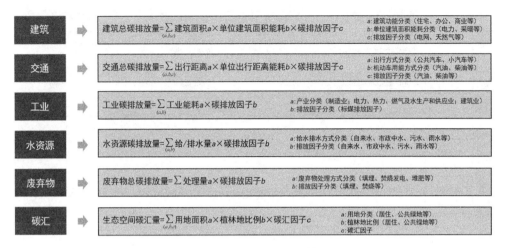

图 4-2-12　碳排放各板块核算公式

策情景。规划基准情景是按常规发展模式，以过往碳排放水平为基础，依照法定规划与强制管控的条件实施；低碳政策情景是在常规法定要求基础上加入低碳建设目标与减排手段措施。

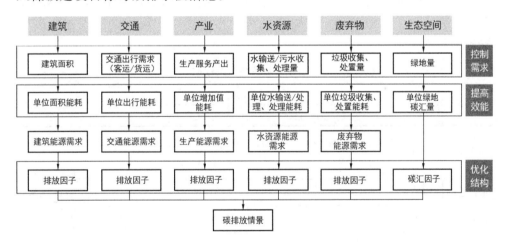

图 4-2-13　碳排放评估情景模型

2）建筑板块情景分析

建筑板块碳排放主要包括民用建筑（包括居住建筑和公共建筑）运行过程中的能源消耗所产生的温室气体排放。不同建筑类型的用能强度和能耗结构有所不同，在评估过程中按不同类型建筑分别进行活动量、活动水平等参数的评估。建筑量依据《嘉兴市高铁南站片区城市设计整合》获得，单位建筑面积能耗依据《民用建筑能耗标准》GB/T 51161—2016 中对夏热冬冷地区的约束性要求和引导

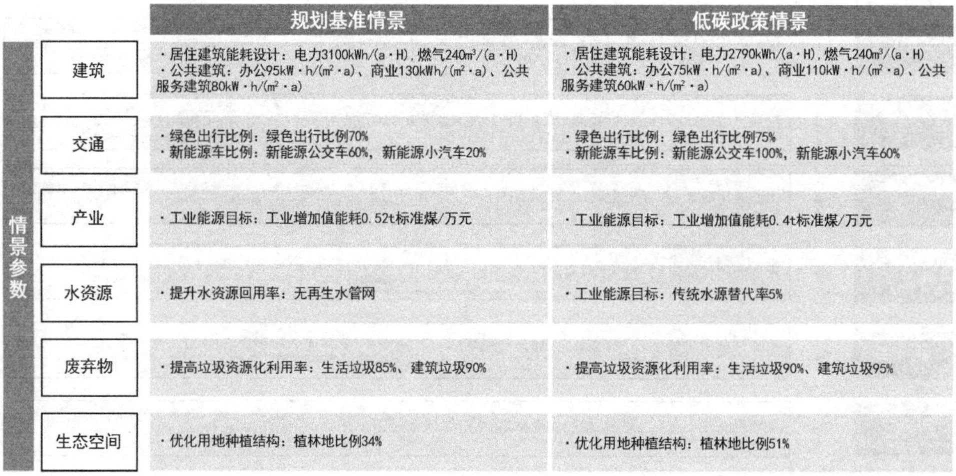

	规划基准情景	低碳政策情景
建筑	·居住建筑能耗设计：电力3100kWh/(a·H)，燃气240m³/(a·H) ·公共建筑：办公95kW·h/(m²·a)，商业130kWh/(m²·a)，公共服务建筑80kW·h/(m²·a)	·居住建筑能耗设计：电力2790kWh/(a·H)，燃气240m³/(a·H) ·公共建筑：办公75kW·h/(m²·a)，商业110kW·h/(m²·a)，公共服务建筑60kW·h/(m²·a)
交通	·绿色出行比例：绿色出行比例70% ·新能源车比例：新能源公交车60%，新能源小汽车20%	·绿色出行比例：绿色出行比例75% ·新能源车比例：新能源公交车100%，新能源小汽车60%
产业	·工业能源目标：工业增加值能耗0.52t标准煤/万元	·工业能源目标：工业增加值能耗0.4t标准煤/万元
水资源	·提升水资源回用率：无再生水管网	·工业能源目标：传统水源替代率5%
废弃物	·提高垃圾资源化利用率：生活垃圾85%，建筑垃圾90%	·提高垃圾资源化利用率：生活垃圾90%，建筑垃圾95%
生态空间	·优化用地种植结构：植林地比例34%	·优化用地种植结构：植林地比例51%

图4-2-14　碳排放评估情景参数设定

性要求。排放因子参数主要依据《省级温室气体清单编制指南（试行）》（发改委能源所等，2011）等相关文献获取（表4-2-4）。规划基准情景下，建筑总碳排放量为961120t；低碳政策情景下，建筑总碳排放量为903520t。通过提高建筑节能率和建筑可再生能源使用，低碳政策情景相比规划政策情景实现建筑碳减排5.9%。

建筑碳排放评估相关数据　　　　表4-2-4

板块	建筑面积/户数	单位能耗		排放因子
		规划基准情景	低碳政策情景	
居住建筑	10万户	综合电耗：3100kWh/(a·H)；燃气消耗：240m³/(a·H)	综合电耗：2790kWh/(a·H)；燃气消耗：240m³/(a·H)	市政电网排放因子：0.8tCO$_2$/MWh 天然气排放因子：1879g/Nm³
办公建筑	660万m²	95kWh/(m²·a)	75kWh/(m²·a)	
商业建筑	160万m²	130kWh/(m²·a)	110kWh/(m²·a)	
公共服务建筑	205万m²	80kWh/(m²·a)	60kWh/(m²·a)	

3）交通板块情景分析

交通板块碳排放主要包括城市客运、城间客运和货运所产生的温室气体排放。交通出行总量、出行分担率依据《嘉兴高铁新城综合交通专项规划》获得，平均载客量、平均出行距离、用能方式比例和单位出行距离能耗等数据参考嘉兴市交通规划基础资料。排放因子参数主要依据《省级温室气体清单编制指南（试行）》（发改委能源所等，2011）等相关文献获取（表4-2-5）。通过活动量和排放因子的计算，规划基准情景下，交通总碳排放量为101591t；低碳政策情景下，交通总碳排放量为74449t。通过提升绿色交通出行比例和改变交通用能结构，低碳政策情景相比规划政策情景实现交通碳减排26%。

交通碳排放评估相关数据 表 4-2-5

情景	交通出行总量	出行分担率	用能方式	排放因子
规划基准情景	65700万次/年	公共交通30%（公交15%、地铁15%），慢行40%、小汽车30%	公交（天然气25%、纯电动10%、混合动力25%、柴油40%） 地铁（纯电动100%） 小汽车（汽油80%、电力20%）	汽油：2263g/L 柴油：2604.8g/L 天然气：1879g/Nm³ 电力：800g/kWh 混合动力：2263.1g/L
低碳政策情景		公共交通30%（公交15%、地铁15%），慢行45%、小汽车25%	公交（纯电动80%、氢能20%） 地铁（纯电动100%） 小汽车（汽油40%、电力60%）	

4）产业板块情景分析

产业板块碳排放主要包括工业生产能源消耗所产生的温室气体排放和工业生产过程中直接排放所产生的温室气体排放。嘉兴高铁新城作为嘉兴市未来的科创新城和长三角活力创新中心，工业碳排放预计在未来碳排放中占比较低。工业增加值依据《嘉兴高铁新城产业专项规划》获得，单位工业增加值能耗依据嘉兴市《关于进一步加强能源"双控"促进低碳发展的若干意见》（2021年7月）和国家科技部《国家高新区绿色发展专项行动实施方案》（国科发火〔2021〕28号）等相关要求。排放因子参数依据国家发改委能源研究所标煤排放因子推荐值（表4-2-6）。规划基准情景下，工业总碳排放量为546000t；低碳政策情景下，工业总碳排放量为315000t。通过调整产业结构和降低单位工业增加值能耗，低碳政策情景相比规划政策情景实现产业碳减排42%。

产业碳排放评估相关数据 表 4-2-6

板块	工业增加值	工业增加值能耗		排放因子
		规划基准情景	低碳政策情景	
产业	42亿元	0.52t标准煤/万元	0.4t标准煤/万元	2.5tCO_2/tce

5）水资源板块情景分析

水资源板块碳排放主要包括自来水输送、污水收集与处理过程中所产生的温室气体排放。供水量和污水量依据《嘉兴高铁新城市政综合专项规划》获得。排放因子参数根据相关研究文献,提供不同给水排水方式碳排放因子的缺省值供参考(表4-2-7)。规划基准情景下,水资源总碳排放量为38525t;低碳政策情景下,水资源总碳排放量为37504t。通过提升非传统水源利用率,低碳政策情景相比规划政策情景实现水资源碳减排2.6%。

水资源碳排放评估基础数据　　　　　　　　　　　表4-2-7

板块	供水量	污水量	非传统水源利用率	排放因子
水资源	15.7万m^3/d	11.5万m^3/d	5%	自来水:3.5tCO_2/万m^3 污水:4.4tCO_2/万m^3

6)废弃物板块情景分析

废弃物板块碳排放量主要包括废弃物在收集、处置过程中(填埋、焚烧、堆肥)所产生的温室气体排放量。生活垃圾总量和建筑垃圾总量依据《嘉兴高铁新城市政综合专项规划》获得。排放因子参数主要依据《省级温室气体清单编制指南》(发改委能源所等,2011)等相关文献获取(表4-2-8)。规划基准情景下,废弃物总碳排放量为38525t;低碳政策情景下,废弃物总碳排放量为49870t。通过提升垃圾资源化利用率,低碳政策情景相比规划政策情景实现废弃物碳减排26%。

废弃物碳排放评估基础数据　　　　　　　　　　　表4-2-8

板块	垃圾总量	处理方式比例		排放因子
		规划基准情景	低碳政策情景	
生活垃圾	432t/d	生活垃圾资源化利用率:85%; 垃圾焚烧:15%	生活垃圾资源化利用率:90%; 垃圾焚烧:10%	垃圾焚烧:0.56tCO_2/t 焚烧发电:0.32tCO_2/t 生物堆肥:0.1tCO_2/t 标准卫生填埋:2.1tCO_2/t
建筑垃圾	15.24万t	建筑垃圾资源化利用:90%; 卫生填埋:10%	建筑垃圾资源化利用:95%; 卫生填埋:5%	

7)生态空间板块情景分析

不同的绿色空间,由于植林率的不同与乔木覆盖面积不同,可以固定的二氧化碳量也不同。以高铁新城建设用地为载体,通过植林地比例提升潜力分析,分情景模式进行碳汇能力提升测算(表4-2-9)。规划基准情景下,植林地比例为34%,年固碳量为7709.06t;低碳政策情景下,植林地比例为51%,年固碳量为11162.36t。

生态空间碳汇基础数据　　　　　　　　表 4-2-9

用地类型	用地面积（hm²）	植林地比例	
		规划基准情景	低碳政策情景
居住用地	951	30%	40%
公共服务设施用地	187	30%	35%
商业用地	115	30%	45%
商业办公用地	209	30%	45%
交通设施用地	794	15%	65%
市政设施用地	9	30%	35%
绿地	794	65%	70%
生产研发用地	71	30%	40%
物流仓储用地	39	30%	35%
发展备用地	597	30%	35%

8）碳排放总量情景分析

通过各板块碳排放量的汇总分析，由于高铁新城产业主要为生产研发，新城后续发展的碳排放主要集中在建筑领域，规划基准情景占比达到 55.79%，低碳政策情景占比达到 64.93%，其次是产业和交通领域，规划基准情景占比分别为 31.69%、5.9%，低碳政策情景占比为 22.64%、5.35%（图 4-2-15，图 4-2-16）。规划基准情景下的碳排放总量为 170 万 tCO_2/年，低碳政策情景下的碳排放总量为 136 万 tCO_2/年，低碳措施手段组合可以减去 34 万 tCO_2/年，碳排放下降比例约为 20%，见图 4-2-17。

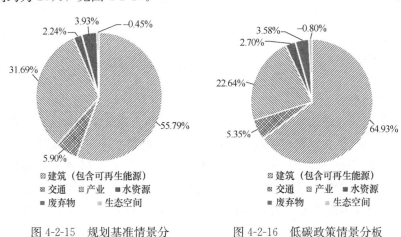

图 4-2-15　规划基准情景分板块碳排放总量　　　图 4-2-16　低碳政策情景分板块碳排放总量

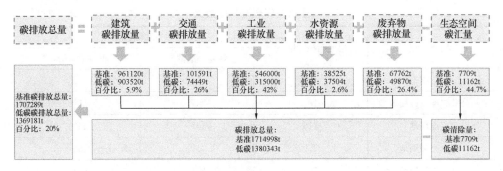

图 4-2-17 碳排放总量情景分析

2.2.4 基于碳排放评估的减排路径

通过碳排放量各板块对比分析，建筑、交通、产业、设施（水资源、废弃物）四大领域构成了嘉兴高铁新城碳排放的主体，作为碳减排的重点领域和关键抓手，生态空间则是提高碳汇能力的重要载体（图 4-2-18）。

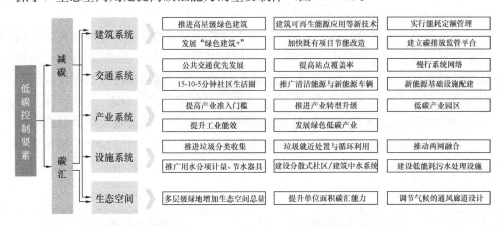

图 4-2-18 基于碳排放评估的减排路径

（1）建筑系统

推进新建建筑能效提升，优先推动国家机关办公建筑、政府投资或者以政府投资为主的其他公共建筑建设高星级绿色建筑。强制推进建筑领域碳排放计算，施图设计阶段按照《建筑碳排放计算标准》GB/T 51366—2019 要求编制碳排放计算书和碳排放专篇。重点推进规划区展示中心、图书馆、博物馆、体育中心、总部办公、创意园区等试点建设低能耗建筑、近零能耗建筑、零碳建筑等"绿色建筑＋"。推进建筑电气化、直流供电、光伏建筑一体化等技术运用。加快既有建筑节能改造，开展采暖通风空调系统、生活热水系统、供配电与照明系统、围护结构、门窗等进行一项或多项节能改造。单体建筑面积超过 2 万 m^2 的大型公共机构和建筑面积在 3000m² 以上（含）且公共建筑面积占单体建筑总面积 50% 以上（含）的公共机构，100%实行能耗定额管理。重点功能区建立碳排放统计调查制度和碳排放信息管理台账，构建建筑碳排放核算数据平台。

（2）交通系统

公共交通优先发展，促进居民采用公交、自行车、步行等方式绿色出行，提升绿色出行比例，进一步优化完善轨道交通、有轨电车、常规公交 500～800m 站点覆盖范围。打造 15—10—5 分钟社区生活圈，构建均衡活力的公共中心体系，生活圈步行可达率达到 100%。积极推广清洁能源与新能源车辆，清洁能源公交车比例达到 100%，推进氢能公共交通发展，优化加氢站、新能源汽车充电站点、新能源汽车租赁点等基础设施建设。规划区新建住宅充电桩配置率 100%、公建以及公共领域社会停车场充电桩配置率达到 10%以上。

（3）产业系统

优化完善能源消费总量和强度双控制度，严格控制高耗能高排放行业，有序退出高碳产业，提高项目准入门槛，纳入能耗指标和碳耗指标，明确绿色低碳准入要求，将碳排放总量和碳排放强度双控指标作为产业落地的约束条件。推进工业过程脱碳和工艺改造，提升工业节能提效。推进产业转型升级，持续推动不符合新城功能定位的一般性制造业企业动态调整退出，推进现状产业"转绿降碳"。加快建设低碳产业链条与低碳产业园区，推动零散产业用地分级分类升级改造，盘活闲置低效用地，通过存量更新、集约新增、功能置换等手段为新兴"双碳"产业建设提供支撑。发展绿色低碳产业，联动嘉兴本地制造业基础（新能源、人工智能），重点发展绿色光伏建筑、绿建智能化系统以及超低能耗建筑建材、装配式建筑产业，打造绿色建筑产业研发和总部基地。

（4）设施系统

减碳化的废弃物处理。推进垃圾分类收集工作，推动生活垃圾、建筑垃圾、园林垃圾的源头减量。推进生活垃圾就近处置与循环利用，推广分散式、智能化、低成本的小型化湿垃圾资源化利用技术装备，探索"微循环微降解"资源化利用模式。推进建筑垃圾综合利用，拆毁建筑垃圾送至南湖区建筑垃圾处置中心进行处置，推动建筑工地垃圾"零排放"。推动再生资源回收和垃圾清运体系的"两网融合"，前端推进收集，中端通过垃圾中转站、再生资源集散中心和建筑垃圾中转站进行分类，终端通过市区易腐垃圾处理厂、生活垃圾焚烧厂、南湖区建筑垃圾处置中心等进行就地就近"消纳"。

节约多元的水资源利用。推进节水优先、分质供水、优水优用，强化节约型绿地、分项计量水表、节水器具建设，降低居住用水、公共建筑、市政绿色等需水量，实现源头节水。建设分散式社区和建筑中水系统，推动水资源内部微循环。加强雨水收集利用，通过可渗透铺装、生态屋顶、绿色道路、下凹式绿地等海绵设施促进雨水循环利用。建设低能耗污水处理设施，推进生态湿地小型分散式净化设施进行雨水调蓄和污水净化。

（5）生态空间

发展屋顶绿化、立体绿化、都市田园等碳汇微空间，打造多层级的绿地空间，增加区域生态空间总量。优化生态用地种植结构，构建以乔木为主的立体植物群落结构，提出不同用地性质的植林地比例实施要求，提升单位面积碳汇能力。分析嘉兴市及场地的夏季、冬季风速和风向，识别场地冷源、绿源，开展调节基地微气候环境的廊道设计。营造良好的微气候环境，规划区打造海盐塘沿线通风廊道、贯穿核心区南北向通风廊道等主要通风廊道，以及贯穿城市主干道、城市公园、景观绿道的次要通风廊道。

2.2.5 经验与总结

（1）建立了一套城市片区尺度的碳排放评估核算体系

本研究以嘉兴高铁新城碳排放评估实践为基础，结合IPCC（联合国政府间气候变化专门委员会）、我国相关政策文件，以数据易统计、易计量和易监测为导向，构建了一套面向城市片区尺度的碳排放核算方法论，完善和简化了建筑、交通、工业、生态空间等重点领域碳排放和碳汇统计核算方法，为其他城乡建设项目的碳排放核算提供借鉴方法。

（2）构建了碳排放评估与空间规划相结合的量化关系

基于嘉兴高铁新城详细规划设计空间方案，明确纳入后续土地开发导引的碳排放相关核心指标内容（如：植林率、非传统水源利用率、可再生能源比例、绿色建筑比例等），并针对不同用地类型提出核心指标的空间落实要求，创新提出了以碳排放评估校核详细空间规划编制的思路，形成了碳约束情景下的空间规划路径，为城区"双碳"目标实现提供了可操作、可量化的手段。

3 绿色繁荣社区（零碳韧性社区）：顶层设计与中国实践[1]

3.1 背景介绍

众所周知，在全球气候环境危机不断加剧的背景下，世界各国陆续制定发布了以零碳为目标的中长期低排放发展战略，一些国际先锋城市也相继推出了它们的碳中和路线图。在此过程中，零碳社区作为构成城市的有机单元，成为城市迈向零碳和可持续发展的一个新场景、新议题和新焦点。

尤其是新冠肺炎疫情大流行等新型危机的出现和演变，使人们更加注重本地化的生活，催发了人们对"以人为本"、配套完善、便捷宜居的社区尺度生活圈的需求，促进了全球各地对次城市级本地化解决方案的思考、探索和实践。例如，巴黎的"15分钟城市"、上海的"15分钟社区生活圈"、巴塞罗那的"超级街区"、波特兰的"完整社区"、墨尔本的"20分钟邻里"、布宜诺斯艾利斯的"人性化的城市"、波哥大的"重要社区"等都是全球范围内已有的实践案例。

事实上，社区是城市的微缩版模型。面向碳中和及可持续发展，社区既需要解决排放问题，也需要解决社区的发展问题——即提高社区的生活质量和韧性。因此，我们识别了社区可持续发展的两大支柱性目标：一是绿色——即净零排放，对应气候减缓；二是繁荣——即以人为本、有韧性、有活力，对应气候适应以及更广泛的经济社会发展。只有统筹兼顾，实现绿色和繁荣目标的社区才能够真正可持续发展；只有社区单元可持续发展，城市及更广泛的区域和空间才有望实现所有的SDG目标。

在中国"30·60""双碳"目标背景下，从中央到地方，社区类议题受到越来越多的关注。《中共中央 国务院关于完整准确全面贯彻新发展理念做好碳达峰碳中和工作的意见》《国务院关于印发2030年前碳达峰行动方案的通知》《中共中央办公厅 国务院办公厅印发〈关于推动城乡建设绿色发展的意见〉》《住房和城乡建设部 国家发展改革委关于印发城乡建设领域碳达峰实施方案的通知》等

---

[1] 作者：侯静，博士，副研究员，C40城市气候领导联盟中国重点行业部门项目高级经理；姜婧婧，C40城市气候领导联盟中国重点行业部门项目经理。

相关文件提出了"加快推进绿色社区建设""建设绿色城镇、绿色社区""深入开展绿色社区创建行动""开展绿色低碳社区建设"。同时北京、上海、深圳、成都、青岛等城市都在探索推进近零碳排放区、近零碳社区、零碳园区相关工作。这些最新动态充分表明，绿色繁荣社区也是中国国家政策指导的方向以及城市自身发展的内在需求。

国内外各界普遍认同：社区类空间能够为加速绿色低碳可持续发展提供理想的规模和尺度，能够利用规模和灵活性之间的平衡探索创新，进而探索可以在城市全域尺度甚至更大区域和更高层级空间上复制推广的综合零碳解决方案，成为城市迈向碳中和的催化剂和加速器，并在此过程中全面提升城市的韧性、活力、宜居性和可持续性，创造以人为本、繁荣和具有包容性的未来。

因此，2021年COP26前夕，C40与ARUP联合发布了《绿色繁荣社区——以"15分钟城市"为特征的迈向净零排放之路》全球指南，受到国内外的广泛关注和欢迎。随后，C40与住建部科技与产业化发展中心携手，编制发布了《绿色繁荣社区（近/净零碳社区）建设指南之中国专篇》，旨在为中国城市社区利益相关方深度解读国际先进理念、方法和成功经验，启发中国社区参考借鉴、加速行动、提升雄心；与此同时，专篇中还系统性地纳入了中国背景政策、行动做法和优秀范例，对全球指南进行了拓展和深化，与全球城市共享中国经验、思路和解决方案。本章节内容就是基于上述两本指南进行提炼整理。

3.2　两大支柱性目标

面向碳中和及可持续发展，社区既需要解决排放问题，也需要提高社区的生活质量。因此，绿色繁荣社区有两大支柱性目标：绿色即净零排放，对应气候减缓；繁荣即以人为本、有韧性、有活力，对应气候适应以及更广泛的经济社会发展。两大支柱性目标同等重要，缺一不可，须统筹考虑。

3.2.1　绿色目标——净零排放

"绿色"目标要求社区致力于通过规划、设计、建造、运营、改造等阶段的一切有效措施和行动（例如发展绿色建筑，创新低碳技术，倡导绿色生活，构建高效、节能、循环利用的体系），最大限度地减少全生命周期碳排放，并通过抵消剩余排放来实现净零排放。通过碳减排和碳中和措施，在社区的建造、运营、改造的各个阶段实现区域内二氧化碳净排放量小于或者等于零的社区。

在中国，针对"绿色"维度目标的探索和实践已有很多，例如绿色社区、绿色生态城区、低碳社区、绿色低碳社区、近零碳社区、零碳社区等等。这些探索和实践的目标方向都是一致的——都是朝着"净零排放"的终极目标迈进；区别仅在于绝对目标的范围和力度。

社区的排放可分为运营排放、隐含排放和消费排放。建议绿色繁荣社区：应至少实现净零运营排放。鼓励实现净零运营排放和隐含排放，并对消费排放采取有力的行动。

3.2.2 繁荣目标——以人为本、有韧性、有活力

"繁荣"目标要求社区以人为本，致力于满足人们对美好生活的需要、不断提升人们的生活品质，确保人们都能以公平和包容的方式获得所需商品、服务、教育和就业；与此同时，也要不断加强社区的适应性基础设施和能力建设，持续提升社区韧性，确保社区中的人、企业和系统都能很好地抵御当下和未来的气候冲击、影响和风险；从而使社区能够为所有人提供一个充满活力的、安全和友好的环境，使人们的获得感、幸福感和安全感更加充实、更有保障、更可持续。

在中国，针对"繁荣"维度目标也有探索和实践，例如美好社区、完整居住社区、可持续社区、未来社区、未来公园社区等等。此类社区都具有显著的"以人为本"特征，关注居民福祉，优化社区环境，完善配套设施，打造多元场景，丰富公共生活，鼓励健康的生活方式，并提供社区与整个城市及其他地区的无缝连接。

能够促进社区繁荣的要素和做法有很多：例如控制社区开发密度、支持混合功能/多途使用、合理规划道路系统、支持主动出行、优化建筑风貌、提升公共空间的数量和质量、支持本地就业和经济、增加本地商业和节庆活动、优化社区治理、提升公众参与和协作等。

3.3 十 大 模 块

建设绿色繁荣社区的十大模块，亦即十个重要方面如图 4-3-1 所示。这十大模块共同支撑着"绿色"和"繁荣"两大目标。而绿色繁荣社区目标的实现需要先进思想理念的指导和科学方法工具的支撑，包括但不限于"15 分钟城市""循环经济""共享经济"。

绿色繁荣社区在采用和实施上面十个模块时，需要坚持两个原则：一是系统性和完备性。十个模块代表绿色繁荣社区的十个重要方面。尽管不同社区各自有所侧重，不一定完全覆盖所有模块，仍建议所有社区以此为对照清单，在新建社区建设或既有社区改造的早期统筹考虑所有方面，确保顶层设计的系统性和完备性，避免需在后期付出高昂成本弥补缺漏。二是关联性和协同性。十个模块相互联系——通过某一个模块促进绿色和繁荣目标的同时也会给其他模块领域创造机会。它们共同作用能够解锁单一模块不具备的机会，促进综合解决方案的开发和

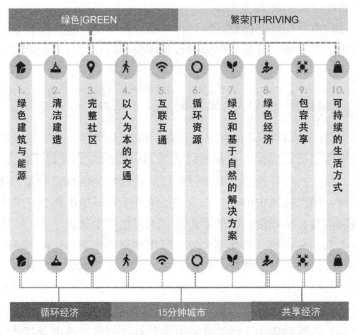

图 4-3-1 绿色繁荣社区的十大模块/十个重要方面

创新，提升影响力。因而这些模块不宜相互独立实施，应相互支持、相互加强、相互协同，以共同助力社区绿色和繁荣目标的实现。

3.3.1 绿色建筑与能源

（1）核心理念与减排贡献

通过采用被动式设计原则、大幅提高建筑能效、投资高效的社区能源基础设施以及脱碳能源供应，最大限度地减少建筑对常规能源的需求以及建筑排放。

减排贡献：降低建筑、能源领域的运营排放，避免购买额外能源生产设备带来的隐含排放。

（2）关键策略及重点行动（表 4-3-1）

绿色建筑与能源关键策略及重点行动　　表 4-3-1

策略	1) 最大限度减少能源需求	2) 高比例应用可再生能源
行动	-外墙屋面及外门窗系统 -高效制冷系统 -遮阳与通风、采光	-高效应用设计 -区域能源利用 -应用太阳能

（3）城市案例

1）青岛中德生态园规模化被动房社区

青岛市中德生态园迄今已建成 40 万 m^2 的被动房建筑,包括学校、托儿所、酒店、住宅楼和展览中心。"十四五"期间(2021—2025 年),中德生态园计划再建 100 万 m^2 被动房建筑。这些努力得到了"被动房技术中心"的支持。被动房技术中心是通过德国 PHI 权威认证并获得中国绿色建筑三星级运行标识的亚洲最大公共建筑。该中心主办了第四届亚洲被动房会议,旨在发展区域能源管理和控制实践,解决建筑能源使用、可再生能源生产能力和储能以及被动房和微电网技术等问题。其目的是使该项目将成为中国及其他地区"零能耗建筑"的标杆。中德生态园园区采用的被动式节能技术见图 4-3-2。

图 4-3-2 中德生态园园区采用的被动式节能技术

2)深圳绿色能源岛供能近零碳社区

新桥世居社区位于深圳国际低碳城高桥村北侧的客家围村,是深圳国际低碳城核心区亮点工程对外展示近零碳社区场景。社区通过安装安全小电站光伏(装机容量 53.6 万 WP),并实施由绿色能源岛支撑的区域分布式供能,年均发电 54 万 kWh,减少碳排放 420t。能源岛 1 由 160m 的太阳能发电板构成的长廊蜿蜒在塘桥西路,该电站利用先进微型逆变器,彻底解决了由于高压直流拉弧引起火灾的风险。光伏发电面积 $523m^2$,平均年发电量约 12.30 万 kWh,每年减碳 88t。能源岛 2 建设光储充一体化的停车场,利用先进的防逆流控制技术进行发电,将光伏电力储存在蓄电站中,可供纯电动车日常充电,做到自发自用。该电站光伏组件面积 $1026m^2$,平均年发电量 24 万 kWh,每年减碳 190t。

3.3.2 清洁建造

(1)核心理念与减排贡献

通过以下方式减少隐含排放:精细化管理社区建成环境,避免大拆大建,优先考虑优化利用既有建筑和基础设施；确需新建的建筑和基础设施，确保在选址、规划、设计、材料和施工选择中充分融入循环经济理念；通过采用清洁运输车辆和零排放施工机械等措施打造清洁安全的工地。

减排贡献：降低建筑和基础设施的新建、改造、维护带来的隐含排放。

(2) 关键策略及重点行动（表4-3-2）

清洁建造关键策略及重点行动　　　　　　　表4-3-2

策略	1) 充分优化利用既有建筑和基础设施资产	2) 提高材料使用效率并转向低碳建材	3) 使用循环方式进行适应未来的规划、设计和建造
行动	-优化利用既有建筑和基础设施 -减少大拆大建 -降低建筑空置率	-使用绿色低碳建材 -使用本地建材 -以优化材料的方式进行建筑和体量设计	-采用模块化设计（装配式） -采用灵活性设计 -使用可拆卸再利用材料

(3) 城市案例：北京首钢工业园遗存改造

位于北京石景山区的首钢是上个世纪末中国最大的钢铁厂。因首都大气治理等原因，首钢迁出北京，留下了大片工业园区和老旧淘汰厂房设备。首钢工业园改造坚持工业遗存保护优先，坚持"能保则保、能用则用"，分层分级保护利用工业遗存；引入企业承诺制，创新工业建构筑物改造审批模式；研发应用新技术新方法，修旧如旧，推动特色空间功能转换。目前，已经实施完成石景山景观公园、冬奥广场、首钢工业遗址公园等部分，总计约220ha（1ha=10^4m^2）。3号高炉变身多功能秀场，老电厂改造为酒店，尤其是冬奥会上亮相的滑雪大跳台，更是惊艳了世界，老旧工业遗存被赋予了新生，整座园区焕发出了新光彩。习近平总书记高度评价首钢老工业区"绿色转型"；国际奥委会主席巴赫评价"北京首钢园区工厂改建是奇迹，是一个'让人惊艳'的城市规划和更新的范例。"首钢工业园工舍酒店改造前后见图4-3-3。

图4-3-3　首钢工业园工舍酒店改造前后

3.3.3 完整社区

(1) 核心理念与减排贡献

通过打造紧凑且功能完整的社区，让居民可以在步行或骑行可达的范围内满足其日常需求，便捷地获得新鲜食品和日用所需、医疗保健、工作空间、教育机会、行政服务、娱乐休闲等关键服务。

减排贡献：降低交通领域的运营排放；避免因新建建筑和基础设施带来的隐含排放。

(2) 关键策略及重点行动（表4-3-3）

完整社区关键策略及重点行动 表4-3-3

策略	1) 建设紧凑、具有混合功能的社区	2) 打造活跃的底层临街空间
行动	-优先考虑中等密度的开发并设计更小的街区面积 -在土地出让环节纳入社区关键服务配套清单 -创建本地行政中心，将不同的政府服务集中在一个地点	-将建筑底层空间用于零售和休闲等活跃性用途 -鼓励本地化的产业、供应和消费 -优先考虑建设适合步行的街道

(3) 城市案例：厦门完整社区建设

厦门完整社区采用"六有""五达标""三完善""一公约"的指标体系，要求至少有1处综合服务站、1个幼儿园、1个公交站点、1片公共活动区、1套完善的市政设施、1套便捷的慢行系统；要求外观整治、公园绿地、道路建设、市政管理、环境卫生达标；要求有完善的组织队伍、社区服务、共建机制；要求制定形成社区居民公约。典型案例包括厦门先锋营社区老旧小区改造、鹭江老剧场公园公共空间改造、前埔南社区关爱中心服务设施建设等。

3.3.4 以人为本的交通

(1) 核心理念与减排贡献

在绿色繁荣社区中，步行、骑行和其他非机动车出行模式将成为首选。通过调整街道空间优先级，设计合理的空间、配套的基础设施和服务激发人们主动出行的热情。倡导使用零排放公共交通和车辆共享计划。

减排贡献：降低交通领域的运营排放。

(2) 关键策略及重点行动（表4-3-4）

(3) 城市案例：北京回龙观社区自行车道慢行系统

回龙观至上地的自行车道整治成为自行车专用路，是北京市首条自行车专用道，吸引众多市民骑行打卡。全长6.5km，全程共设置了8个出入口，出入口平均间距约为780m。自行车专用路限速15km/h，行人、电动自行车禁入。具体措施有：对于一些人行道处于机动车道与非机动车道中间，导致出现了人流、车流交织，通过改造，减少了机动车与慢行系统的交织，提升了慢行系统品质。优化自行车专用路与周边路网的节点衔接，重点加强步行和自行车系统与地铁站、公交站的无缝衔接，整体提升了骑行步行的出行环境。

以人为本的交通关键策略及重点行动　　　　　　　　　　　表 4-3-4

策略	1）调整街道空间优先级	2）优化街道设计	3）战术性城市主义
行动	-将社区主要街道用作人行道 -压缩行车道路空间并将之转变为自行车专用道 -开发"学校街道"	-通过街道设计、布局和选材来促进步行和骑行的道路通行权 -完善步行和骑行道路标识 -为行人和骑行车提供舒适的照明和街道设施	-在周末和夏季临时压缩汽车空间，用于娱乐、体育或文化活动 -安装临时街道设施、可逆彩绘地面标识、可移动植物等

3.3.5 互联互通

（1）核心理念与减排贡献

通过保持与城市其他地区及其他城市密切的物理和数字联系、建立高质量的数字基础设施和完善的公共交通网络，来减少交通排放，并提高各领域基础设施服务效率。

减排贡献：降低交通领域的运营排放。

（2）关键策略及重点行动（表 4-3-5）

互联互通关键策略及重点行动　　　　　　　　　　　表 4-3-5

策略	1）物理连接	2）数字连接
行动	-建立与现有交通站点的连接 -完善大型交通枢纽的"最后一公里"接驳 -建设城市与城市间的公共交通网络	-移动通信连接到每个家庭和企业 -移动通信连接到主要公共交通路线和公共场所 -建立智慧基础设施，让居民享受顺畅的线上公共事务服务

（3）城市案例：青岛社区与交通站点互联

航运贸易金融融合创新基地（海辰园）项目位于青岛市黄岛区，在主要交通节点修建交通枢纽，实现多种交通方式的整合和接驳。最多经一次换乘可到达市内各区。在办公地块底层布局公交首末站及接驳车站，设置共享自行车停放场地，预留地铁口向周边的商业、医院、办公延伸的建设条件，合理布局交通衔接设施。园区内建筑之间商业部分、裙房部分设立连廊，建立物理连接和交互。设置人性化和无障碍的过街设施，增强城区各类设施和公共空间的可达性。同时道路设计遵循出行者过街的最短路径；建筑出入口设置完善的信息指示系统。在人流量多、负重者比例高的地方，设置自动扶梯以及无障碍电梯。如图 4-3-4 所示。

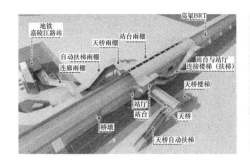 

图 4-3-4　青岛市海辰园接驳车站与建筑连廊示意图

3.3.6　循环资源

（1）核心理念与减排贡献

在社区全生命周期中，尽量减少资源的使用和垃圾的产生。这一原则适用于所有固体材料、水和能源，旨在最大限度地减少资源使用、避免浪费和促进循环利用。

减排贡献：降低废弃物管理领域的运营排放。

（2）关键策略及重点行动（表 4-3-6）

循环资源关键策略及重点行动　　　　　　　　表 4-3-6

策略	1）减少资源使用	2）避免浪费	3）循环利用
行动	-杜绝使用一次性材料和产品 -推广使用节水节电器具 -开展各类共享计划，包括自行车、汽车、工具、玩具、电子产品等	-在公园和花园中建立堆肥场 -在建筑物中实行灰水回用 -开展衣服和家用电器的维修和保养计划	-建立建筑垃圾等固废物料存放交换站点 -支持企业间的产业共生倡议

（3）城市案例：深圳创建"黑水虻＋社区厨余＋绿化垃圾就地循环模式"

深圳市大梅沙社区万科中心园区创建以生物式处理方式为主的有机循环体系，用黑水虻养殖对厨余垃圾进行生物转化。黑水虻是腐生性昆虫，因其繁殖迅速、食性广泛、饲养成本低等特点，作为资源昆虫已在全球范围得到广泛利用。孵化出来的黑水虻幼虫与粉碎后的厨余垃圾相遇，在特定温度、湿度条件下，幼虫可持续进食 7~9d，可以吃掉比自己重 20 万倍的厨余，是厨余垃圾就地生态化处理的重要环节。借助黑水虻可以实现厨余垃圾 100% 在地资源化和堆肥实现有机质循环利用，大幅降低碳排放的同时增加碳封存。坐落于深圳大梅沙万科中心园区的黑水虻站日均可处理约 200kg 厨余垃圾，实现园区厨余垃圾 100% 在地资源化。如图 4-3-5 所示。

 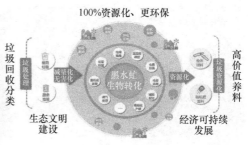

图 4-3-5　大梅沙社区"黑水虻＋社区厨余＋绿化垃圾就地循环模式"

3.3.7　绿色和基于自然的解决方案

(1) 核心理念与减排贡献

增加社区绿色空间，维护生物多样性，创造健康环境，增加气候韧性。

减排贡献：增加碳汇；降低交通领域的运营排放；避免同地块建设其他基础设施带来的隐含排放。

(2) 关键策略及重点行动（表 4-3-7）

绿色和基于自然的解决方案的关键策略及重点行动　　　表 4-3-7

策略	1) 多功能、易达的绿色空间	2) 创造健康空间	3) 增强气候韧性
行动	-合理规划土地利用，确保所有居民在步行或骑行 15 分钟距离内到达绿色空间 -建设口袋公园 -绿色空间与运动健身、休闲娱乐功能结合	-保留场地中的现有成熟植物 -选择本土植物和多种类植物群 -鼓励生产有机食品，与城市农业特色相结合	-采用海绵城市设计理念，建设综合可持续排水系统 -鼓励划定禁止开发的生态功能区

(3) 城市案例：成都安公社区 1000＋m^2 空中花园

安公社区内建于 1999 年的小区"菜蔬新居"，是农民统规统建小区，当时没有规划绿化和公共活动空间，曾经的楼顶还饱受漏水等问题困扰。2020 年开始，在社区的引领动员下，小区 60 户居民积极参与楼顶改造与美化，共同将其打造成了逾千平方米的屋顶"共享空中花园"（图 4-3-6）。所有单元楼的楼顶连通起来，整个小区 60 户居民都能上去散步、休闲。这个空中花园划分为：和谐邻里、种植体验、怀旧文创、城市文明等多个特色活动区。并由小区居民共同承担日常管理维护责任，过去脏乱差的闲置楼顶蜕变为可供居民开展文化活动的小公园。邻居们坐在一起，聊家常、喝茶、看书，怡然自乐，小区活动也时常在楼顶开展，这增进了邻里关系也增加了居民的幸福感。

图 4-3-6 安公社区共享空中花园

3.3.8 包容共享

（1）核心理念与减排贡献

社区在实现绿色（净零碳排放）目标过程中，能够为社区居民带来广泛的经济、环境、社会效益，同时使得社区内不同年龄、性别、种族、收入群体可以共享和公平分配。

减排贡献：降低建筑、交通领域的运营排放；降低消费排放。

（2）关键策略及重点行动（表 4-3-8）

包容共享的关键策略及重点行动　　　　表 4-3-8

策略	1）社会包容	2）提升社区凝聚力	3）积极的社区参与
行动	-社区中配建高比例的零碳/低碳经济适用房 -在设计基础设施和公共服务时，确保各类人群都能安全、舒适、便捷地使用	-创建公共/集体专用空间 -设计公共空间并提供设施以促进设计互动、户外运动和休闲活动 -推广创新、多选项的居住生活方式，如多代合住房、合作用房等	-促进参与式流程，开展利益相关者分析、居民圆桌会议等，让更多居民参与社区规划建设改造运营过程 -对居民进行培训

（3）城市案例：成都黄忠社区共建共享行动

成都市金牛区黄忠社区推进近零碳社区，建设打造多元近零碳生态空间。根据小区（院落）空间分布和居民规模结构，引入专业商家机构建设首批社区智能共享食堂，搭建近零碳共享食堂、零碳咖啡（图 4-3-7），采用"无烟烹饪、快速出餐"标准化服务模式，为社区居民及社会群众提供实惠便利的就餐服务，打造绿色低碳生活场景；共享食堂使用稀土断热涂层，阻断直接辐射，配合中空玻璃实现隔热、保温、节能等功效,降低食堂碳排放。

图 4-3-7　共享咖啡空间、便民食堂效果图

3.3.9　绿色经济

(1) 核心理念与减排贡献

切实联系当地居民群体和经济环境的实际情况,在保持生态系统韧性和资源效率的情况下,创造和支持绿色就业机会,促进社区长期经济繁荣和绿色可持续发展。

减排贡献:降低建筑、能源领域的运营排放;降低消费排放。

(2) 关键策略及重点行动(表4-3-9)

绿色经济的关键策略及重点行动　　　　表 4-3-9

策略	1) 促进绿色就业	2) 支持企业绿色转型	3) 发展绿色商务
行动	-建立社区中建筑保温改造、充电基础设施安装等的相关标准 -提供绿色就业岗位培训机会 -为现有排放密集型行业工人规划绿色转型职业发展路线	-支持社区排放密集型企业识别脱碳主要障碍 -采用财政激励措施 -提供协同绿色工作空间	-设立"商业加速器" -使用财政激励措施吸引更多绿色企业入驻

(3) 城市案例:武汉北湖街道绿色经济发展

武汉北湖街道积极推进当地绿色经济发展。辖区范围内集聚多家金融机构,通过绿色贷款、绿色债券等形式为绿色发展提供资金支持。通过推进能源托管、老旧社区改造,吸引光伏企业、能源管理企业入驻北湖街道,形成小规模的绿色产业聚集。发展绿色旅游,打造"西北湖国家级夜间文旅消费集聚区",推动区域近零碳经济发展。辖区内环西北湖—花园道景区落实低碳经济发展的目标,鼓励旅客骑行、停放共享单车,使用新能源交通工具。

3.3.10 可持续的生活方式

（1）核心理念与减排贡献

通过街道设计、设施设置、区域划分以及共享经济，鼓励居民、工人、访客采用排放量较小的方式进行生活生产。并通过持续有效的宣传教育和培训活动，支持长期的行为改变。

减排贡献：降低交通、废弃物管理领域的运营排放；降低消费排放。

（2）关键策略及重点行动（表4-3-10）

可持续的生活方式的关键策略及重点行动　　　　　　　　表4-3-10

策略	1）保障措施	2）提供共享服务	3）长效机制
行动	-提供垃圾分类收集器具与空间 -建立出行旧物处置等数字平台 -为中小微企业提供场所，促进本地化消费和娱乐	-支持共享服务创新商业模式 -创建社区工作坊，促进邻里旧物处置、互助维修等 -建设社区公共食堂等服务配套	-建立碳普惠机制 -举行长期交流培训活动 -利用社区数字平台宣传排放数据、可持续生活理念等

（3）城市案例：镇江世业洲近零碳岛"碳惠宜"平台

镇江世业洲将以建设长江流域第一个碳中和岛为目标，打造"碳中和旅游度假区"。根据江苏省碳普惠体系建设要求，镇江市生态环境局牵头搭建碳普惠平台——"碳惠宜"，接入公众低碳数据，引领全民参与低碳城市建设。"谁低碳谁受益"，个人可通过支付宝小程序登录或注册"碳惠宜"App账号，通过个人低碳行为，发放碳积分。碳积分可用于兑换相应的低碳产品或服务。

3.4 建设路径与原则

3.4.1 建设路径

绿色繁荣社区项目的建设实施路径主要包括规划和实施两个阶段，规划阶段可进一步细分为"项目准备—现状评估—目标设定—行动计划—实施方案制定"5个步骤，简要示意框图如图4-3-8所示。

3.4.2 建设原则

建设绿色繁荣社区应遵循以下原则：

（1）减缓与适应并重

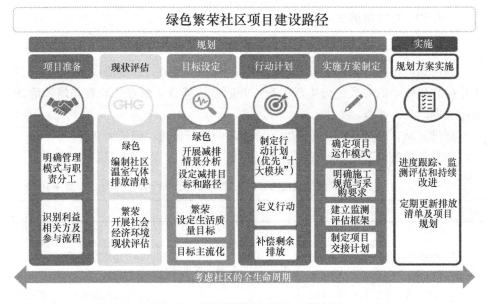

图 4-3-8　绿色繁荣社区项目建设路径

作为应对气候变化的两大战略和根本对策，减缓和适应相辅相成、缺一不可。绿色繁荣社区须同时兼顾减缓和适应，既要进行最大力度的温室气体减排与增汇，同时也要最大程度地增强自身能力去适应气候变化及其影响。

（2）多重效益协同

气候目标的制定和气候行动的实施，往往可以在应对气候变化问题的同时，对环境、社会、经济都产生广泛的正面效益。绿色繁荣社区应通过全面的气候行动，带动社区人文、商业、基础设施系统的改善，促进多元主体的参与协作和多维度目标的协同增效。

（3）坚持目标引领，注重顶层设计

愿景性目标的设定具有统筹引领意义，社区需要设定具有足够力度和雄心的目标来激发创新、释放潜力。绿色繁荣社区应坚持目标引领，并从全生命周期视角出发，做好目标导向下的统筹规划和顶层设计，在科学的目标和实施框架下落实行动并持续改进。

（4）因地制宜和持续改进

不同类型社区之间差异很大，各自的现实情况和基础均有不同，实现绿色和繁荣目标的方法、路径、策略和行动都须联系社区具体实际因地制宜地确定。同时，目标的实现很难一蹴而就，需要社区在实施过程中不断优化、创新和改进。

4 零碳乡村实践与探索

2022年中央农村工作会议提出，发展生态低碳农业。我国是农业大国，农村地区碳排放量随农村居民水平提高和能源消费量增长不断上升，农村地区将是未来实现国家自主减排目标和"双碳"战略目标的重要组成部分。我国农村地区蕴含碳减排潜力大，推进乡村零碳建设，是加快农业农村生态文明建设的重要举措，是落实乡村振兴、绿色发展的重要抓手，对我国实现"双碳"战略目标具有重要意义。

从实践来看，我国进行的零碳建设与乡村振兴的实践还很少，各地推进零碳乡村实践探索，取得了一些成效。在实践探索的基础上，零碳乡村有关地方标准、导则也陆续出台，如2019年第一届联合国人居大会上发布《净零碳乡村规划导则——以中国长三角地区为例》，2023年2月浙江省舟山市发布地方标准《净零碳乡村建设规范》DB3309/T 94—2023，2023年5月安徽《宣城市"零碳乡村"建设评价指南》等，为我国乡村振兴事业实现绿色低碳发展带来了新的思潮，持续推动净零碳乡村振兴，助力建设新时代美丽乡村。

4.1 嘉兴市嘉善县：三生融合的竹小汇零碳聚落实践[1]

4.1.1 "三生"空间与零碳聚落

（1）嘉善系统实践：全域绿色发展低碳试点

长三角生态绿色一体化发展示范区两区一县中的嘉善县，拥有秀美的江南水韵和优越的自然本底，为示范区建设提供了坚实的基础。嘉善县深入贯彻习近平生态文明思想，加快形成节约资源和保护环境的生产方式、生活方式、空间格局，确保全县实现科学达峰，率先推动全县人民走向共同富裕，更高质量建设长三角生态绿色一体化发展示范区。作为示范区中的重要组成部分，到2025年，嘉善县计划初步形成县镇村三级的低碳试点示范；到2035年，水乡客厅等重点片区基本建成零碳示范园区。示范区紧扣一体化制度创新核心使命，在长三角高质量和一体化、绿色低碳、共同富裕、数字化转型四个方面做好示范。

---

[1] 作者：沈磊，张玮，杜海龙，王康，崔梦晓，张琳，张超，中国生态城市研究院有限公司。

在嘉善县第十五次党代会上，提出了接续奋斗"第一站"、砥砺奋进"双示范"，高水平谱写共同富裕和现代化先行新篇章的奋斗目标。具体到 2022 年，将以争先创优大比拼活动为载体，举全县之力实施示范区三周年"13820"行动计划，全力打造最具嘉善辨识度的硬核成果，努力交出经济社会高质量发展的优异答卷：

"1"——推进先行启动区西塘、姚庄全域秀美建设，打造一个全域美丽的"金色底板"；

"3"——打造一条"通古达今"的水乡路线、一条"生态低碳"的环湖路线、一条"综合示范"的展示路线；

"8"——加快优质业态和高端资源导入，全面推进生产、生活、生态融合，打造西塘良壤、国际服务、东汇"双碳"、科创集智、浙大绿洲、水乡客厅、沉香富裕、双高产业八大组团；

"20"——围绕生态绿色低碳、高质量发展、一体化示范、共同富裕等主题，推进 20 个标志性重点项目建设。

1）1 个全域美丽的"金色底板"

"金色底板"以地方文化传承、低碳生态可持续、智慧科技赋能、产业协调发展为内涵，以田丰、水清、路畅、林美、村富为体现，提炼了金色底板的金十字，在科技助农、富美乡村的基础上，更加体现示范区在内涵发展上的高质量；作为东部沿海的高发达地区，一步对标欧洲乡村，跨越城镇化后半场的空间紧约束，为建设蓝绿交织、生态永续、历史人文的人与自然和谐宜居新典范提供田野原野共生、如意水杉贯通、新江南诗意园林的嘉善样板。

金色底板的"金十字"：横向田、水、路、林、庄要素营建，纵向融合文化、生态、智慧、产业。

田丰：田成方、零排放、提产能，实现科技丰田，金色大美；
水清：控源头、活水流、绿岸线，实现水清岸绿，鱼翔浅底；
路畅：路成网、优设施、塑景带，实现路不断头，景不断链；
林美：留绿树、植乡土、塑生境，实现林茂草盛，鸟语花香；
村富：优环境、提产业、美人文，实现生态共富，水韵嘉乡。

2）3 条集中展示的"魅力路线"

"魅力路线"即一条"通古达今"的水乡路线，串联西塘古镇、良壤东醉、南北祥符荡至水乡客厅，展现江南韵、现代风、未来范；一条"生态低碳"的环湖路线，环通南北祥符荡，展现绿色交通、绿色建筑、资源循环、能源利用等生态技术应用场景；一条"综合展示"的示范路线，串联八个示范组团，展现江南水乡特色风貌、绿色低碳高质量发展、世界级水乡人居典范。

3）8 个特色鲜明的"示范组团"

"示范组团"分别为：承担商业服务、会展服务的西塘良壤组团；公共中心、面向未来、国际化服务的国际服务组团；乡村赋能的科创摇篮、生态优势转化标杆东汇"双碳"组团；最强大脑集聚、科技创新高地的科创集智组团；面向未来的前沿学科、绿色智慧的产学研基的浙大绿洲组团；壮大"3+3"产业集群，花园园区示范标杆的双高产业组团；盘活空间产业人才、展示城乡共同富裕的沉香富裕组团；城水共生、区域共享发展试验田的水乡客厅组团。

4) 20大标志性建设"重点项目"

公共服务类：荷池未来社区项目；稻香未来乡村项目；先行启动区全域秀美建设项目；浙大二院长三角国际院区项目；沉香文艺青年部落项目；良壤东醉品质提升项目；示范区嘉善展示馆项目；嘉善国际会议中心项目。

产业创新类：竹小汇科创聚落项目；国开区产业创新项目；中新嘉善产业园项目；浙大长三角智慧绿洲项目；祥符荡科创绿谷研发总部项目。

互联互通类：兴善大道快速路工程；嘉善大道快速路工程；科创绿谷环线道路工程；沪苏嘉城际嘉善段工程。

生态环保类：省级绿道嘉善段工程；祥符荡生态环境提升工程；伍子塘文化绿廊（祥符荡段）工程。

嘉善水乡低碳模式系统规划分解图见图4-4-1。

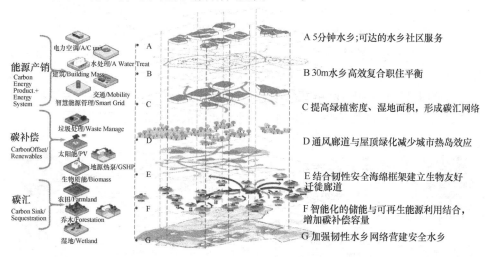

图4-4-1　嘉善水乡低碳模式系统规划分解图

（2）竹小汇试验田："三生融合"零碳聚落实践

竹小汇组团作为嘉善八大示范组团（图4-4-2）中的生态低碳组团功能组团，承担祥符荡关键的生态功能，具有重要的低碳示范效应。建立和谐共生价值观，积极统筹生产、生活、生态为整体的"三生空间"生态低碳发展。

1) 零碳新标杆——竹小汇模式

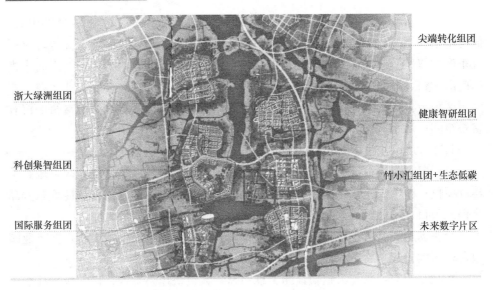

图 4-4-2 嘉善八大示范组团示意图

嘉善县先行先试打造竹小汇零碳聚落，打造"零能聚落、无废聚落、生长聚落"三大体系下的可复制可推广零碳样板。通过碳平衡、物质循环、数字赋能、科创产业集聚等手段，打造全国首个全生命周期零碳聚落样板。基于综合能源管理平台，叠加数字孪生技术，构建"双碳"各要素之间的串联与模拟，形成高效监管、智慧运算、可拓展的整体运维系统。解决未来聚落整体及每栋建筑的"双碳"管控。竹小汇作为全国首个全生命周期零碳聚落样板，通过一批先进技术应用与集成创新示范项目为向零碳城区拓展积累经验，向长三角地区乃至全国推广复制，树立生态绿色一体化发展国家战略新标杆。竹小汇水乡低碳模式目标系统见图 4-4-3。

图 4-4-3 竹小汇水乡低碳模式目标系统

2)"以人为本"的低碳人居探索

基于国内外低碳人居探索总结出低碳生态城、近零碳排放区、低碳社区的ABC模式：A模式技术为本，如阿联酋马斯达尔生态城（以能源自给自足、零碳为目标，强调以高技术应用为主，投资高昂，注重高科技的集成，难以被复制和推广，具有精英主义乌托邦特征）；B模式逆城市化，如美国亚利桑那州的阿科桑蒂城（着重于外部的植入、被动的适应，与当地建筑文化、居民生活习俗脱节，呈现出自身的不可持续性和脆弱性）；C模式以人为本，如竹小汇模式（建造成本适当、自身可持续、可推广复制、自演化改进，传统智慧与现代科技结合；尊重自然生态、历史文化和居民利益；城市与自然融合：紧凑、混合的城市空间与敞阔的田园风光；新城建设与城市更新相结合；采用适宜技术而非昂贵技术；适应本地气候的绿色建筑设计与推广，持续优化的可再生能源和材料循环利用系统）。❶

竹小汇模式即为基于国内外低碳人居探索的C模式，构建面向碳中和的自演化聚落发展模式与规划设计建设方法，充分体现传统智慧与现代科技结合，采用适宜技术而非昂贵技术，适应本地气候的绿色建筑设计与推广，持续优化的可再生能源和材料循环利用系统。体现城市与自然融合，紧凑、混合的城市空间与敞阔的田园风光相得益彰，尊重自然生态、历史文化和居民利益，建造成本适当、自身可持续、可推广复制、自演化改进零碳聚落系统。

竹小汇聚落效果图与实景图见图4-4-4。

图4-4-4　竹小汇聚落效果图（左）与实景图（右）

竹小汇是一次对于环境友好、经济持续、民生幸福发展模式的创新实践，以"技术集成调试、智慧监测优化、适用技术评估"为低碳社区、低碳园区、低碳城区积累经验，展示低碳战略的嘉善创新之举。

(3)"三生空间"理论背景

---

❶ 李迅, 李冰, 赵雪平, 等. 国际绿色生态城市建设的理论与实践[J]. 生态城市与绿色建筑, 2018, (02): 34-42.

改革开放以来，随着城市发展中出现的产业动力不足、人口缺乏、生态环境破坏严重、空间割裂和配套设施不完善等问题，生产空间、生活空间和生态空间失调，矛盾突出❶。而 2015 年中央城市工作会议提出的"统筹生产、生活、生态三大布局，提高城市发展的宜居性。城市发展要把握好生产空间、生活空间、生态空间的内在联系，实现生产空间集约高效、生活空间宜居适度、生态空间山清水秀。"为生态低碳城市的发展指明了方向。生态低碳城市的建设要适应新时期、新形势、新发展的要求，协调好人—城—自然之间的关系，以三生（生产、生活和生态）共融理念为指导，实现生产空间、生活空间和生态空间的均衡协调、共生发展，走生态文明建设和可持续发展的道路❷。

4.1.2 生产空间降碳

农业是温室气体的重要排放源，其排放的 CH_4 和 N_2O 分别占到全球人为排放 CH_4 和 N_2O 总量的 50% 和 60% 左右。稻田是重要的农业温室气体排放源❸，长江中下游稻作区水稻种植面积约占全国 40%，稻田 CH_4 排放量约占全国的 2/3❹，采用高质量生态田、低碳田、智慧田的建设方法可以减少稻田甲烷排放 10%~15%，减少间接碳排放在 8%~15%，减少水资源消耗 30%，减少肥料使用 10%，减少氮、磷排放 30%，减少亩均劳动力投入 100 元左右。在中国经济整体进入低碳化的进程中，农业不能置身事外，要将正在发生的农业绿色转型纳入低碳发展的框架。基于此，竹小汇试验田提出以低碳化带动稻作农业绿色转型的总体路径：以生态农田的低碳化为抓手，带动水稻生产过程的绿色化，并带来农产品的优质化❺。

（1）生态农田：精准调控水环境，维护田间生物多样性

受农村自然水系生态功能丧失、现代大田单一化种植的影响，绝大部分农田不具备良好的生物多样性本底，农田生态系统趋于扁平化、单一化，原本大量分布的有益生物类群逐渐难觅踪迹，从而导致了农田作物抗病虫害能力差，需要依靠大量农药维持生产。

竹小汇生态农田作为江南圩田零碳代表，运用生态修复手段结合浅滩湿地技

---

❶ 蒋艳灵，刘春腊，周长青，等. 中国生态城市理论研究现状与实践问题思考 [J]. 地理研究，2015，34 (12)：2222-2237.

❷ 范育鹏，方创琳. 生态城市与人地关系 [J]. 生态学报，2022，42 (11)：4313-4323.

❸ 李强，高威，魏建飞，等. 中国耕地利用净碳汇时空演进及综合分区 [J]. 农业工程学报，2022，38 (11)：239-249.

❹ 刘天奇，胡权义，汤计超，等. 长江中下游水稻生产固碳减排关键影响因素及技术体系 [J]. 中国生态农业学报（中英文），2022，30 (04)：603-615.

❺ 金书秦，林煜，牛坤玉. 以低碳带动农业绿色转型：中国农业碳排放特征及其减排路径 [J]. 改革，2021，(05)：29-37.

术和生态缓冲带技术建设农业退水零直排稻田，实现水环境保护和增湿扩绿双重目的。方案策划主要内容包括：源头减量，精细化管理，精准施肥；"两无化"水稻种植——无农药无化肥。过程拦截：稻田浅滩技术、生态排水沟、生态塘。生态修复：河道清淤、生态护岸、绿色廊道、水下森林、生境营造等措施。循环利用：秸秆饲料、秸秆肥料、秸秆沼气等多渠道；综合技术，实现循环利用。同时，运用生态修复手段结合浅滩湿地技术和生态缓冲带技术建设农业退水零直排稻田，实现水环境保护和增湿扩绿双重目的。

生态农田方案技术模式图见图4-4-5，生态修复手段示意图见图4-4-6。

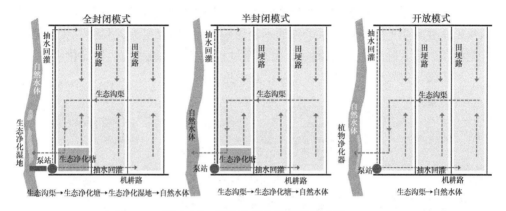

图4-4-5　生态农田方案技术模式图

图4-4-6　生态修复手段示意图

（2）低碳农田：远程精准灌排，打造集成生态塘智慧田

竹小汇低碳管理措施和稻作模式主要通过减少水稻生产碳足迹和作物碳固定等过程和因子促进水稻生产碳中和。目前氮肥深施、间歇性节水灌溉❶、农机高效应用等低碳管理技术和模式主要围绕"增汇""减排""降耗""循环"的理念，针对水稻生产固碳减排关键影响因素，从而提高稻田碳汇潜力、减少稻田温室气体排放、减少水稻生产碳足迹。

依托算法模型、通过物联网设备实现自动灌排。精准灌排循环系统根据薄露

---

❶ 陈松文，刘天奇，曹凑贵，等. 水稻生产碳中和现状及低碳稻作技术策略［J］. 华中农业大学学报，2021，40（03）：3-12.

灌溉原理,将物联网技术、信息化技术、自动化控制进行集成应用。在水稻种植的各个生育期,利用确定适宜水深作为农田灌排控制指标,在无人值守情况下,便可根据水稻各生长期的用水需求远程设置田间水层上限参数,并通过全自动精准感应田间实际水层深度,自行控制灌排设备的开启和关闭,保证水稻各生长期的精准水层。排水口设置量控一体化闸门,可远程控制排水进入生态塘,作为灌溉水源循环利用。

着力建设水稻生产高标准机械化的先行区和示范区、依靠北斗地面产分网络的布设,进一步提高水稻投入要素利用效率,通过技术培训等方式,从选种、灌溉等各环节入手,推广新型农业生产资料,改变传统生产模式,降低因碳排放纳入水稻全要素生产率测算体系带来的不利影响❶。应用农机无人驾驶(无人侧深施肥插秧、无人除草、无人插秧),形成全过程的高标准机械化、自动化生产。

稻田碳足迹及数字赋能低碳循环示意图见图4-4-7。

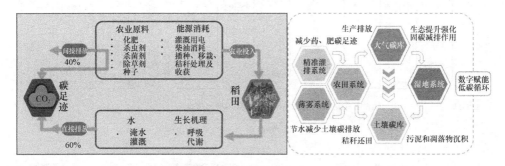

图4-4-7 稻田碳足迹及数字赋能低碳循环示意图

(3)数字农田:系统跟踪碳足迹,实现智慧农田碳中和

按照"1+1+3"的整体框架,建设竹小汇数字化水稻基地。其中一个"1"为数据中心,进行基地数据资源的管理;另一个"1"为农业大脑,构建数字化的生产、管理、服务体系。"3"为三大模块农田应用,聚焦竹小汇水稻基地,围绕智能生产、农情监测、智慧物联多场景应用,达到平台可管理、成果可展示、数据可应用。

竹小汇数字化水稻基地建设体系图见图4-4-8。

万兆农田数据5G传输:安装物联网传感设备和小型气象站,实时将监测数据上传到边缘计算平台。农业AI算法:通过人工智能算法处理数据并准确解译水稻生长过程中的生理生态等信息,进行实时评估。手机App操控:通过电脑、手机App实时掌握田间实际情况。在稻田里戴VR眼镜,农田里有任何异常情

---

❶ 陈柱康,张俊飚,程琳琳,等.碳排放如何影响水稻全要素生产率[J].中国农业大学学报,2019,24(11):197-213.

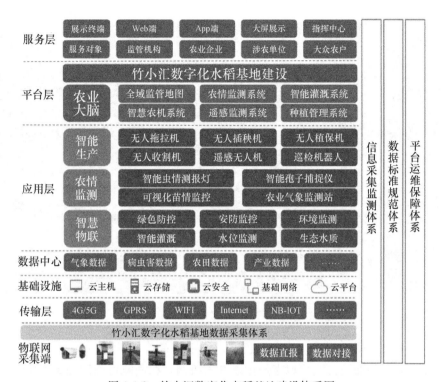

图 4-4-8 竹小汇数字化水稻基地建设体系图

况，VR眼镜中能立即反馈并给出应对策略。经济效益突出。实现精准水肥管理，减少了水资源和肥料浪费，最小化农田排放；精确调控管理作物生长过程，进一步提高作物品质；管理人员数降至 10 万 mu（1mu≈666.67m^2） 10 人，显著提高生产效率，减少人工成本。

稻田碳足迹包含 40% 的间接排放：源自农业投入的农业原料（化肥、杀虫剂、杀菌剂、除草剂、种子）和能源消耗（灌溉用电、柴油消耗、播种、移栽、秸秆处理及收获等）；60% 的直接排放：淹水灌溉及来自稻田生长机理的呼吸代谢。水稻生产的低碳管理技术主要通过降低水稻生产过程人力和物力能耗来降低碳足迹，注重从间接碳排放角度提升管理措施的节能降耗潜力，进而削减水稻生产碳足迹。

祥符荡稻田数字孪生平台界面图见图 4-4-9。

竹小汇未来示范田实现了环境效益、经济效益和社会效益的统一：1）提高水肥利用效率，节约水、电、肥等资源；灌溉用水循环利用，避免无雨期间向外排水；削减了化学肥料施放量，减轻农业面源及周边环境污染。2）节本：亩均用水量降低至 240m^2/mu，较省定额 400m^2/mu 下降 40%。减少肥料使用 10% 左右，节省人工成本约 100 元/mu。3）增收：种植流程的减肥减药和薄露灌溉方

图 4-4-9　祥符荡稻田数字孪生平台界面图

式将带来稻米品质的提升，对于绿色稻米的销售单价溢价。4）生态补偿：减排带来的环境效益政府部门可以考虑生态补偿机制，在面源污染治理经费中，考虑对建设模式进行转移支付。5）通过规模化、标准化、机械化的种植方式，可以有效地解决农村劳动力流失和老龄化加剧导致的耕地弃耕等问题；通过清洁水稻种植及管理方式，节省水、电、肥等资源，减轻农业面源及环境污染；通过项目示范推广，引领和促进水稻产业提升和全产业链发展。

4.1.3　生活空间零碳

竹小汇生活空间以聚落的零碳技术探索为基础，通过绿色能源、绿色交通、绿色产业、绿色生活、绿色碳汇五大方面，进一步探索科创绿谷的低碳生态城市构建。聚落通过智慧公交、光储直柔、低碳建材、地源热泵、多能互补、物质循环、分布式净化处理、智慧中控平台等先进技术应用与集成创新示范项目。

（1）江南地区传统村落的绿色有机更新

竹小汇科创聚落占地面积约 180mu，通过对传统村落农民房进行更新，以原位置，原面积，原高度"三原"原则，打造的零碳"科学家聚落"。共分三期建设，已建成一期用地面积为 $10404.38m^2$，建筑面积约 1 万 m^2。竹小汇由中国生态城市研究院领衔，以"零碳、无废、生长"为目标，开展零碳技术和资源的整合，集成低碳建材、光储直柔、地源热泵、智慧设备、物质循环系统、多源能源协同、绿色交通、智慧运维平台等技术,从设计、建设、运营综合达到整体"净零碳",全区域实现绿色建筑的三星标准,一期实现整体零碳,零碳技术应用占三期总体规划中的40%。竹小汇基地位置示意图见图4-4-10。

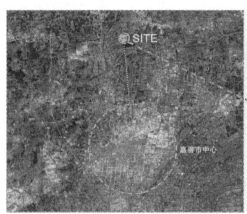 

图4-4-10 竹小汇基地位置示意图

竹小汇聚落建设程序包含聚落成组、分期建设、功能定位、建筑保留(图4-4-11)、零碳示范、景观提升等环节。分别根据建筑及地块分布区分组团聚落成组(图4-4-12);根据建设需求分期进行建造(图4-4-13);根据产业定位、低碳生态要求合理布置建筑功能,明晰配套设施(图4-4-14);二层建筑严格遵守现有体量线建设;首层裙房为满足办公、会议等使用需求少量突出产权线范围;启动区范围实施建筑节能探索,打造全国首个零碳聚落样板。建筑节能目标规划示意图见图4-4-15。

 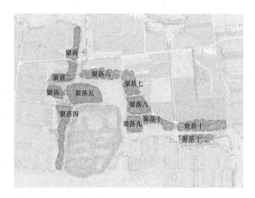

图4-4-11 建筑保留示意图　　　　　图4-4-12 竹小汇聚落组团分布图

图 4-4-13　竹小汇聚落分期建设示意图

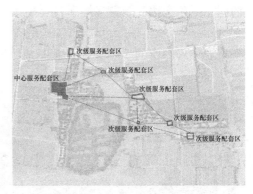
图 4-4-14　竹小汇聚落功能配套示意图

图 4-4-15　建筑节能目标规划示意图

其中，景观提升手法包括农田水系（图 4-4-16）、边界水岸（图 4-4-17）、游路圩园（图 4-4-18）、低碳院落（图 4-4-19）等类型。分别为整田畴——鱼米之乡田野本底，发展社区支持农业；理水系——灌溉水利陂塘水利，实现水环境一体化；塑边界——营造万竿重翠，聚落有隐有现；枕水岸——浦派萦回曲水为汇，以汇为聚落中心；通游路——连桥成路，流水行船形成阡陌交通；筑圩园——围水做园，深柳疏芦营造幽深之境；营院落——蔬畦花篱，耕钓意境各具特色的宅园；促低碳——生态优先，实现循环节约可持续理念。

（2）技术集成的零碳、无废、生长聚落

对于竹小汇技术链进行归纳，形成三大技术模型，即"零碳、无废、生长"：

4 零碳乡村实践与探索

图 4-4-16 竹小汇农田水系景观提升示意图

图 4-4-17 竹小汇边界水岸景观提升示意图

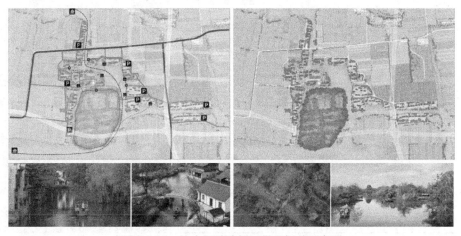

图 4-4-18 竹小汇游路圩园景观提升示意图

229

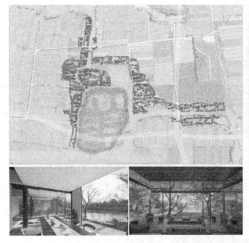

图 4-4-19 竹小汇低碳院落景观提升示意图

零碳主要指清洁能源的多能互补；无废指的是生态循环可持续；生长是在空间上可拓展，技术上可迭代优化。

零碳聚落碳平衡（图 4-4-20）：以绿色建筑、绿色交通进行"碳减排"，以多能互补进行"碳补偿"，包括太阳能、地热能、风能和生物质能，通过生态环境固碳进行"碳汇"。"零碳聚落"通过"多能互补"的形式实现，目前采用的能源有：光能（"光储直柔"＋智慧设备）、风能和地热能（"分布式地源热泵＋辐射板＋新风系统"）。零碳聚落组团示意见图 4-4-21。

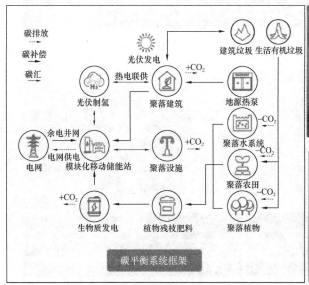

图 4-4-20 碳平衡系统框架示意图

4　零碳乡村实践与探索

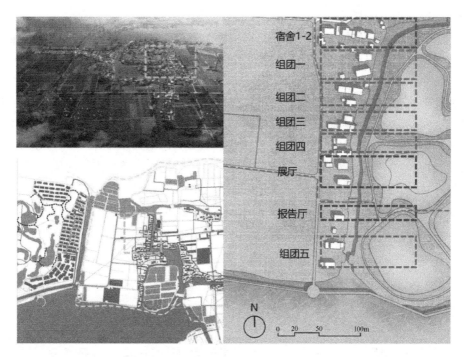

图 4-4-21　零碳聚落组团示意

无废聚落物质循环（图 4-4-22）：以污废水处理、餐厨垃圾分散处理、生物降解、资源循环利用等技术集成实现资源的无废利用。通过物质循环概念及应用技术："可循环建材的应用""污水处理模块"和"智慧垃圾桶及餐厨垃圾源头处

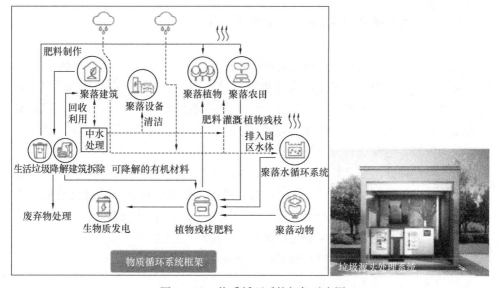

图 4-4-22　物质循环系统框架示意图

理系统"实现低能耗。

生长聚落生命周期：通过智慧化调试提供使用稳定性，监测引导使用中绿色生活方式，通过定期数据评估进行技术组合优化，实现低碳绿色化精明生长。

竹小汇零碳智慧技术系统架构（图 4-4-23）：系统以云、边、端架构，创新型系统架构为二期工程预留接口，可完成系统快速接入；智能硬件：室内硬件设计、能源站硬件设计，规划—设计—施工—运维可与二期协同，补充数据点位，更新控制逻辑；软件平台：生长型零碳运维数据库、智能运维管理与控制平台、智能日报、IOT物联网平台，二期可共用平台、数据库、策略库，功能区可快速拓展；从建筑生长—聚落生长—系统生长—生命周期数据生长。策略模型：多工况运维策略、能源调度策略、边缘控制策略形成"竹小汇"模式，运行阶段零碳排放—生命周期零碳排放—碳平衡。

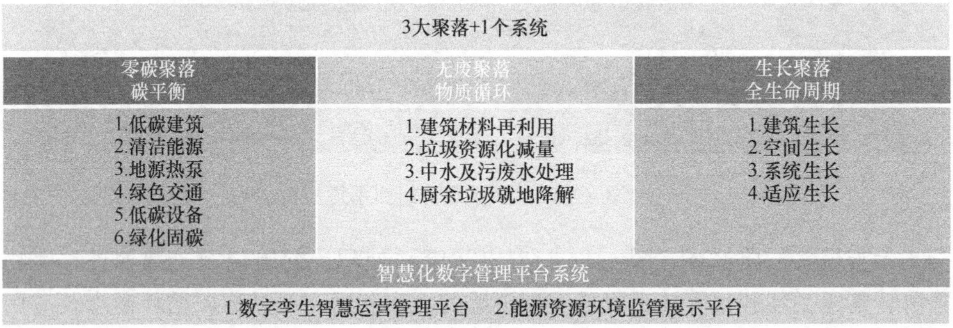

3大聚落+1个系统		
零碳聚落 碳平衡	无垃聚落 物质循环	生长聚落 全生命周期
1.低碳建筑 2.清洁能源 3.地源热泵 4.绿色交通 5.低碳设备 6.绿化固碳	1.建筑材料再利用 2.垃圾资源化减量 3.中水及污废水处理 4.厨余垃圾就地降解	1.建筑生长 2.空间生长 3.系统生长 4.适应生长
智慧化数字管理平台系统		
1.数字孪生智慧运营管理平台　　2.能源资源环境监管展示平台		

图 4-4-23　竹小汇零碳聚落技术系统架构

竹小汇聚落零碳低碳技术示意图见图 4-4-24。

（3）全生命周期零碳聚落设计建造运维

从设计、施工、运维全过程定制化以软件＋硬件＋算法一体化的零碳生长解决方案。竹小汇一期启动区方案设计包含展示中心、报告厅、办公组团等 10 个建筑单体；子项的智能硬件规划部署、机电系统设计等；软件架构设计、智能策略研发、算法模型开发、生长型数据库搭建、策略库搭建等。系统测试与调试：施工前期阶段：与现场各方进行协调、对接，做好准备工作，各系统施工内容的划分与执行，保证工期；施工展开阶段：各系统工程均全面展开，各专业交叉施工，对设备进行控制功能测试；调试阶段：整体工程调试预验，并整改完善；后期运维保障：系统的持续性调适；智能策略持续性寻优；运行优化、系统优化、供需优化，管理优化，最终实现全局最优。

竹小汇零碳生长综合运维管理平台构架见图 4-4-25。

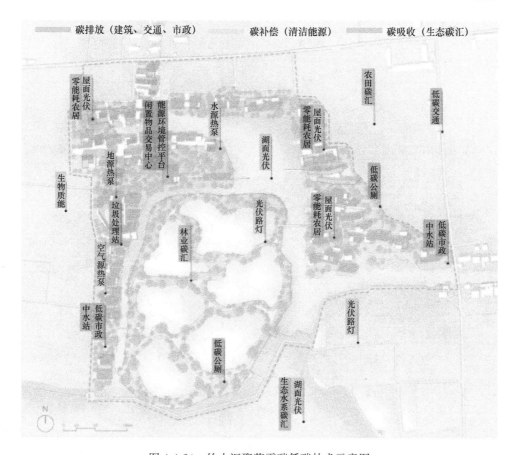

图 4-4-24 竹小汇聚落零碳低碳技术示意图

4.1.4 生态空间汇碳

（1）水生态治理综合技术增湿扩绿、改善环境

运用生态缓冲带技术、浅滩湿地技术、生物滞留消解技术、水下森林技术，实现环境改善和增湿扩绿双目标。生态缓冲带技术：生态缓冲带因地制宜地选用植物种植区、生态沟、生态塘等措施，实现污染物过滤、吸附、降解。浅滩湿地技术：塑造多种地形地貌，利用"基质—水生植物—微生物"复合生态系统的协同净化，实现 SS、氨氮、COD、TP、TN 和有机质的逐级消减去除。生物滞留消解技术：位于支河凹塘处，利用"基质—水生植物"复合生态系统的协同净化，实现水质净化效果。水下森林技术：底质改良＋沉水植物构成的"水下森林"，可以大幅度降低水体氨氮，吸收水中的营养盐，竞争养分和光照，抑制了藻类生长，避免水中富氧化，减少异味；同时，为水生动物提供庇护所，食物和产卵环境，从而构建起一个生态链平衡系统，使得流动或封闭的水体保持长年清

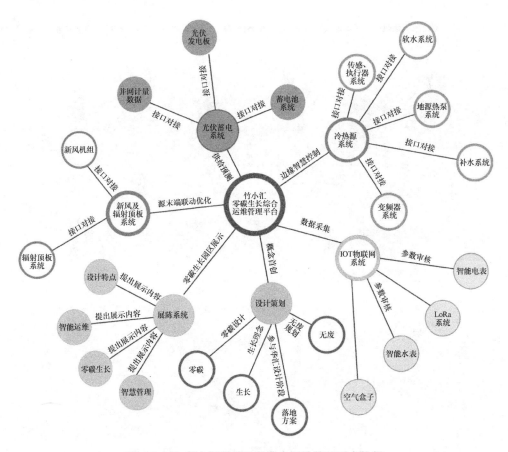

图 4-4-25 竹小汇零碳生长综合运维管理平台构架

澈透底，晶莹剔透。

竹小汇组团位于南北祥符荡相交接之处（图 4-4-26），"九字形"水体成为连

图 4-4-26 祥符荡"两核四区"示意图

接南北祥符荡水体生态系统的重要空间,因此承担着组团间重要的生态功能。竹小汇聚落的生态空间汇碳以祥符荡为载体,在水生态治理方面,以尾水—河网—湖荡多源污染多级拦截与净化成套技术,有效削减面源污染,解决了流域氮碳磷排放难题。现祥符荡水质已达到Ⅱ类水标准、透明度2m以上,沉水植被覆盖度达70%。祥符荡实施了"沉水植物修复、水生动物调控、景观提升、清水降浊、生态软围隔、水生态监测管理平台建设"六大技术措施,并针对低透明度、高风浪条件下沉水植被难以存活的技术难题,创新采用了"精准分区—逆境改善—模块定植—稳态维持"的沉水植物修复技术。

(2) 打造稻田湿地系统,实现田间物质循环

湿地利用自然生态系统中物理、化学和生物协同作用,通过基质过滤、吸附、共沉、离子交换、植物吸收和微生物富集、降解等过程来实现对污染水体的高效净化。湿地也是重要的碳汇系统之一,湿地生态系统中生物种类丰富,植被茂密,湿地植物通过光合作用吸收大气中的二氧化碳,并通过一系列生物过程将碳固定到湿地土壤中,形成重要的碳库。田间生态退水渠和生态净化塘共同组成了田间湿地生态系统,通过系统中布设的净水模块和湿地生物实现农田退水中的营养物消纳。

(3) 生境修复稳步推进全域生物多样性保育

嘉善是浙江省唯一河湖生态湿地体验地,也位于全世界三大鸟类迁徙廊道的太湖生态圈,通过生境修复,近三年鸟类从97种增加到116种,国家二类保护鸟类增加一倍,尤其食物链顶端猛禽激增,代表食物链稳定和健全。近年来嘉善萤火虫从一种增加到四种,其中三种是水生,全球水生萤火虫只有九种,陆生的黄脉翅萤是濒危动物。生物多样性保护在生态治理的前提下,得到稳步提升。

生态绿岛。首先调整土地性质,即在其他地方划补相应基本农田后,调整出本区域基本农田属性,然后打造空间立体和物种丰富的生态绿岛,改善环境的同时增加碳汇能力。主要建设内容:充分保护利用现有大乔木,并通过新栽植物,共同搭配,形成了多层、多孔隙的空间,适合各种生物在其中生存;在现状植物较少的区域,则充分发挥新栽植物的特色,形成植物主题景观;保护现有良好的生态水岸,并兼顾生态性与观赏性,营造自然生态之美。

绿色防控。病虫害绿色防控主要采取生物防控和物理防控的方式来控制有害生物的植物保护行为,可促进农作物安全生产,减少化学农药使用量,保障农产品质量安全为目标。物理防控:包括虫情测报灯(水稻两迁害虫、稻飞虱和稻纵卷叶螟)、水稻害虫性诱智能测报仪(飞蛾类)、物联网杀虫灯。实现精准调控稻田生态系统与物质循环的生态功能平衡。

4.1.5 总结

三生融合的零碳聚落实现了从聚落到组团到城区的创新尝试，通过一系列碳减排、碳补偿、碳汇机制实现高质量"双碳"目标，从而打造可复制推广的生态低碳城市发展模式。

(1) 打造零碳标杆项目——竹小汇零碳模式

"双碳"战略示范——竹小汇零碳科创聚落。在嘉善三周年时期，我们打造了竹小汇零碳科创聚落，以落实"高质量碳达峰、高水平碳中和"为目标，集成多种"双碳"技术，将农民聚落打造成"科学家聚落"。集中展示"零碳聚落、无废聚落、生长聚落"。打造零碳聚落，以绿色建筑、绿色交通进行"碳减排"，以多能互补进行"碳补偿"，包括太阳能、地热能、风能和生物质能，通过生态环境固碳进行"碳汇"。实验性项目——竹小汇零碳科创聚落通过原始村落改造，打造零碳聚落、科学家聚落。

1) 打造无废聚落。以污废水处理、餐厨垃圾分散处理、生物降解、资源循环利用等技术集成实现资源的无废利用。

2) 打造生长聚落。通过智慧化调试提供使用稳定性，监测引导使用中的绿色生活方式，通过定期数据评估进行技术组合优化，实现低碳绿色化的精明生长。

3) 打造零碳聚落。将建筑组团分布分别划分为绿色三星建筑、超低能耗建筑、木结构—报告厅、运行零碳建筑、木结构—展厅、全生命周期零碳建筑。

(2) 复制推广水乡低碳模式，打造生态低碳城市

以竹小汇实验先行，复制推广水乡低碳模式，实现能源产销、碳补偿和碳汇的平衡。构造连通可达的水乡社区服务、高效复合的职住平衡、疏密有致的碳汇网络、通风廊道和屋顶绿化以减少热岛效应、韧性安全的海绵框架、智能化可再生的碳补偿、韧性水乡网络营建的安全水乡。

竹小汇聚落旨在运用科学理论实践和技术集成创新应用，营造公平共享、简单轻松、安全体贴、自主灵活的未来出行范式；创建智能化储能、可再生能源、绿色新能源、光伏发电、空气源热泵、能源清洁的智慧能源环境；打造防范网络攻击、安全网格办公、全民公平一体、安全网络普及的安全保障体系；构建共治亲密社区、预防医疗配置、生物友好环境、创新密集城市、全民共享场景的生命健康场景；发展绿色流通、绿色生活、绿色投资、绿色建设、绿色生产、绿色消费的绿色低碳经济；实现数字智慧管理、公共艺术设施、综合管理治理、教育数字机遇、文化包容氛围的政府教育典范。

(3) "三生空间"共融，实现生态文明和可持续发展

竹小汇聚落以智慧田代表的生产空间、以九字形零碳聚落代表的生活空间、

以聚落中间的生态岛（100多亩）代表的生态空间，打造"三生"空间的生态低碳发展的组团模式，通过一系列适应本土的、成熟技术的高度整合，探索一条可复制、可推广的竹小汇模式，在科创绿谷、长三角，乃至全国进行零碳社区、园区、城区的推广。

"三生融合"零碳聚落实践以单元化的空间承载多样功能，促进三生空间融合，提升空间效率与城乡活力，统筹区域协同和绿色生态发展是生态城市建设的重要实践探索，同时是深入贯彻习近平生态文明思想，加快形成节约资源和保护环境的生产方式、生活方式、空间格局的科学理论探讨。竹小汇聚落生产、生活、生态空间实现"三生融合"的科学试验，为生态低碳城区建设提供实践样板，为可持续发展目标战略的贯彻实施提供城市空间层面的科学依据。

4.2 芮城县庄上村：采用"光储直柔"系统的零碳村[1]

农村能源建设是农村社会经济可持续发展的重要基础，因地制宜推动农村能源绿色发展，实现净零碳排放，是改善农村生产生活条件、应对气候变化的重要措施。我国农村地区拥有丰富的生物质能、太阳能、风能、地热能等清洁能源，科学合理开发利用可再生能源和节能等零碳技术，综合运用智慧能源物联网和互联网等先进技术手段，强化清洁能源替代化石能源，能够有效缓解温室气体减排压力[2]。为推动"双碳"目标实现，我国出台了多项在农村地区推广可再生能源技术的政策和法规，如何推进相关政策在村镇的落地成为未来工作的关键。当前，新能源技术在乡村中大规模、高效率的利用还存在一定距离。2023年1月，全球环境基金（GEF）七期中国零碳村镇促进项目启动，国内实施机构为农业农村部，国际执行机构为联合国开发计划署，执行期为五年。该项目将以村镇为试点，在北京、河北、山西、辽宁、黑龙江、湖北、云南、宁夏和四川选定9个村镇作为项目示范区，在做好农村建筑和生活用能节能的基础上，实现可再生能源对传统化石能源的全面替代，探索建立农村社区"零碳"示范模式。2023年5月，山西省芮城县庄上村被授予全国首个"中国零碳村镇示范村"称号。

4.2.1 项目背景

随着习近平主席在七十五届联合国大会上对"碳达峰碳中和"目标的郑重承诺，大力发展新能源、实现能源生产消费转型、提升用能电气化比例，正成为能

---

[1] 作者：黄刚、陈文波，山西国臣直流配电工程技术有限公司。
[2] 农业农村部生态总站. 中国零碳村镇促进项目启动会在京召开［EB/OL］. http://www.reea.agri.cn/stgjhz/202301/t20230118_7930117.htm.（2023-8-18）.

源领域的热点。长期以来，以光伏、风电为代表的可再生能源项目，一直遵循大规模、集中式的路线，快速提升了我国的新能源发电比例，也推动了产业装备和技术水平的提高。

传统集中式新能源项目通常分三个环节：大规模征地，装设发电设备；建立升压变电站将电力接入电网；建设特高压输电线路，实现跨区域远距离的电力输送。在"双碳"目标下，新能源的装机容量将呈爆发式增长。继续采用集中式新能源的发展将面临三大问题：新能源建设用地需求与土地资源保护间的矛盾；高比例随机波动的新能源发电和电网实施调度供需平衡间的矛盾；电网公司消纳新能源的巨额投资和运行收益回报间的矛盾。基于这三大问题，清华大学江亿院士团队率先提出了"光储直柔"的概念，力求破解"碳达峰碳中和"背景下的新能源发展困局，助力"双碳"目标实现。

2019年5月，山西省运城市芮城县选择了陌南镇庄上村的居民住宅和废弃窑洞，作为光储直柔系统的试点❶。项目于2019年年底建成，并联网运行，是世界上建成的第一个农村"光储直柔"系统。项目的运行表明，光储直柔不仅可以将农村闲置屋顶变废为宝、降低百姓用电成本，还可以提升电网资产利用率，减轻电网扩容和调度压力，降低新能源生产、传输、消纳的社会综合成本。

根据一年多的运行实践和数据积累，团队对理论体系、技术路线进行了进一步的完善，并对产品进行多次升级，系统指标得以大幅提升，从技术上证明了光储直柔的先进性和可行性，为"碳达峰碳中和"走出了一条农村包围城市的路径。因此，在庄上村试点的基础上，芮城县政府在江亿院士顾问支持下，开展县域推广光储直柔的可行性研究。本项目拟按照前期技术路线，完成首个商业化运营的农村"光储直柔"系统，为全国农村地区开展"碳达峰碳中和"率先提供样板。

4.2.2 项目总览

庄上村"光储直柔"直流微网是基于山西省整县（市、区）屋顶分布式光伏开发试点应用的农村可再生能源利用项目，采用"屋顶光伏＋储能＋直流配电＋柔性用电"的柔性直流微电网系统为全村村民供电（图4-4-27）。

（1）建设目标

2022年，以庄上村被列为"中国零碳村镇项目"示范村建设为契机，芮城县提出创建"全国能源革命示范县和碳中和示范县"的目标。项目利用庄上村共

---

❶ 该试点项目由江亿院士任技术总指导，山西国臣直流配电工程技术有限公司总承建，清华大学、西安交通大学、山东大学、深圳建筑科学研究院、中国电力科学研究院、山西省电力公司等多家单位共同参与。

图 4-4-27　芮城县庄上村建筑屋顶光伏

131 户农户自然屋顶及 108 户地坑院屋顶安装光伏发电系统,并在村内改造建设直流微电网,同步配套建设储能系统,形成"屋顶光伏+储能+直流配电+柔性用电"的柔性直流微电网系统的中国农村建筑低碳技术示范。

(2) 建设内容

本项目光储直柔系统的建设内容包括：建筑光伏系统、储能系统、建筑全直流配电系统、安全高效直流用电系统、光储直柔监测与展示系统。

1) 建筑光伏系统：采用单晶硅光伏组件,安装于建筑屋顶,光伏系统总装机容量 2065kWp。

2) 储能系统：采用电化学储能,电池采用磷酸铁锂储能电池,储能容量为 717kWh/400kW。

3) 建筑全直流配电系统：采用架空直流母线架构,将建筑分布式光伏、储能系统、直流用电负荷与电网连接,实现柔性互动。

4) 光储直柔监测系统：主要监测光储直柔系统的电流、电压、功率、电量及碳排放等运行状态数据和室内温度、相对湿度、二氧化碳浓度及照度等环境参数。

5) 光储直柔展示系统：主要展示直流配电可靠性和灵活性、低压直流安全用电场景、建筑与电网柔性互动、直流科普与展示体验等。

4.2.3　项目技术方案

(1) 整体方案

庄上村直流微网的建设方案是最大化利用屋顶面积安装光伏,用可再生能源发电优先自用，余电上网。131户农户自然屋顶每44户或43户形成一个直流配电网，108户地坑院屋顶每54户形成一个直流配电网。光伏发电通过DC/DC变换器直接输送给DC750V直流配电网，直流配电网DC750V通过柔性双向变换器、配电变压器接入10kV交流配电网。户与户之间通过DC750V直流配电网互联，用户通过户用变换器转换成DC220V进行使用，在光伏发电侧和入户侧均设置直流计量电表，以便计费核算。光伏发电优先在低压直流配电网流动，不足或多余部分通过集中并网点与交流网交互，始终保持新能源的最大化就地消纳。农户及地坑院屋顶见图4-4-28。

图4-4-28　农户及地坑院屋顶

（2）储能系统

在农村微电网建设中，在可再生电力大比例的接入前提下，建设储能的主要目的是根据光伏发电量情况进行能量调节，以及根据整个配电网负荷情况进行功率调节。为了保证用电安全与管理，微网储能系统采用电池预制仓的模式，为每个台区分别设立储能预制舱（外形如图4-4-29所示，整体外形尺寸为长5m×宽2m×高3m），靠近台区变压器放置，便于管理与维护。储能选择磷酸铁锂电池，每个预制舱容量根据功率配置需求设计100~200kWh，总容量717kWh。采用集成一体化设计，内部设备包含柔性双向变换器（FCS）、电池组及BMS系统、直流微机保护单元、母线绝缘监测及直流剩余电流保护等。

（3）直流配电系统

针对单个台区配置一台柔性双向AC/DC变换器（FCS）、电池组及BMS系统、直流微机保护单元、母线绝缘监测及直流剩余电流保护、协调控制器、用户

图 4-4-29 储能预制舱

侧配置有直流漏保开关等，台区母线电压为DC750V。单个台变下的农户屋顶光伏形成一个直流微网，电能就地消纳后余电集中上网，辅以储能和柔性控制技术，实现多个台区的功率互济。实现了分布式光伏的高效消纳，提升发电用电的能效；有效解决了分布式光伏发电上网给电网带来的部分扩容压力、三相不平衡、谐波、电压波动及闪变等问题。储能的应用解决了光伏发电和百姓用电的随机波动性问题，实现了对电网的柔性友好接入，及可观、可测、可控。系统采用IT接地系统，配有漏电流监测装置和集中式保护装置。单台区下的直流微网架构见图 4-4-30。

（4）系统运行控制

光伏发电量要远大于用电量是农村直流微电网系统的特点，因此发电上网是更为合适的运行模式。系统运行控制有两种模式，一是"光储直柔"系统运行模式，该模式下光伏发电全额上网，储能配置起到削峰填谷的作用；另一种是用电柔性控制策略，该模式下光伏发电功率可根据需要进行调节，实现保障电网安全可靠运行的目的。

（5）直流用电场景

直流家居，农户家中的直流用电设备包括空调、电视机、风扇、热水器、冰箱、电磁炉及照明等（图 4-4-31），可直接消纳新能源。

（6）智慧能源管理系统

庄上村"光储直柔"微网系统（图 4-4-32），作为能源监测与管理平台，具备实时监测、能量管控、故障报警三大功能。平台显示实时检测设备的运行情况，包括发电量、用电量、设备状态、告警信息、事件记录、系统收益等信息。

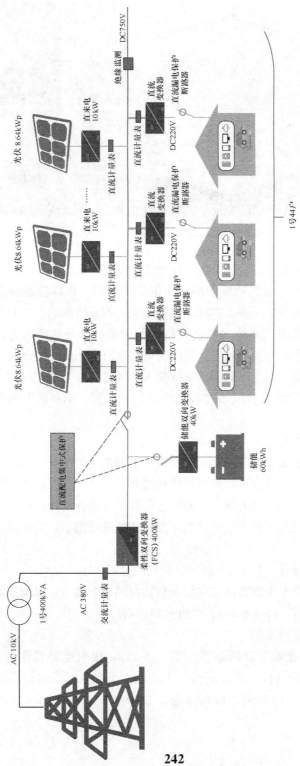

图 4-4-30 单台区下的直流微网架构

4 零碳乡村实践与探索

图 4-4-31 用于农户家中的直流冰箱与热水器

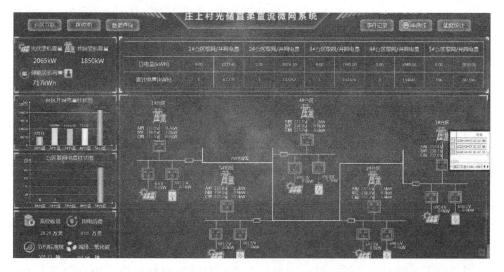

图 4-4-32 庄上村"光储直柔"微网系统

4.2.4 项目实施效果与特点

本项目自投运后，设备运行稳定；光伏可按照需求进行全额并网或部分弃光；储能按照既定策略运行，运行正常。系统运行半年未发生电能质量问题，相应的保护可以正常运行。

(1) 项目实施效果

截至 2022 年 12 月 20 日，5 个配电台区的光伏系统总发电量为 220.71 万

kWh，光伏发电上网电量为 201.58 万 kWh。建筑从电网取电 3.312 万 kWh，其中光储直柔系统预制舱中的交流负荷用电 2.366 万 kWh，直流负荷 0.946 万 kWh。直流系统中储能充电 4.23 万 kWh，放电 3.402kWh。可见，农村住宅建筑用能负荷较小，光伏发电量远大于用电需求，项目建设的"光储直柔"系统通过建设村级直流微网，通过台区互联实现了不同农户的光伏发电与用电需求之间的优化匹配，促进了光伏发电最大化利用，同时提高了农村供电可靠性。本项目通过光伏发电上网获得了 66.92 万元收益，每年用电电费为 1.57 万元，光伏发电节约标准煤 806.32t，减少二氧化碳排放 2009.75t，经济效益和环境效益显著。

(2) 项目特点

1) 农村"光储直柔"系统解决方案——台区互联技术

针对农村规模小、较分散的特点，项目为每个村庄设立台区，台区之间通过 DC750V 直流网进行互联，因此扩大了"光储直柔"系统规模，同时可以将本台区下光伏多余电量输送给其他台区进行消纳。面临海量的新能源接入，必须相应配套配电网和输电网，资金、走廊、投资经济性，都使电网面临巨大难题。

项目通过三项设计方案解决上述问题：户户直流互联，光伏发电量优先就地消纳；配置一定储能进行多余发电量存储；台区通过直流互联，能量相互流动，最大化利用光伏发电，减少上网电量。

在这一设计方案下，光伏发电经过户户直流就地消纳、储能存储、台区互联后，实现了最大化就地消纳，减少上网电量，解决电网扩容难题。本台区光伏发电用户无法消纳时，可通过储能存储多余部分，再通过台区直流互联，输送到其他台区，减少本地台区消纳压力，避免过重载。同时，光伏发电不稳定时，通过储能的柔性调节，避免功率动态变化，以及台区电压瞬间重过载或轻载。

变压器的台区互联见图 4-4-33。

2) 直流电能质量技术创新：解决直流微电网中电压双向越限问题

对于传统分布式能源技术而言，一方面，在日间日照较好的情况下，光伏发电量较大、用电负荷较轻，易出现功率倒送，导致过电压的情况，严重时甚至造成用户设备损毁引发投诉。另一方面，日落后光伏发电量下降、用户负载上升，部分用户又存在低电压问题。

本项目中的"光储直柔"系统通过两级电压设定，第一级 DC750V 用于电力传输，光伏发电直接通过 DC750V 进行电力输送；第二级 DC220V 为用户使用电压。光伏发电量较足、用电负荷少时，光伏发电通过 DC750V 输送至储能进行电量存储或者逆变上网；用户侧通过 DC750V/DC220V 供电，一直有稳定的工作电压，不会出现因为 DC750V 母线的波动而过压。在光伏发电量不足、用户用电量较大时，"光储直柔"系统配置了储能进行能量调节，避免出现电压过低情况。

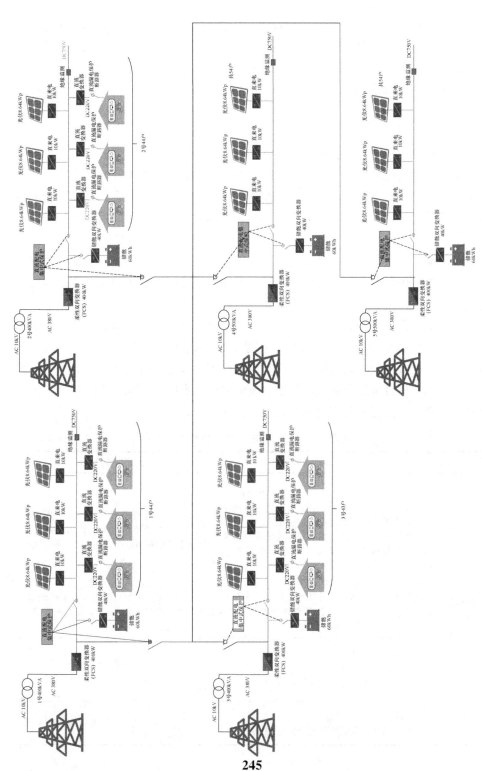

图 4-4-33 变压器的台区互联

3）直流电能质量技术创新：解决电压波动和谐波问题

传统分布式能源技术每家每户都有一个并网点，并网点多带来谐波问题严重，而以一个台区为单位进行并网的微电网，并网点只有一个，无谐波超标问题。此外，"光储直柔"技术配置储能进行柔性调节，不会受到光伏发电不稳带来的电压波动和闪变问题。

4.2.5 项目总结

对于农村住宅建筑，由于建筑用能负荷较小，且建筑屋顶及庭院有大量的空间可用于铺设光伏组件，光伏发电量远大于建筑用电量，光伏发电多采用"自发自用、余电上网"方式。因此，"光储直柔"系统设计时需要重点关注光伏上网和就地消纳问题，一方面可以通过推动农村炊事、采暖、生活热水用能电气化，发展模式，推广光伏+电动车充电、光伏+农用电机具等"光伏+"方式，促进光伏发电消纳；另一方面，通过建设村级直流微网，通过台区互联实现不同农户的光伏发电与用电需求之间的优化匹配，促进光伏发电最大化利用，同时提高农村供电可靠性。

本示范工程采用光储直柔技术对光伏发电进行传输消纳，与传统分布式能源技术相比，光储直柔技术在电能质量问题、电网的扩容压力问题、电网调度问题、台区重过载问题、线路损耗、供电可靠性等具有明显的优越性，能够避免分布式大规模并网带来的电能质量问题、缓解电网扩容压力、减少线路损耗、提高供电可靠性、提高能源利用效率，具体对比分析见表4-4-1。

光储直柔技术与传统分布式能源技术的对比分析　　　表 4-4-1

项目	传统分布式能源技术	光储直柔技术
电能质量问题	（1）有电压双向越限问题 在日间日照较好的情况下，光伏发电量较大、用电负荷较轻，易出现功率倒送导致正电压的情况较为明显，严重时甚至造成用户设备损毁引发投诉。另一方面，随日落后光伏发电量下降、用户负载上升，部分用户又存在低电压问题	（1）无电压双向越限 光伏发电充足或不足时，光储直柔系统通过自身调节使直流工作电压始终工作在电压带宽内，不会存在电压越限问题
	（2）有电压波动和闪变问题 由于光伏发电的出力波动性较大，随太阳辐射度变化而变化，若与负荷变化叠加在一起，会引起更大的电压波动和闪变	（2）无电压波动和闪变问题 光储直柔技术配置储能进行柔性调节，不会受到光伏发电不稳带来的电压波动和闪变问题
	（3）有谐波超标问题 传统分布式能源技术每家每户都有一个并网点，并网点多带来谐波问题严重	（3）无谐波超标问题 光储直柔技术是以一个台区为单位进行并网，并网点只有一个，无谐波超标问题
	（4）有三相不平衡问题 单相并网进一步加剧低压配电网三相不平衡	（4）无三相不平衡问题 光储直柔系统通过三相并网，无三相不平衡问题

续表

项目	传统分布式能源技术	光储直柔技术
电网的扩容压力问题	有电网的扩容压力问题 面临如此海量的新能源接入，必须相应配套配电网和输电网，资金、走廊、投资经济性，都使电网面临巨大难题	电网的扩容压力小 户户直流互联，光伏发电量优先就地消纳。配置一定储能进行多余发电量存储。台区通过直流互联，能量相互流动，最大化利用光伏发电，减少上网电量。光伏发电经过户户直流就地消纳、储能存储、台区互联后，实现了最大化就地消纳，减少上网电量，解决电网扩容难题
电网调度问题	有电网调度问题 每个村有上百至上千户，每户都有一个并网点，不易调度	无电网调度问题 将上百至上千户通过直流互联后集中到一起通过柔性双向变换器三相上网，只有一个并网点，调度非常容易
台区重过载问题	有台区重过载问题 1）台区低压光伏电站发电量远超台区用户消纳能力，会造成电能大量上送，造成台区重过载。 2）光伏在接入与退出配网系统的瞬间，引发配网系统电压波动与闪变，出现输出功率的动态变化，也会造成台区电压瞬间重过载或轻载	无台区重过载问题 1）本台区光伏发电用户无法消纳可通过储能存储多余部分在通过台区直流互联，输送到别的台区，减少本地台区消纳压力，避免重过载。 2）光伏发电部不稳定时，通过储能的柔性调节，避免功率动态变化，以及台区电压瞬间重过载或轻载
线路损耗	线路损耗大 比如将 100kW 荷载，通过 AC380V、线径 70m² 电缆传输 0.5km，线路损耗为 17.9%	线路损耗小 比如将 100kW 荷载，通过 DC750V、线径 70m² 电缆传输 0.5km，线路损耗只有 3.74%，为交流线损的 20.9%
供电可靠性	可靠性低 电网出现电压暂降或短时中断时，传统分布式光伏直接退出运行，无法保证用电可靠	可靠性高 电网出现电压暂降或短时中断时，光储直柔系统形成微网系统，光伏、储能可继续为用户提供可靠稳定的电源，确保供电的高可靠性

第五篇 中国城市生态宜居发展指数（优地指数）报告（2022—2023 年）

城市生态宜居发展指数体系（以下简称"优地指数"）旨在多方位评估、考核、了解全国 287 个地级及以上城市的生态建设力度和建设成效，从中梳理和总结中国生态城市发展特色，寻找城市宜居建设的可持续发展路径。

自 2011 年发布优地指数至今已连续评估十二年。自 2020 年以来，一些评估指标的数据可得性发生变化，研究组基于我国城市规划建设的发展动态和数据可得性，对评估指标体系进行了优化调整，目前包含 5+16 项评估指标。指标调整主要体现在过程指数方面，新增了常住人口城镇化率、公共供水管理网漏损率、生活垃圾填埋占比等指标。为对指标体系优化更新后的城市变化动态进行比较，研究组按照新的评估框架更新了 2019—2023 年的评估结果。

按照更新的优地指数评估框架，近年来我国地级及以上城市的生态宜居发展状况持续提升，生态宜居成效仍滞后于生态宜居建设力度。从四类城市构成来看，2019—2023 年提升型城市（第一象限）比重呈现稳中有升的趋势，从 2019 年的 34.5% 上升至 2023 年的 38.3%；位于第三象限的起步型城市比重则呈现持续快速下降，从 2019 年的 37.6%

下降至 2023 年的 19.9%，在过去五年（2019—2023 年），共有 82 个城市（占 28.6%）保持在第一象限的提升型城市，不同地区城市生态宜居建设进程还存在着较大的差异，位于长三角地区的江浙沪地区均已为提升型城市，该区域一体化发展水平较高。

新增指标体现了我国城市可持续发展的一些动态，本章重点对不同类型城市的指标特征展开评估。可以看出：处于不同经济水平与发展阶段的城市，都可以通过发挥禀赋优势，探索有效的生态宜居发展路径；提升型城市中水资源极度匮乏类、紧缺类城市占比均远高于在发展型和起步型城市中的比例，水资源供需矛盾较大，但提升型城市在降低水资源利用率、控制城市供水管网漏损等方面成效优于其他城市；提升型城市的年人均垃圾生产量明显高于发展型和起步型城市，但在提升型城市和发展型城市中，实现零填埋的城市占比均超过了 50%，提升型城市中仅有 3.6% 城市仍为全填埋，为各类城市中最低。

1 研究进展与要点回顾

研究组❶于2011年提出"中国城市生态宜居发展指数"(以下简称"优地指数"),以期对中国城市的生态、宜居发展特征进行深入的评价和研究,至今已连续评估十三年。

1.1 方 法 概 要

1.1.1 二维体系

优地指数从低碳建设过程和成效两个维度对中国近300个地级及以上城市进行评估与比较,综合评估城市建设过程中生态、宜居和可持续性发展的表现。其中,结果指数主要反映建设成效,从可持续发展、城市高效运营、提高生活水平、提升能源效率、改善环境质量五个方面来进行综合衡量;过程指数着重体现"发展",主要从管理高效、生活宜居以及环境生态三个方面来进行评价。

此前,两个维度的评估指标体系共包含5+14个评估指标。自2020年以来,一些评估指标的数据可得性发生变化,研究组基于我国城市规划建设的发展动态和数据可得性,对评估指标体系进行了优化调整(图5-1-1),目前包含5+16项评估指标。指标调整主要体现在过程指数方面,一是在运营高效方面,新增常住人口城镇化率指标;二是将废水治理调整为水资源水环境,新增"公共供水管网漏损率"指标;三是将资源循环调整为资源利用,新增"生活垃圾填埋占比"指标。为对指标体系优化更新后的城市变化动态进行比较,研究组按照新的评估框架更新了2019—2023年的评估结果。

在评估结果呈现方面,根据城市建设过程指数和生态建设结果指数的得分,按照城市在二维平面直角坐标系的不同象限的位置(图5-1-2),将城市划分为提升型(第一象限)、发展型(第二象限)、起步型(第三象限)和本底型(第四象限),以确定城市生态位。

---

❶ 深圳市建筑科学研究院股份有限公司承担的中国城市科学研究会生态委员会重点研究课题研发成果。

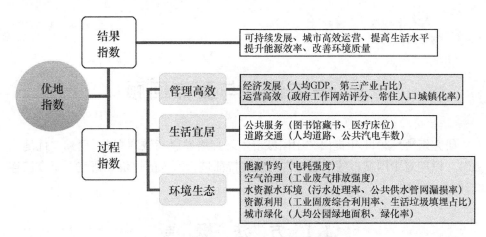

图 5-1-1　调整优化后的优地指数评估指标体系

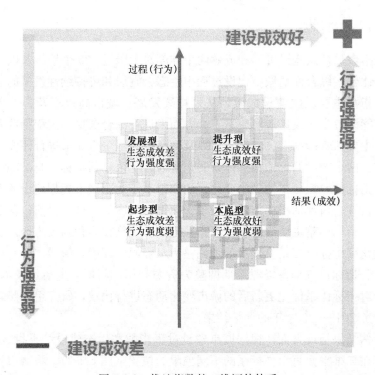

图 5-1-2　优地指数的二维评估体系

1.1.2　数据处理

由于各评价指标的性质不同,通常具有不同的量纲和数量级,在优地指数评估中需要将各项指标都进行标准化处理,基于评估年份所有被评城市的基础水平和规划目标最优值,设定各项指标起步值、理想值两个参数,将各项指标数值标准化处理至 0~100 范围内,以便进行加权计算及横、纵向比较。考虑到城市社会经济发展的影响,各项指标总体呈现提升,为降低这部分提升对结果的影响,每年各指标的起步值、理想值按照全国平均增幅或降幅进行动态调整。

将各项指标均进行标准化处理之后,按照分配权重加权求和,分别得到过程指数和结果指数,综合评价生态宜居城市发展总体水平。

1.2 应用框架

在十三年评估和应用的基础上,优地指数已在宏观、中观和微观层面上开展了具体的评估应用,形成了相对成熟的应用框架。

1.2.1 宏观:总体布局与发展路径

通过每年对全国地级及以上城市的持续评估,基于评估结果,给出全国被评城市在生态宜居建设成效、投入力度的总体排名,以及四个类型城市的清单;分析四个类型城市的空间分布情况,并基于城市类型的分析结果,对位于不同空间位置的城市类型特征进行分析。

宏观层面评估侧重于对城市生态宜居发展特征的总体研究。对全国生态宜居城市建设的总体进程和历史发展路径进行分析,并进一步量化评估社会经济发展水平(如运用人均 GDP、第三产业增加值占比等指标)对城市生态宜居建设成效的影响,整体把脉城市生态宜居发展路径规律与特征。除以上分析内容之外,还可以进一步分析城市生态宜居建设的年际动态。

1.2.2 中观:区域特征与比较分析

对特定区域范围(城市群或省份)内城市的优地结果指数、过程指数进行横向比较,绘制四象限定位图评估该区域的生态宜居发展定位特征。可通过绘制可视化图表,分析各评估区域在生态宜居建设成效与力度方面的长短板,进而提出下一步提升的着力点。

通过分析研究区域范围内城市在四个象限的分布情况,初步判断城市群的生态宜居发展定位以及协同情况。收集被评区域内城市的经济发展、空气质量、能源消耗等优地指数发展特征指标的指标数值、指标变化率数据,从水平—变化率两个维度对各区域社会经济特征进行总体分析与横向比较。最后,对被评区域内城市的行为力度、建设成效的协同性进行比较,分析城市群、省份内部的发展协同水平。

中观层面评估分析特定城市群、省份等区域的生态宜居发展特征,并与其他区域进行横向比较。进一步地,评估现阶段该研究区域的发展侧重点及优劣,以及区域范围内不同城市的发展定位、优劣与趋势，寻找区域内城市间相互协调、协同发展的路径。

1.2.3 微观：城市定位与专项评估

基于历年优地过程指数与结果指数的评估结果，找出被评城市在全国地级及以上城市中的排名、类型以及历年发展变化的情况，对城市进行总体定位。对城市总体定位进行评估后，进一步分析城市与全国平均水平、最优水平或者是特定城市（如全国总体排名靠前的城市、地理位置或发展背景相对靠近的城市）的差异，或者各项评估内容所处的水平，选择特定城市的总体结果或各项指标进行对标分析。

在前述已开展对城市定位、历史轨迹以及城市对标、优劣势分析的基础上，可进一步深化对城市具体评估对象指标的分析。例如对经济发展、运营管理、道路交通、能源节约、大气环境、城市绿化等具体指标的专项评估，包括建设水平分析、城市单项指标对标、差距分析以及历史趋势情况等，对城市各项发展工作进行具体把脉，以提出下一步着力重点，尽早布局相关工作。

微观层面评估首先要对城市进行生态诊断。在这一过程中，优地指数是从总体上了解城市定位、评估城市生态宜居发展优势与不足的评估工具。通过历年对全国地级及以上城市的优地指数评估指标与结果的数据累积，可以快速找到被评城市的生态位、历史发展轨迹以及城市发展的优势、不足与潜力。

2 2021—2023年城市评估

2.1 中国城市总体分布（2019—2023年）

按照更新的优地指数评估框架，近年来我国地级及以上城市的生态宜居发展状况持续提升。从四类城市构成来看，2019—2023年提升型城市（第一象限）比重呈现稳中有升的趋势，从2019年的34.5%上升至2023年的38.3%；位于第三象限的起步型城市比重则呈现持续快速下降，从2019年的37.6%下降至2023年的19.9%；发展型城市（第二象限）占比也呈现快速的增长，到2023年已提升至40.4%，比2019年提高15个百分点，如图5-2-1所示。

2019年、2022年、2023年全国城市优地指数评估结果比较图见图5-2-2。

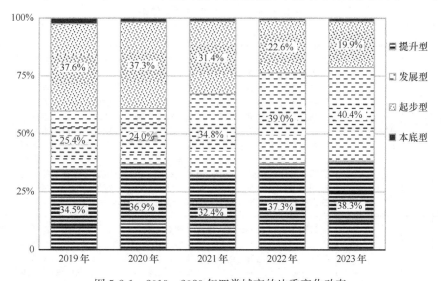

图 5-2-1 2019—2023年四类城市的比重变化动态

总体而言，我国城市的生态宜居成效滞后于生态宜居建设力度。目前，已有78.7%的城市转变发展理念，进入生态宜居建设力度较强的发展型甚至是提升型城市阶段；生态宜居建设成效较强的城市比重，则已达到39.7%。

2022年各城市优地指数评估结果见表5-2-1，2023年各城市优地指数评估结果见表5-2-2。

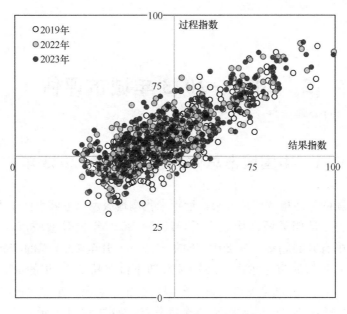

图5-2-2　2019年、2022年、2023年全国城市优地指数评估结果比较图

2022年各城市优地指数评估结果　　表5-2-1

类型	象限	数量	占比	城市名称
提升型	一	107	37.3%	深圳　上海　北京　广州　杭州　厦门　青岛　苏州　无锡　南京 宁波　武汉　天津　成都　合肥　珠海　大连　长沙　嘉兴　常州 南通　重庆　济南　西安　沈阳　昆明　南宁　东莞　福州　烟台 郑州　镇江　绍兴　扬州　海口　南昌　贵阳　佛山　威海　漳州 金华　泉州　温州　长春　中山　徐州　潍坊　桂林　台州　廊坊 常德　湖州　东营　宿迁　黄山　宜昌　芜湖　株洲　许昌　太原 三亚　乌鲁木齐　遵义　盐城　秦皇岛　淮安　连云港　银川　泰州　遂宁 衢州　汕头　绵阳　石家庄　德州　洛阳　荆州　鹰潭　郴州　舟山 襄阳　蚌埠　拉萨　济宁　玉溪　铜陵　莆田　宝鸡　呼和浩特　哈尔滨 柳州　开封　泰安　肇庆　岳阳　北海　六安　宣城　大庆　惠州 临沂　吉安　滁州　丽水　湘潭　淄博　咸宁
发展型	二	112	39.0%	克拉玛依　西宁　延安　安庆　萍乡　淮北　上饶　景德镇　南平　泸州 南阳　益阳　龙岩　兰州　平顶山　宜春　衡阳　赣州　抚州　宜宾 松原　宁德　包头　鹤壁　池州　天水　沧州　江门　三明　黄石 河源　亳州　玉林　吉林　梅州　鄂尔多斯　枣庄　新余　丽江　茂名 潮州　漯河　通化　咸宁　广安　湛江　九江　永州　六盘水　德阳 荆门　驻马店　鄂州　自贡　三门峡　晋城　邢台　汉中　随州　菏泽 南充　黄冈　呼伦贝尔　怀化　梧州　资阳　新乡　佳木斯　齐齐哈尔　阳江 大同　白山　汕尾　广元　聊城　濮阳　韶关　防城港　十堰　锦州 马鞍山　辽源　周口　眉山　商丘　衡水　雅安　承德　焦作　张掖 乌海　攀枝花　邵阳　盘锦　张家界　安康　白银　内江　达州　巴中 鞍山　阳泉　酒泉　本溪　晋中　双鸭山　平凉　葫芦岛　铜川　七台河 伊春　鹤岗

续表

类型	象限	数量	占比	城市名称
起步型	三	65	22.6%	四平 邯郸 钦州 宿州 牡丹江 保定 淮南 阜阳 信阳 滨州 乐山 揭阳 孝感 绥化 吴忠 贵港 曲靖 长治 固原 铜仁 云浮 赤峰 石嘴山 清远 吕梁 商洛 中卫 临沧 庆阳 金昌 张家口 娄底 普洱 保山 来宾 毕节 渭南 黑河 陇南 朔州 榆林 白城 河池 崇左 百色 通辽 丹东 昭通 忻州 安阳 营口 贺州 临汾 嘉峪关 定西 辽阳 铁岭 武威 巴彦淖尔 乌兰察布 鸡西 运城 抚顺 朝阳 阜新
本底型	四	3	1.0%	安顺 唐山 日照

2023 年各城市优地指数评估结果　　表 5-2-2

类型	象限	数量	数量	城市名称
提升型	一	110	38.3%	深圳 上海 北京 广州 厦门 杭州 无锡 苏州 武汉 宁波 南京 成都 青岛 合肥 珠海 天津 长沙 济南 大连 嘉兴 西安 昆明 南通 沈阳 重庆 常州 福州 南宁 郑州 贵阳 扬州 东莞 镇江 海口 绍兴 南昌 烟台 金华 泉州 漳州 佛山 温州 威海 徐州 长春 中山 湖州 宿迁 潍坊 宜昌 台州 廊坊 芜湖 常德 许昌 三亚 东营 连云港 桂林 唐山 黄山 绵阳 太原 淮安 盐城 株洲 泰州 银川 石家庄 秦皇岛 遂宁 乌鲁木齐 汕头 衢州 襄阳 洛阳 蚌埠 德州 郴州 玉溪 鹰潭 铜陵 舟山 莆田 济宁 呼和浩特 滁州 拉萨 宝鸡 柳州 六安 开封 肇庆 北海 宣城 岳阳 吉安 日照 哈尔滨 临沂 淮北 惠州 宿州 泰安 丽水 咸阳 湘潭 西宁 克拉玛依 安庆
发展型	二	116	40.4%	南平 大庆 淄博 赣州 宜春 平顶山 龙岩 南阳 萍乡 益阳 宁德 宜宾 亳州 衡阳 抚州 淮南 延安 兰州 咸宁 泸州 保定 鄂州 四平 景德镇 池州 包头 鹤壁 沧州 丽江 江门 黄石 茂名 玉林 天水 三明 荆门 梅州 漯河 新余 九江 牡丹江 永州 驻马店 湛江 枣庄 广安 吉林 黄冈 德阳 自贡 孝感 邢台 随州 菏泽 通化 晋城 鄂尔多斯 马鞍山 南充 三门峡 梧州 怀化 十堰 阳江 汕尾 新乡 齐齐哈尔 乌海 大同 商丘 防城港 周口 贵港 汉中 濮阳 聊城 呼伦贝尔 广元 韶关 资阳 绥化 衡水 赤峰 辽源 雅安 白山 佳木斯 内江 盘锦 锦州 邵阳 张掖 张家界 巴中 承德 达州 安康 攀枝花 金昌 黑河 营口 鞍山 白银 阳泉 酒泉 本溪 武威 嘉峪关 平凉 铜川 葫芦岛 双鸭山 鸡西 伊春 七台河 鹤岗

续表

类型	象限	数量	数量	城市名称
起步型	三	57	19.9%	上饶 钦州 阜阳 河源 信阳 松原 滨州 潮州 曲靖 六盘水 吴忠 固原 乐山 眉山 揭阳 长治 云浮 石嘴山 临沧 普洱 中卫 清远 焦作 庆阳 保山 张家口 娄底 吕梁 陇南 商洛 毕节 铜仁 榆林 渭南 来宾 河池 朔州 崇左 白城 百色 昭通 安阳 贺州 忻州 丹东 通辽 铁岭 定西 辽阳 晋中 临汾 巴彦淖尔 乌兰察布 抚顺 运城 朝阳 阜新
本底型	四	4	1.4%	遵义 荆州 安顺 邯郸

在过去五年（2019—2023年），共有82个城市（占28.6%），保持在第一象限的提升型城市，即城市生态宜居建设成效与建设力度，都保持在较好的状态。从各省的情况来看，除直辖市外，江苏、浙江、广东等这类城市数量较多，分别为12个、10个和7个；从比重来看，在评估城市数量超过5个的省市中，江苏、浙江、福建该类城市的比重较高，其中位于长三角城市群的江苏省、浙江省的比重超过了90%，可以看出，长三角城市生态宜居发展的进程相对较快。相比而言，黑龙江、山西、云南、吉林、贵州、宁夏这些地区，在过去五年仅有省会城市位于第一象限的提升型城市，整体生态宜居发展进程相对滞后。如图5-2-3所示。

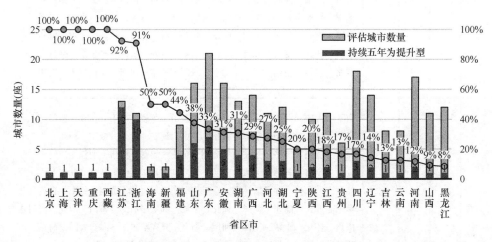

图 5-2-3　2019—2023年各省区市连续五年为提升型城市占比

2.2 区域差异与协同

2.2.1 区域差异

目前，我国城市生态宜居建设进程还存在着较大的差异，从2022—2023年各省市的四类城市构成及变化动态，可以看出我国城市生态宜居发展的空间特征。

(1) 2022年地区差异特征

2022年，全国地级及以上城市中，提升型城市占比为37.3%，起步型城市占比为22.6%。从各地区的情况来看，除了4个直辖市，浙江、江苏❶等地区的被评估城市均已为位于第一象限的提升型城市，这意味着这些城市在经济发展、公共服务、生态环境等方面都具有较强的优势，值得注意的是，位于长三角地区的江浙沪地区均已为提升型城市，该区域一体化发展水平较高。山东、福建、安徽等地区提升型城市数量占比达到50%以上，但需要注意的是山东、安徽仍有位于第三象限的起步型城市，需尽快推进绿色转型。相比而言，2022年甘肃、山西、内蒙古、吉林、辽宁、黑龙江、四川等地区提升型城市不到20%，这些地区亟须加大在生态环境、公共服务等方面的建设力度，持续提升城市宜居和发展水平。

从起步型城市的占比来看，福建、江西的起步型城市数量也已清零，山东、湖南、湖北、四川等地区仅剩一个城市为起步型城市，说明这些地区已经整体推进绿色宜居转型，部分城市暂未取得突出的建设成效，需要持续推进寻求突破。相比而言，宁夏、云南、山西、贵州、广西、甘肃、辽宁等地区起步型城市占比达到50%及以上，这些地区在一定程度上受到社会经济发展或者资源环境禀赋的制约，在城市转型方面需要尽早谋划路径、持续投入。

2022年各省市区的城市优地指数分类构成见图5-2-4。

(2) 2023年地区差异特征

2023年，全国地级及以上城市中，提升型城市占比为38.3%，比2022年增加了3个城市，起步型城市占比下降至19.9%。与2022年相比，各地区城市的类型构成有一定的变化，如安徽、黑龙江和甘肃的城市类型变化较大，地区生态宜居发展进程总体提升。其中，安徽提升型城市占比从50%提升至69%，分别有1个、2个城市从发展型、起步型转入提升型城市状态；黑龙江的发展型城市占比从50%提升至91.7%，有1个城市从提升型下滑至发展型，有4个城市从

---

❶ 分析中主要针对评估城市数量超过5个的省份。

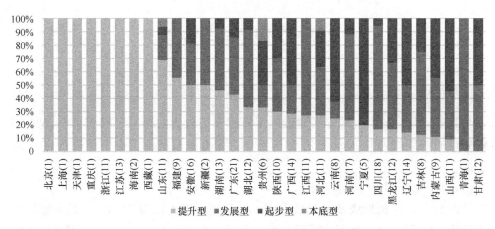

图 5-2-4　2022 年各省区市的城市优地指数分类构成（括号里为该地区评估城市数量）

起步型转入发展型城市状态；甘肃则从原来的发展型、起步型各占一半的状态，调整为发展型占比达到 75%，发展型城市增加了 3 个。需要关注的是，宁夏、云南、山西、贵州的起步型城市仍在 50% 以上，其中贵州提升型、发展型城市比重较 2022 年有较大的下滑，这些地区和城市需要关注生态宜居发展的动态变化，尽早转型。

2023 年各省市区的城市优地指数分类构成见图 5-2-5。

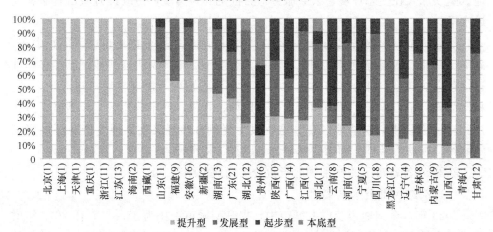

图 5-2-5　2023 年各省区市的城市优地指数分类构成（括号里为该地区评估城市数量）

(3) 2022—2023 年地区变化动态

从 2022—2023 年优地指数结果指数的平均得分来看（图 5-2-6），全国城市平均得分从 47.4 分提高至 48.8 分，可见全国生态宜居建设成效总体提升。各地区的结果指数总体变化动态不大，大部分地区平均得分略有提高，仅河北、安徽、吉林稍有下降，平均得分下降 1~3 分；辽宁、宁夏、重庆平均得分增幅超过 3 分。

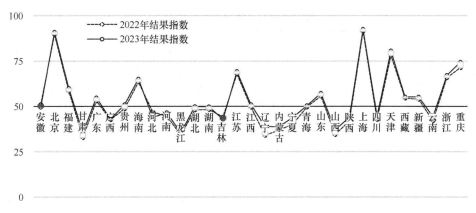

图 5-2-6　2022—2023 年各省区市结果指数平均值变化动态

从 2022—2023 年优地指数过程指数的平均得分来看（图 5-2-7），全国城市平均得分从 57.5 分提高至 58.6 分，可见全国生态宜居建设力度总体提升。各地区生态宜居建设力度存在较大差异，天津、重庆、青海过程指数平均得分增幅超过 10 分，而新疆、海南的平均得分则出现了较大的下降。

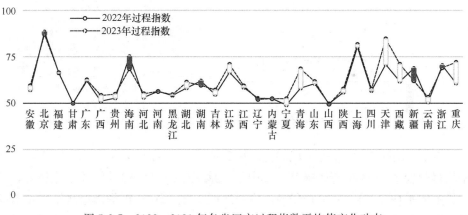

图 5-2-7　2022—2023 年各省区市过程指数平均值变化动态

2.2.2　区域协同

从前述评估中可以看出，不同资源禀赋、处于不同发展阶段的城市，生态宜居建设成效、建设力度存在一定差异，本节对我国地理分区内城市的优地指数结果指数、过程指数变异系数❶进行分析，评估各地理分区内的生态宜居建设进程

---

❶　变异系数（Coefficient of Variation，简写为 CV）是一组数据标准差与其相应的均值之比，用于统计数据相对离散程度的指标，普遍用于比较不同数据集之间的离散程度。

与协同发展情况。我国地理分区覆盖省市情况见表 5-2-3。

我国地理分区覆盖省区市情况　　　　　　表 5-2-3

地理分区	覆盖省区市
华北地区	北京、天津、河北、山西、内蒙古中部
东北地区	辽宁、吉林、黑龙江、内蒙古东部
华东地区	上海、浙江、江苏、安徽、山东、江西、福建
华南地区	广东、广西、海南
华中地区	河南、湖北、湖南
西南地区	四川、重庆、云南、贵州、西藏
西北地区	陕西、新疆、宁夏、青海、甘肃、内蒙古西部

(1) 结果指数

我国各地理分区城市的结果指数得分差异比较见图 5-2-8。

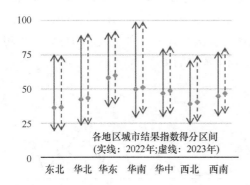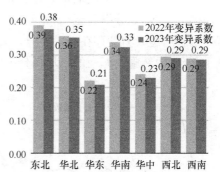

图 5-2-8　我国各地理分区城市的结果指数得分差异比较

按照 2022—2023 年各区域的优地指数结果指数的平均得分，2023 年各区域平均得分较 2022 年均有所提升，其中华东地区生态宜居建设成效总体较好，结果指数的平均分接近 60 分；华南、华中地区次之，2023 年华南地区结果指数的平均得分超过 51 分。从各区域结果指数的分值区间来看，我国生态宜居建设成效得分最优的城市位于华南地区，得分最低的城市位于东北地区。

从各区域内部的差异来看，2023 年各区域的变异系数均有所下降，说明各区域内部协同发展水平逐步提升。其中，华东地区生态宜居建设的协同水平较高，变异系数为七个分区中最低，华中地区次之；东北地区、华北地区变异系数相对较高，亟须提升地区内部生态宜居发展的协同水平。

(2) 过程指数

我国各地理分区城市过程指数得分差异比较见图 5-2-9。

按照 2022—2023 年各区域的优地指数过程指数的平均得分，各区域平均得分均高于50分，2023年各区域平均得分较2022年均有所提升，各地区之间的差异比结果指数略小。从平均值来看，华东地区生态宜居建设力度总体较大，2023年结果指数的平均分达到64分；华南、华中地区次之。从各区域过程指数的分值区间来看，我国生态宜居建设成效得分最优的城市位于华南地区，得分最低的城市也位于华南地区。

从各区域内部的差异来看，2023年各地区的变异系数总体下降，而华南地区为各区域中差异最大（变异系数最高）并且在2023年差异略有扩大，说明华南地区内部城市之间生态宜居建设的协同水平稍有减弱，需要加强城市协同发展水平。华中地区生态宜居建设的协同水平较高，变异系数为七个分区中最低，华东地区次之。

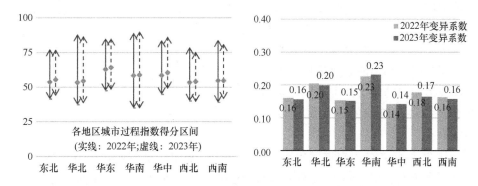

图 5-2-9　我国各地理分区城市过程指数得分差异比较

2.3　优地指数城市特征

如前文所述，优地指数评估指标体系进行了优化调整，在过程指数方面新增了三项指标，包括：常住人口城镇化率指标、公共供水管理网漏损率、生活垃圾填埋占比。这些指标体现了我国城市可持续发展的一些动态，本节重点对不同类型城市的指标特征展开评估。

2.3.1　城市发展水平：不同发展阶段城市均可因地制宜探索发展模式

城镇化率和人均GDP均是评估城市总体实力的特征指标，其中人均GDP作为一种衡量城市经济实力和居民富足水平的重要指标，能够直观地反映一个城市的经济发展水平和居民生活水平。总体而言，人均GDP和城镇化率的相关性较高（图5-2-10），城镇化水平较高的地区容易吸引人口与外来投资，人口和投资的增加会带动本地商品的消费需求，促进区域之间经济发展要素的流通和融合，驱动城市推进生态宜居建设。

按照2023年的优地指数分类情况，各类城市在2021年人均GDP（图5-2-11）的总体特征为：提升型城市人均GDP平均值最高，达到了98453元/人，接近10万元/人，约是发展型城市平均值的1.6倍左右、起步型城市平均水平的2倍以上。从各类城市的人均GDP范围也可以看出，各类城市的波动区间均较大，提升型与发展型城市均有城市人均GDP超过20万/人，在提升型城市中也不乏人均GDP低于发展型城市平均水平的城市，可见经济收入水平不是城市绿色转型的必要条件，处于不同发展阶段的城市都可以找到与自身禀赋条件相匹配的生态宜居发展模式。

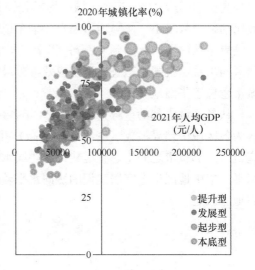

图5-2-10 各类城市常住人口城镇化率与人均GDP的关系

从2020年常住人口城镇化率（图5-2-12）来看，总体而言提升型城市城镇化水平高于发展型、起步型城市，城镇化率平均达到70.1%，深圳、乌鲁木齐、佛山则超过了95%；发展型、起步型城市的平均水平则分别为59.5%和51.8%，未达到2021年我国平均水平64.72%。与人均GDP特征相似，从各类城市的城镇化率范围可以看出，提升型城市中不乏城镇化率超过90%的城市，也有城镇化率不足50%的城市；起步型城市虽整体城镇化率水平低于提升型城市，也有部分城市城镇化率超过了75%，进一步印证了不同发展阶段城市可以通过发挥禀赋优势，探索有效的生态宜居发展路径，逐步建设成为生态宜居建设成效好的提升型城市。

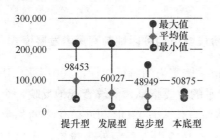

图5-2-11 各类城市2021年人均GDP水平（元/人）

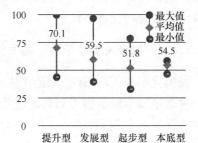

图5-2-12 各类城市2020年城镇化率比较（%）

2.3.2 资源节约水平：供水管网漏损控制助力缓解城市水资源供需矛盾

供水管网漏损是世界各国普遍面临的难题。漏损不仅造成水资源浪费，也易引发地面沉陷等次生灾害，严重威胁供水安全与公共安全。随着城镇化发展，我国城市和县城供水管网长度不断增加，公共供水普及率不断提升，全国城市供水管网漏损率呈现下降趋势，但各地漏损控制水平不均衡，部分城市一方面水资源供需矛盾突出，另一方面漏损率居高不下。

（1）供水管网漏损控制的政策动态

近年来，住房和城乡建设部先后发布了《城镇供水管网漏损控制及评定标准》CJJ 92—2016《城镇供水管网分区计量管理工作指南——供水管网漏损管控体系构建（试行）》等多项文件指导和推进漏损控制工作，2022年住房和城乡建设部、国家发展改革委发布《关于加强公共供水管网漏损控制的通知》，到2025年全国城市公共供水管网漏损率力争控制在9%以内。同年3月，国家发展改革委、住房和城乡建设部组织开展公共供水管网漏损治理试点建设，提出差异化的漏损管网控制要

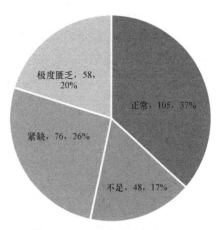

图 5-2-13 我国地级及以上城市的水资源禀赋特征

求，即：要求2020年我国公共供水管网漏损率高于12%的试点城市（县城）建成区，到2025年漏损率不高于8%；其他试点城市（县城）建成区，漏损率在2025年不高于7%。2023年9月，国家发展改革委、水利部、住房和城乡建设部等7部门联合印发《关于进一步加强水资源节约集约利用的意见》（发改环资〔2023〕1193号），再次提出开展公共供水管网漏损治理，"到2025年，城市公共供水管网漏损率控制在9%以内"。可见，当前我国已全面推进水资源节约集约利用工作，开展供水管网漏损控制，是落实"以水定城、以水定地、以水定人、以水定产"的重要举措，对于缓解城市水资源供需矛盾、提高城市水资源利用效率、保障城市水安全具有重要意义。

（2）我国城市水资源供需特征

按照联合国环境发展署所制定的水资源划分标准，当人均水资源量低于$500m^3$时，被视为极度匮乏；介于$500\sim1000m^3$之间，属于紧缺状态；在$1000\sim1700m^3$之间，则被归类为不足；而若人均水资源量能达到或超过$1700m^3$，则被认定为正常水平。从我国地级及以上城市的水资源禀赋特征（图5-2-13）来看，58个城市人均水资源量处于极度匮乏水平，占比达到20%；76个城市处于紧缺

状态，占比达到26%；仅有105个城市处于正常水平。

在区域分布上，我国水资源分布与人口和区域经济分布并不完全匹配。从各地区城市人均水资源量的平均值（图5-2-14）来看，宁夏、新疆、上海、北京与天津这5个地区的人均水资源量属于极度匮乏水平，山东、河北、青海、山西、江苏等8个地区的人均水资源量处于紧缺水平，广东、辽宁与内蒙古这三个地区的人均水资源量不足。各省市区内部，城市人均水资源量也存在较大差异，仅江西、黑龙江没有人均水资源量处于紧缺或极度匮乏水平的城市，而海南、吉林、浙江、贵州、湖南、广西、云南则没有人均水资源量处于极度匮乏水平的城市。可见，一些城市水资源供需矛盾突出，供水管网漏损控制对缓解城市水资源供需矛盾意义重大。

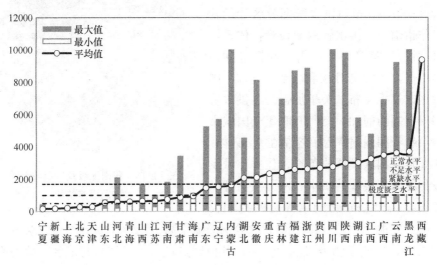

图5-2-14　2021年我国各省区市的人均水资源量比较（m³/人）

水资源利用率是人均用水量与人均水资源量的比值，体现城市水资源供需的匹配情况。从我国各地区水资源利用率情况（图5-2-15）来看，宁夏、新疆、甘肃、内蒙古这些地区城市的水资源利用率平均值超过了200%，一些城市甚至超过了2000%，用水量显著高于水资源供应能力；天津、北京、上海水资源利用率分别达到81%、67%、56%，仅次于前四个地区城市的平均值。从图5-2-15可以看出，即使在同个省份，水资源供需情况也存在较大的差异，如辽宁、广东、湖北、安徽、福建等地区，水资源利用率最大的城市均超过或接近150%，最小的城市甚至不足10%。

（3）城市公共供水管网漏损控制情况动态

近年来，我国各级政府和供水企业高度重视漏损控制工作，漏损控制工作进入了快车道。按照统计数据，近年来我国各类城市的供水管网漏损率逐年下降

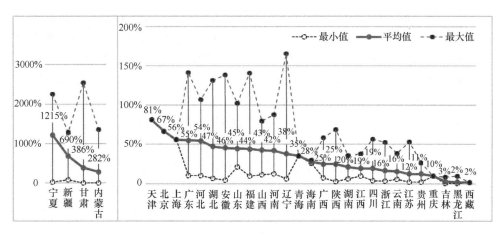

图 5-2-15　2021 年我国各省区市的水资源利用率比较

(图 5-2-16)，近 300 个地级以上城市的公共供水管网漏损率平均值从 2017 年的 16.03% 下降至 2021 年的 13.39%，漏损率大于 40% 的城市从 2017 年的 5 个下降为 2021 年的 1 个，高于 20% 的城市从 2017 年的 54 个锐减至 2021 年的 16 个。多个城市开展了卓有成效的漏损控制实践，将漏损率控制在较低水平，如山西大同、山西晋城、山西朔州、浙江绍兴、甘肃兰州、新疆克拉玛依在 2017—2021 年公共供水管网漏损率持续低于 8%。尽管我国供水管网漏损控制已经取得一定成效，但是相比于国外发达国家对管网漏损的治理水平仍有较大差距，如日本、美国等国家已将供水管网漏损率控制在 8% 以下，荷兰、德国、瑞士等国家分别将漏损率控制在 6.3%、4.9%、4.9% 以下。

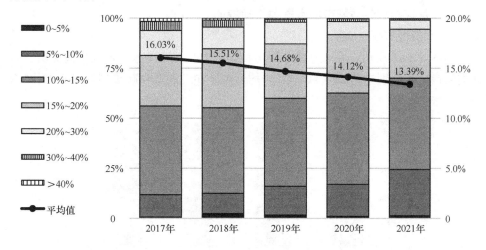

图 5-2-16　2017—2021 年我国城市的公共供水管网漏损率变化动态
(数据来源：2017—2021 年城市建设统计年鉴)

不同水资源禀赋城市面临的节水工作形势存在差异，在工作成效上也存在一定差异。2017—2021年各类城市的供水管网漏损率变化动态见图5-2-17。相比而言，水资源极度匮乏和紧缺型城市的公共供水管网漏损率总体低于水资源不足及正常状态的城市，而水资源极度匮乏城市的公共供水管网漏损率总体低于紧缺型城市。从发展趋势上看，各类城市的漏损率均保持持续下降的态势：2021年各类城市的漏损率平均水平均已降低至15%以下，水资源极度匮乏、紧缺的城市，漏损率均已降低到20%以下，水资源不足类的城市漏损率均已降低至30%以下。需要关注的是，目前水资源正常的城市仍存在漏损率超过40%的情况。

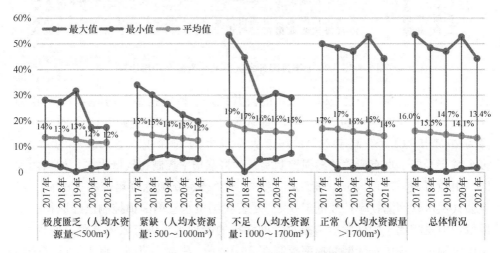

图 5-2-17　2017—2021年各类城市的供水管网漏损率变化动态

（4）优地指数各类城市的水资源管理特征

1）水资源禀赋

如图 5-2-18 所示，在水资源禀赋方面，提升型城市中水资源极度匮乏类、紧缺类城市占比分别达到29%和34%，均远高于在发展型和起步型城市中的比例，

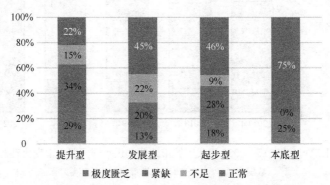

图 5-2-18　优地指数各类城市的人均水资源情况比较

主要因为提升型城市人口密度较高,水资源供需矛盾较大。发展型和起步型城市中水资源正常的城市占比均超过45%,受水资源禀赋限制的城市比重较低,水资源供需矛盾稍低于提升型城市。

2) 水资源利用率

从图5-2-19可以看出,水资源极度匮乏城市的水资源利用率显著高于其他类型的城市,在水资源供需情况同等的城市中,提升型城市的水资源利用率均低于发展型、起步型城市,说明提升型城市在缓解水资源供需矛盾方面成效优于其他城市。在水资源极度匮乏的城市中,起步型城市的水资源利用率平均值较高,需加强水资源可持续利用水平,缓解水资源供需压力;在水资源紧缺和水资源不足的城市中,发展型城市的水资源利用率较高,说明这类城市在生态宜居发展过程中,一定程度上对水资源有较高的依赖性,同样需要加强水资源的可持续管理。

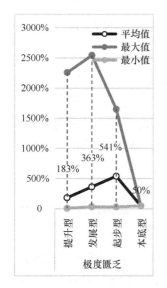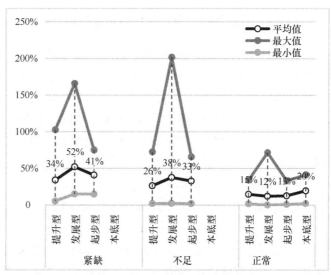

图5-2-19 2021年各类城市的水资源利用率比较

3) 公共供水管网漏损率

比较各类城市2021年公共供水管网漏损率(图5-2-20),可以看出各类城市的公共供水管网漏损率的平均值均高于10%,在水资源紧缺和不足两类城市中,提升型城市的漏损率平均值均为最低,起步型城市平均值均为最高;在水资源极度匮乏的城市中,提升型与起步型城市的漏损率平均值持平(为11.6%),略高于发展型城市,可见对于水资源极度匮乏城市,加强管网的漏损控制形势依然严峻,亟须结合自身发展水平,通过水资源阶梯定价、建立水资源计划和管理制度等手段,进一步提高水资源利用效率。

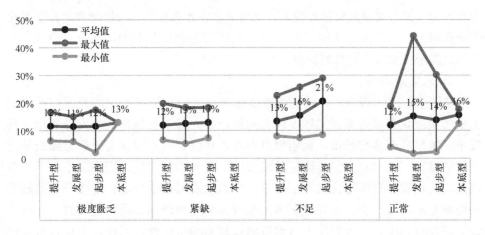

图 5-2-20　各类城市 2021 年公共供水管网漏损率

2.3.3　城市生活垃圾：无废城市建设助推碳达峰碳中和目标的实现

纵观全球，当前固体废物的产生量仍呈增长趋势，在我国随着城镇化进程快速推进，人口增加和消费水平提高，都带来了城市生活垃圾的增长。为了有效管理和处理城市生活垃圾，我国正在加大力度推进垃圾分类、建设垃圾焚烧发电项目、发展生物可降解材料等措施，以减少垃圾的产生和实现资源的最大化利用。同时，政府也鼓励社会各方参与，形成全社会共同推动垃圾分类和低碳生活的良好氛围。

（1）生活垃圾分类的政策动态

"无废城市"建设可以助推碳达峰、碳中和目标的实现。据测算，"十三五"时期，发展循环经济对我国碳减排的综合贡献率约为 25%。

实行垃圾分类，关系城乡群众生活环境，关系节约使用资源，也是社会文明水平的一个重要体现，我国提出了一系列关于推进生活垃圾分类工作的政策和计划。2017 年，住房和城乡建设部在全国 46 个城市推进强制垃圾分类制度。从 2019 年开始，全国地级及以上城市全面启动生活垃圾分类工作，到 2020 年底 46 个重点城市基本建成垃圾分类处理系统。目前，297 个地级以上城市已全面实施生活垃圾分类，居民小区平均覆盖率达到 82.5%。力争到 2023 年底前，地级及以上城市居民小区垃圾分类覆盖率要达到 90% 以上[1]。2020 年 11 月，《关于进一步推进生活垃圾分类工作的若干意见》提出到 2020 年底，基本建立垃圾分类相关法律法规和标准体系，形成可复制、可推广的生活垃圾分类模式，到 2025 年

---

[1] 人民网. 人民网评：推动垃圾分类成为低碳生活新时尚［N］. http://opinion.people.com.cn/n1/2023/0524/c223228-32693808.html.

生活垃圾回收利用率达到35%以上；2022年2月《关于加快推进城镇环境基础设施建设的指导意见》发布，明确了到2025年生活垃圾分类收运能力、焚烧处理能力和城市资源化利用率的目标，推动垃圾减量化和资源化利用。

在"无废城市"建设方面，2018年12月29日，国务院印发《"无废城市"建设试点工作方案》，2019年5月5日，生态环境部首先公布深圳市、三亚市、北京市亦庄等16个城市、地区作为"无废城市"建设试点。2021年10月26日，国务院印发《2030年前碳达峰行动方案》，方案要求健全资源循环利用体系，推动建筑垃圾资源化利用，大力推进垃圾分类和生活垃圾焚烧处理，降低填埋比例，并探索适合我国厨余垃圾特性的资源化利用技术。2021年12月，国家发改委等18部委联合发布《"十四五"时期"无废城市"建设工作方案》，提出推动100个左右地级及以上城市开展"无废城市"建设，并提出到2023年实现原生生活垃圾零填埋的目标。

从垃圾分类到"无废城市"，城市固体废弃物的可持续管理在我国取得了积极成效，成为推动城市可持续发展、引导人们形成绿色低碳生活方式的优先选择和重要抓手。

（2）我国城市垃圾产生情况

按照中国城市建设统计年鉴数据，我国地级及以上城市的年人均生活垃圾产生量总体在0~500kg的范围内，其中约10%的城市年人均生活垃圾产生量低于50kg，接近50%的城市低于100kg，低于200kg的城市比重达到82.7%；需要关注的是，有7.7%的城市年人均生活垃圾产生量超过300kg。

从人均生活垃圾产生量与城镇化率的关系图（图5-2-21）中可以看出，我国城市的年人均生活垃圾产生量总体呈现随着城镇化率的增加而增长的趋势，低于50kg的城市城镇化率总体低于全国平均水平，而超过300kg的城市城镇化率总体高于70%。此外，从人均垃圾产生量（图5-2-22）来看，零填埋城市在不同城镇化发展水平、不同地区的城市中均有一定的分布，可见我国无废城市建设在各地均取得了积极成效。

如图5-2-23所示，从我国各地区的垃圾产生量的平均水平来看，海南、西藏、上海、北京、新疆、青海地区的城市年人均垃圾产生量较高，2021年海南城市的生活垃圾已接近零填埋，北京、上海的填埋占比已低于10%，新疆、青海则仍高于70%。从卫生填埋占比来看，海南、天津、浙江的城市生活垃圾已接近零填埋，福建、江西、山东、江苏地区的城市生活垃圾填埋占比平均值均已低于5%，分别为1.2%、2.2%、2.4%、4.7%；四川、安徽、北京、上海的城市生活垃圾填埋占比平均值则达到5%~10%；仍有一些地区填埋占比高于40%甚至达到90%，城镇环境基础设施建设需加快进度。

（3）零填埋城市发展动态

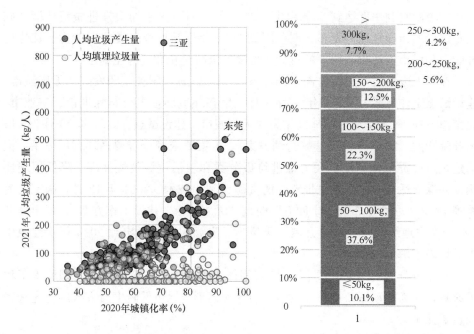

图 5-2-21 我国城市的城镇化率与人均垃圾产生量的关系（左）
与年人均生活垃圾产生量构成（右）
（来源：根据中国城市建设统计年鉴数据计算绘制）

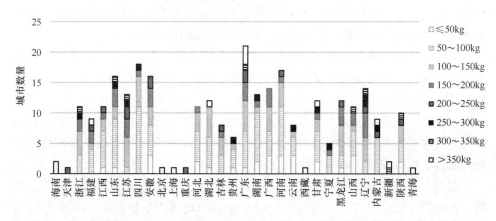

图 5-2-22 2021 年我国各省区市的年人均垃圾产生量比较（按照填埋占比由低到高排序）
（来源：根据中国城市建设统计年鉴数据计算绘制）

按照中国城市建设统计年鉴数据（图 5-2-24、图 5-2-25），我国 287 个地级及以上城市中，2017—2021 年零填埋城市数量呈现明显的增长趋势，从 2017 年的 60 个增加至 2021 年的 132 个。从具体地区的差异来看，浙江的零填埋城市占比最高，2021 年达到了 91%，零填埋城市数量从 2017 年的 4 个增长至 2021 年的 10 个；江西、安徽地区次之，分别达到了 82% 和 75%；四川、湖北、福建、

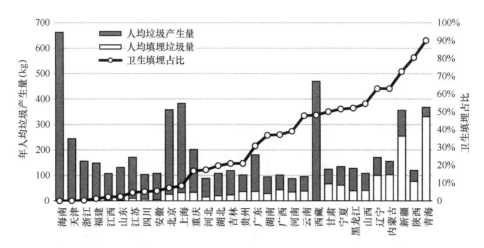

图 5-2-23 2021年我国各省区市的年人均垃圾产生与处理方式平均水平
(来源：根据中国城市建设统计年鉴数据计算绘制)

山东则超过了65%。相比而言，青海、陕西、西藏、新疆地区城市及各直辖市还未实现零填埋，河南、甘肃、黑龙江、云南、内蒙古、宁夏等地区的零填埋城市占比低于30%，需加快建设进程。

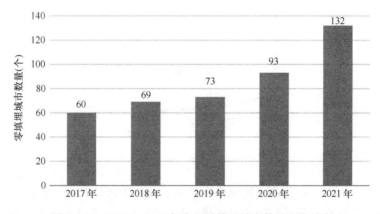

图 5-2-24 2017—2021年全国零填埋城市数量变化动态
(来源：根据中国城市建设统计年鉴数据计算绘制)

(4) 优地指数各类城市的生活垃圾管理情况

1) 生活垃圾产生量

比较优地指数不同类型城市的年人均垃圾产生量（图5-2-26）可以发现，提升型城市的年人均垃圾生产量明显高于发展型和起步型城市，平均值接近200kg/人年，约是发展型城市平均水平的1.8倍（106kg/人年）、约是起步型城市平均水平的2.4倍（约81kg/人年）。

2) 生活垃圾处理方式

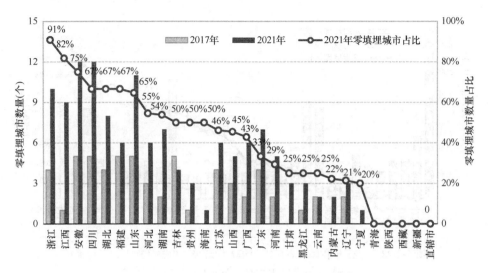

图 5-2-25　2017—2021年各省区市零填埋城市数量变化动态
（来源：根据中国城市建设统计年鉴数据计算绘制）

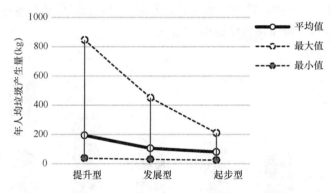

图 5-2-26　2021年优地指数不同类型城市的年人均垃圾产生量特征

在我国，随着城镇化进程快速推进推动了城市生活垃圾的增长，人均垃圾产生量与城镇化率呈现显著的正相关关系特征。如图5-2-27所示，在提升型城市和发展型城市中，实现零填埋的城市占比更高，分别达到50%和50.9%，提升型城市中仅有3.6%的城市仍为全填埋，有46.4%的城市仍在持续优化垃圾处理方式；相比而言，起步型城市的生活垃圾处理方式仍较为落后，仅有29.8%的城市实现了零填埋，仍有38.6%的城市为全填埋，对城市土地占用和生态环境带来影响。

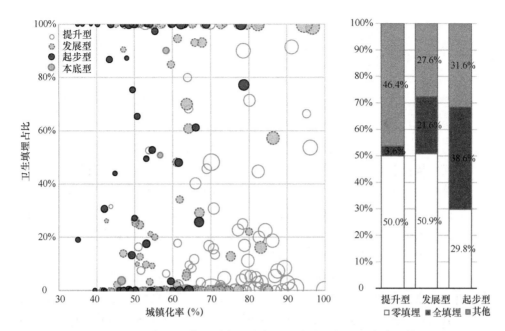

图 5-2-27 优地指数不同类型城市 2021 年的垃圾处理方式比较

（注：左图圆圈大小与年人均垃圾产生量成正比）

3 总　　结

2011年提出的"中国城市生态宜居发展指数"（以下简称"优地指数"），已连续十三年从生态宜居建设过程和成效两个维度对中国近300个地级及以上城市进行跟踪评估。考虑到指标数据可得性及城市规划建设发展动态的变化，研究组对评估指标体系进行了优化调整，目前包含5＋16项评估指标，在过程指数方面新增了常住人口城镇化率、公共供水管理网漏损率、生活垃圾填埋占比等指标，并按照新的评估框架更新了2019—2023年的评估结果：

（1）近年来，我国地级及以上城市的生态宜居发展状况持续提升：2019—2023年提升型城市比重稳中有升，从2019年的34.5％上升至2023年的38.3％；起步型城市比重则持续快速下降，从2019年的37.6％下降至2023年的19.9％；发展型城市占比也呈现快速的增长，到2023年已提升至40.4％，比2019年提高15个百分点。

（2）2019—2023年，共有82个城市（占28.6％）始终是提升型城市。从各省的情况来看，除直辖市外，江苏、浙江、广东等这类城市数量较多，分别为12个、10个和7个。

（3）从各地理分区差异来看，华东地区优地指数过程与结果指数的表现最好，华南、华中地区次之。从地区内部差异来看，建设成效方面，华东地区协同水平较高，变异系数为七个分区中最低，华中地区次之；东北、华北地区变异系数相对较高，亟须提升地区内部生态宜居发展的协同水平。建设力度方面，华中地区协同水平较高，变异系数为七个分区中最低，华东地区次之，而华南地区为各区域中差异最大并且在2023年差异略有扩大，需要加强城市协同发展水平。

（4）对新增评估的三项指标分析可以看出：处于不同经济水平与发展阶段的城市，都可以通过发挥禀赋优势，探索有效的生态宜居发展路径；提升型城市中水资源极度匮乏类、紧缺类城市占比均远高于在发展型和起步型城市中的比例，水资源供需矛盾较大，但提升型城市在降低水资源利用率、控制城市供水管网漏损等方面成效优于其他城市；提升型城市的年人均垃圾生产量明显高于发展型和起步型城市，但在提升型城市和发展型城市中，实现零填埋的城市占比均超过了50％，提升型城市中仅有3.6％的城市仍为全填埋，为各类城市中最低。